兔病类症鉴别与诊治

彩色图谱

顾宪锐　主编

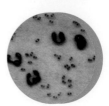

化学工业出版社

·北京·

图书在版编目（CIP）数据

兔病类症鉴别与诊治彩色图谱/顾宪锐主编. —北京：
化学工业出版社，2021.10
ISBN 978-7-122-39569-6

Ⅰ.①兔…　Ⅱ.①顾…　Ⅲ.①兔病-诊疗-图谱
Ⅳ.①S858.291-64

中国版本图书馆CIP数据核字（2021）第143119号

责任编辑：邵桂林　　　　　　　　　　　装帧设计：史利平
责任校对：刘　颖

出版发行：化学工业出版社（北京市东城区青年湖南街13号　邮政编码100011）
印　　装：北京缤索印刷有限公司
787mm×1092mm　1/16　印张15½　字数398千字　　2022年1月北京第1版第1次印刷

购书咨询：010-64518888　　　　　　　　售后服务：010-64518899
网　　址：http://www.cip.com.cn
凡购买本书，如有缺损质量问题，本社销售中心负责调换。

定　　价：120.00元

编写人员名单

主　　编　顾宪锐

副 主 编　金东航　杨　磊　孔春梅　陈宝江

编写人员（以姓氏笔画为序）

王　鹏　孔春梅　石　刚　卢冬梅

付国徽　任文社　刘雪涛　杨　磊

李　浩　张志锐　张春娜　陈宝江

季晓明　金东航　周新锐　贾根生

顾宪锐　徐瑞涛　温　泽　温　爽

韩若婵

前 言

兔病类症鉴别与诊治彩色图谱

PREFACE

2019年中央一号文件指出，以实施乡村振兴战略为总抓手，部署对标全面建成小康社会"三农"工作必须完成的硬任务。畜牧业是农牧民增收的主要来源，特色畜牧业是精准扶贫的有效途径之一。我国是世界上养兔数量最多的国家，有着悠久的养兔历史和广泛的群众基础。兔毛是"长、松、白、净"的高档天然毛纺原料；兔肉具有"三高三低"（高蛋白、高赖氨酸、高消化率和低脂肪、低胆固醇、低热能）、肉质细嫩、味美香浓、营养丰富、久食不腻等优点，是肥胖者和心血管病患者的理想食品，一些国家妇女把兔肉称为"美容肉""健美肉"和"益智肉"；獭兔皮的毛色类型多，毛色纯正，绚丽悦目，绒毛严密柔软，制成的裘皮制品具有轻柔、美观、保暖、轻便等优点，深受人们的喜爱。兔粪可作为肥料和饲料。兔头、兔脚、兔骨等均可加工成饲料，还可出口，兔的内脏可提炼出几十种高级药品。长毛兔养殖、肉兔养殖和獭兔养殖均可成为广大农民发家致富的好门路、农民增收的好途径和农民发展经济的好手段。近年来，宠物兔养殖异军突起，在我国各地市场活跃起来，呈现出人气腾升、销量增长的良好态势，颇受广大宠物爱好者的喜爱。养兔业已成为现代特色畜牧业中"调整结构、提质增效"、精准扶贫、乡村振兴的重要产业之一。为了更好地服务于养兔业的发展，为养兔业的健康之路护驾，我们组织有关专家和一线工作人员编写了《兔病类症鉴别与诊治彩色图谱》一书。

本书共分为十章，阐述了122种常见的兔病，每种疾病从病原（病因）、流行特点、临诊症状、病理变化、诊断、类似病症鉴别和防制方法等方面做了简明扼要的阐述，并配以大量高清彩图，还有一些环节配以视频，以做到直观明了、通俗易懂。全书内容丰富、图文并茂，实用性和可操作性强，为兔病的防制提供了较好的技术支持。

本书不仅适合养兔企业生产者、养兔家庭农场主、养兔专业户、基层畜牧兽医工作者、企业售后服务技术人员阅读使用，也可作为农业院校动物医学、动物科学及相关专业师生的参考书和农村科技培训的辅助教材。

在本书的编写过程中，引用了较多参考文献，在此对相关资料的作者表示诚挚的感谢！

限于编者知识水平和专业经验，加之时间仓促，书中疏漏之处在所难免，敬请同行专家和读者给予批评指正，以便在修订时加以更正。

最后，由衷感谢国家兔产业技术体系（项目编号：CARS-43-B-2）对本书出版的支持。

编 者

2021年11月于保定

第三章　以流鼻液为特征的类症鉴别及诊治

第四章　以腹胀为特征的类症鉴别及诊治

第五章　以流涎为特征的类症鉴别及诊治

第六章　母兔生殖器官和产科疾病的类症鉴别及诊治

第七章　以皮肤发生异常为特征的类症鉴别及诊治

第八章　以痉挛、后躯瘫痪等神经症状为特征的类症鉴别及诊治

第九章　以体表形态异常及皮肤创伤肿瘤等为特征的类症鉴别及诊治

第十章　以排尿异常为特征的类症鉴别及诊治

主要参考文献

视频目录

第一章 以突然死亡为特征的类症鉴别

一、兔病毒性出血症（兔瘟）

兔病毒性出血病又名"兔出血性肺炎""兔出血症"，俗称"兔瘟"，是由兔病毒性出血症病毒感染兔引起的一种急性、败血性、高度接触性传染病，以呼吸系统出血、肝坏死、实质脏器水肿、淤血及出血性变化为特征。本病最早于1984年春季，我国江苏省江阴县发现，以后迅速蔓延至全国25个省、市、自治区，除我国外，亚洲其他国家、美洲、非洲、欧洲等地均有发生。该病主要危害兔，目前还未见其他动物发病的报道。本病常呈暴发性流行，发病率及病死率极高，是养兔业一大灾害。

（一）病原

病原是兔出血症病毒，属于嵌杯状病毒科，有核衣壳，无囊膜，为二十面立体对称结构，呈球形，直径为25～35nm，表面有短的纤突（图1-1-1）。病毒有三条结构多肽，分子量分别为$VP_1$76000、$VP_2$62000、$VP_3$52000，VP_3为主要多肽。病毒具有凝集人的O型红细胞的能力。全国各地来源的不同毒株具有相同的抗原型。兔出血症病毒免疫原性很强，无论是自然感染耐过兔，还是接种疫苗的免疫兔，均可产生坚强的免疫力。新生仔兔可从胎盘和母乳中获得母源抗体，抗体水平与母体几乎相同。病毒存在于病兔所有的器官组织、体液、分泌物和排泄物中，以肝、脾、肺、肾及血液中含量最高。该病毒可在乳鼠体内生长增殖，引起规律性发病死亡。因此可用乳鼠作为实验动物模型进行种毒保存、病毒特性测定及血清中和试验。病毒对氯仿和乙醚不敏感，能耐酸和50℃40分钟处理。含毒病料（如肝脏）保存于−20～−8℃冰箱中560天和室内污染环境经135天仍有致病性，病毒对紫外线和干燥等不良环境的抵抗力较强。1%氢氧化钠4小时，1%～2%甲醛、1%漂白粉3小时，2%农乐1小时才被灭活。生石灰和草木灰对病毒几乎无作用。

（二）流行特点

本病在新疫区多呈暴发性流行。在成年兔、肥壮兔和良种兔中的发病率可达100%，病死率可达90%以上甚至100%。病势凶猛，在一个兔场或一个养兔户，从第一只感染兔倒毙到最后一只兔死亡，历时往往仅8～10天。一般疫区的平均病死率78%～85%。本病只发生于家兔和野兔。不同品种和不同性别的兔都可感染发病，长毛兔的易感性高于皮肉兔。2月龄以上的青年兔和成年兔的易感性最高，2月龄以内的仔兔易感性较低。哺乳期的仔兔一般不发病死亡。用活毒接种兔以外的多种动物后，

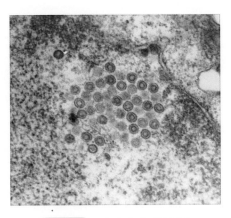

图1-1-1 兔出血症病毒形态

鸡和猪未检出抗体，牛、羊、犬、猫、豚鼠、鸭、鸽则能测出特异性抗体，仓鼠、大鼠和小鼠虽无明显症状，但都不同程度地有与兔相仿的组织病理学变化。这些动物有可能成为隐性带毒者。病死兔、隐性感染兔和带毒的野兔是传染来源。它们通过粪便、皮肤、呼吸和生殖道排毒。除病兔和健康兔直接接触传染外，也可通过被污染的饲料、饮水、灰尘、用具、兔毛、环境以及饲养管理人员、皮毛商人和兽医的手、衣服与鞋子等间接接触传播。消化道是主要的传染途径。皮下注射、肌内注射、静脉注射、滴鼻和口服等途径人工接种，均易感染成功。本病在老疫区多呈地方性流行性，一年四季都可发生，但北方一般以冬、春寒冷季节多发。这可能与气候寒冷、饲料单一、兔体抵抗力下降有关。本病一旦发生，往往迅速流行，常给兔场带来毁灭性后果。

（三）临诊症状

自然感染的潜伏期2～3天，人工感染的潜伏期38～72小时。根据临诊症状可分为最急性、急性、慢性和沉郁型4个型，其中最急性和急性多数发生于青年兔和成年兔。

（1）最急性型　多见于流行初期或非疫区。部分感染兔突然发病，迅速死亡，几乎没有什么明显的症状，一些正在采食的兔突然倒地，抽搐、鸣叫而死（图1-1-2）。部分病例体温升高到41℃，稽留6～8小时死亡。有的鼻孔出血（图1-1-3，图1-1-4），肛门附近带有胶冻样分泌物（图1-1-5）。

图1-1-2　最急性型兔瘟感染兔采食时突然倒地而亡

图1-1-3　最急性型兔瘟死亡兔的鼻孔出血（一）

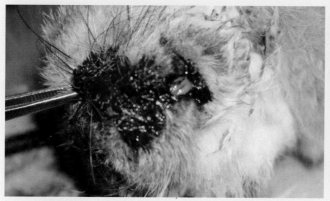

图1-1-4　最急性型兔瘟死亡兔的鼻孔出血（二）

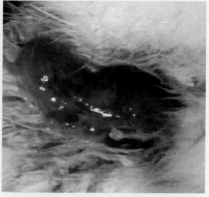

图1-1-5　最急性型兔瘟死亡兔的肛门附近的胶冻样分泌物

（2）急性型　多在流行中期发生，在整个病程中占多数。感染兔体温升高到41℃以上，食欲减退，渴欲增加，精神委顿，皮毛无光泽，迅速消瘦。死前有短期兴奋、挣扎、狂奔、咬笼架，继而前肢俯伏，后肢支起，全身颤抖，倒向一侧，四肢划动，惨叫几声而死（图1-1-6，视频1-1-1）。病兔死前肛门常松弛，流出附有淡黄色黏液的粪球（图1-1-7），肛门四周被毛也被这种淡黄色黏液污染。部分病兔鼻孔流出带泡沫的血色液体（图1-1-8）。病程1～2天。

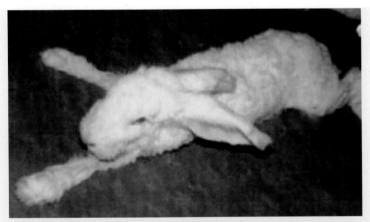

视频1-1-1

扫码观看：急性型兔瘟

图1-1-6　急性型兔瘟死亡病兔死前表现为全身颤抖，倒向一侧，四肢划动，惨叫而死

图1-1-7　附有淡黄色黏液的粪球

图1-1-8　鼻孔流出带泡沫的血色液体

（3）慢性型　多见于老疫区或流行后期。潜伏期和病程较长。感染兔体温升高到41℃左右，精神委顿，食欲不振，被毛杂乱无光泽，最后消瘦、衰弱而死。有的病兔站立不稳，甚至瘫痪（图1-1-9）。有些病兔可以耐过，但生长迟缓、发育较差，常常带毒和从粪中排毒至少1个月之久。

（4）沉郁型　沉郁型是兔瘟的一种新类型。多发生于幼兔、疫苗注射过早而又没有及时加强免疫的兔、注射多联苗的兔、注射了效力不足的疫苗的兔、免疫期刚过而没有及时免疫的兔等。患兔精神不振，食欲减退或废绝，趴卧一隅（图1-1-10），渐进性死亡。死亡后仍趴卧原处，头触地，好似睡觉。其浑身瘫软，用手提起，似皮布袋一般。

图1-1-9　慢性型兔瘟病兔出现瘫痪　　　图1-1-10　沉郁型兔瘟病兔趴卧一隅

（四）病理变化

剖检可见特征病变主要包括：

（1）气管和肺脏的病变　气管和支气管内有泡沫状血液（图1-1-11），鼻腔、喉头和气管黏膜瘀血和出血（图1-1-12）；肺脏严重充血、出血，一侧或两侧有数量不等的粟粒至绿豆大的出血斑点（图1-1-13），切开肺脏时流出大量红色泡沫状液体。

（2）肝脏病变　肝淤血、肿大、质脆，被膜弥漫性网状坏死，而致表面呈淡黄或灰白色条纹（图1-11-14），切面粗糙，流出多量暗红色血液。

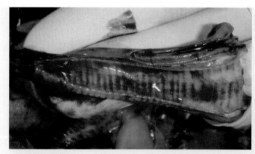 

图1-1-11　气管和支气管内有泡沫状血液　　　图1-1-12　喉头和气管黏膜瘀血和出血

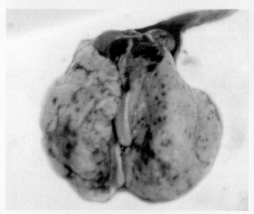 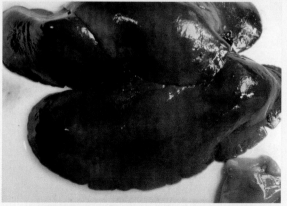

图1-1-13　肺脏有数量不等的粟粒至　　　图1-1-14　肝脏淤血，肿大，质脆，表面有
　　　　　　绿豆大的出血斑点　　　　　　　　　　　　　　淡黄色条纹

（3）其他剖检病变　可见胆囊肿大，充满稀薄胆汁（图1-1-15）。部分病例脾脏充血增大2～3倍（图1-1-16）。肾皮质有散在的针尖状出血点（图1-1-17）。部分病例心脏扩张瘀血，少数心内外膜有出血点（图1-1-18）。胸腺肿大，常出现水肿，并有散在性针尖至粟粒大出血点（图1-1-19）。胃肠多充盈，胃的部分黏膜脱落，小肠黏膜充血、出血（图1-1-20）。肠系膜淋巴结肿大。妊娠母兔子宫充血、瘀血和出血。膀胱积尿（图1-1-21）。多数雄性病例睾丸瘀血。

图1-1-15　胆囊肿大，充满稀薄胆汁

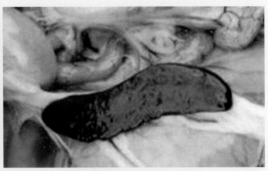

图1-1-16　脾脏充血增大

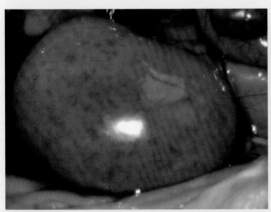

图1-1-17　肾皮质有散在的针尖状出血点

图1-1-18　心内外膜的出血点

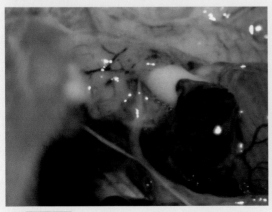

图1-1-19　胸腺肿大、水肿，有散在性针尖至粟粒大出血点

图1-1-20　胃肠充盈，肠道点状出血

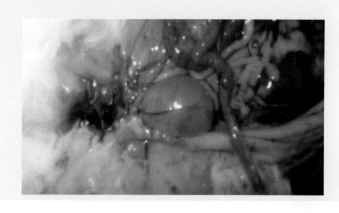

图1-1-21　膀胱积尿

组织学变化包括非化脓性脑炎，脑膜和皮层毛细血管充血及微血栓形成。肺出血、间质性肺炎、毛细血管充血、微血栓形成。肝细胞变性、坏死。肾小球出血、肾小管上皮变性、间质水肿、毛细血管有较多的微血栓形成。心肌纤维变性、坏死、肌浆溶解和纤维断裂消失以及淋巴组织萎缩等。

（五）诊断

在疫区根据流行病学特点、典型的临诊症状和病理变化，一般可以做出初步诊断。在新疫区要确诊可进行实验室的病毒检查和血清学试验。

（1）病毒检查　取肝病料10%乳剂，超声波处理，高速离心，收集病毒，负染色后电镜观察。可发现一种直径25～35纳米，表面有短纤突的病毒颗粒。

（2）血凝和血凝抑制试验　肝病料10%乳剂，高速离心后的上清液与用生理盐水配制的0.75%人O型红细胞悬液进行微量血凝试验，在4℃或25℃作用1小时，凝集价大于1∶160判为阳性。再用已知阳性血清做血凝抑制试验。如血凝作用被抑制（血凝抑制滴度大于1∶80为阳性），则证实病料中含有本病毒。

（3）其他实验室方法　琼脂扩散试验、酶联免疫吸附试验（ELISA）及荧光抗体试验等对本病也有诊断价值。

（六）类似病症鉴别

1.与兔巴氏杆菌病的鉴别

① 兔病毒性出血症病程急，死亡快，主要危害青壮年兔；兔巴氏杆菌病无明显年龄界限，多呈散发或地方性流行，急性病兔无神经症状，仔、幼兔受害较大。

② 兔巴氏杆菌病病型复杂，可表现为败血症型、鼻炎型、肺炎型、中耳炎型等，可从病料中分离出巴氏杆菌。用抗生素和磺胺类药物治疗有效，而对兔病毒性出血症无效。

③ 巴氏杆菌病兔剖检肝脏不显著肿大，但表面上有散在灰白色坏死灶，脾肿大不显著，肾不肿大。

④ 此外两种疾病的病原不同，巴氏杆菌为两极染色细菌，而本病病原为病毒。

2.与兔魏氏梭菌病的鉴别

①魏氏梭菌病有肠炎、下痢症状，剖检盲肠浆膜有鲜红出血斑特征，而兔瘟无此特征，可作初步区别。

② 再用肝病料做人"O"型红细胞凝集试验，魏氏梭菌不凝集人的"O"型红细胞，凝集试验是阴性反应，而兔瘟凝集人"O"型红细胞，所以凝集试验呈阳性反应，即确诊。

3.与野兔热病的鉴别

（1）相似点　急性热性败血性传染病，肝脏、肾脏、脾脏淤血肿大。

（2）不同点　野兔热的肝脏、肾脏、脾脏除肿大外，还发生粟粒状坏死，颈部和腋下淋巴结肿大，并有干酪样坏死病灶；而病毒性出血症则无此病理变化。

（七）防制方法

1.预防措施

疫苗免疫是预防兔病毒性出血症的关键措施。同时兔场应加强饲养管理，平时坚持定期消毒和切实有效执行兽医卫生防疫措施，加强检疫与隔离。禁止外人进入兔场，更不准兔及兔毛商贩进入兔舍（视频1-1-2，视频1-1-3）内购兔、剪毛。新引进的兔，需要隔离饲养观察至少2周，无病时方可入群饲养。目前使用较多的疫苗是兔病毒性出血症灭活苗或兔病毒性出血症-兔巴氏杆菌病二联灭活苗，一般20日龄首免，2月龄加强免疫1次，以后每6个月免疫1次。兔场根据本地条件还可用兔瘟-巴氏杆菌病-魏氏梭菌病三联苗注射免疫。

视频1-1-2

扫码观看：
兔舍—封闭式（1）

2.治疗方法

目前尚无有效治疗兔病毒性出血症的化学药物。兔群一旦发病，应该立即划定疫区，封锁、隔离病兔，采取彻底消毒等措施。对兔群体中没有临诊症状的兔用兔病毒性出血症疫苗实行紧急接种疫苗，每只兔注射2毫升。临诊症状较轻的病兔注射高免血清进行治疗，成年兔3～4毫升，仔兔及青年兔2～3毫升，具有较好疗效。待病情稳定后，再注射兔病毒性出血症疫苗。临诊症状危重的病兔可扑杀，尸体深埋或无害化处理。被病兔、死兔污染的环境和用具等进行彻底消毒。

视频1-1-3

扫码观看：
兔舍—封闭式（2）

对于慢性型和沉郁型的病兔，可静脉或腹腔注射20%葡萄糖盐水10～20毫升，庆大霉素4万单位，并肌注板蓝根注射液2毫升及维生素C注射液2毫升。或用等份的板蓝根、大青叶、金银花、连翘、黄芪，混合后粉碎成细末（此即为"兔瘟散"），幼兔每次服1～2克，日服2次，连用5～7天；成年兔每次服2～3克，日服2次，连用5～7天；也可拌料喂食，也有一定效果。

二、巴氏杆菌病

兔巴氏杆菌病又称"兔出血性败血症"，是由多杀性巴氏杆菌引起的一种急性、热性、败血性传染病，是危害家兔的主要细菌性疾病之一。家兔对多杀性巴氏杆菌十分敏感，常引起大批发病和死亡，给家兔养殖业造成很大的损失。临诊表现为鼻炎型、肺炎型、败血症型、中耳炎型及其他病型（结膜炎型、生殖系统感染型和脓肿型）。

（一）病原

多杀性巴氏杆菌呈球杆状或短杆状菌，大小（0.25～0.5）微米×（1～1.5）微米，两端钝圆，常单个存在，有时成双排列，革兰氏染色阴性。病料涂片后，用瑞氏染色、姬姆萨染色或美蓝染色呈明显的两极浓染（图1-2-1），但其培养物的两极着色现象不明显。无鞭毛，无芽孢，有荚膜。多杀性巴氏杆菌需氧或兼性厌氧，最适宜生长温度为37℃，最适宜pH值7.2～7.4。对营养要求严格，在普通琼脂上虽能生长，但不丰盛（图1-2-2），在加有鲜血、血清或微量血红素的培养基上生长良好，可以形成光滑型（S）、粗糙型（R型）或黏液型（M型）的菌落。在血清琼脂平板培养基上生长出露滴状小菌落（图1-2-3）。根据其菌体抗原区分血清型，至少可分为1～16个血清型。根据其荚膜抗原区分血清型，可分为A、B、D、E、F五个血清型。引起兔巴氏杆菌病的多杀性巴氏杆菌是A型和D型，以血清型7∶A为主，其次是5∶A。猪、禽巴氏杆菌对兔的毒力也很强。本菌对物理或化学因素的抵抗力比较低，在干燥的空气中2～3天死亡，在直射阳光下迅速死亡，加热60℃、20分钟；75℃，5～10分钟，可被杀死。在血液内保持毒力6～10天，冷水中能保持活力达2周，于厩肥内可存活1个月。本菌易自溶，在无菌蒸馏水和生理盐水中迅速死亡。普通消毒液的常用浓度对本菌都有良好的消毒作用，如3%石炭酸和0.1%升汞溶液1分钟可杀死本菌；10%石灰乳、2%来

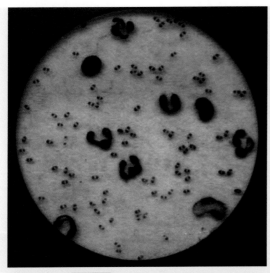

图1-2-1 巴氏杆菌的形态

图1-2-2 巴氏杆菌在普通琼脂培养基上的菌落

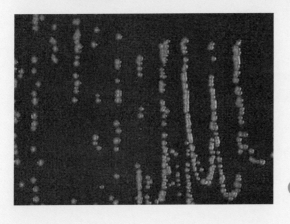

图1-2-3 巴氏杆菌在血清琼脂平板培养基上的菌落

苏儿及常用的福尔马林溶液等3～4分钟可使本菌失去活力。本菌在粪便中能生存1个月左右，在兔体内能生存3个月左右。

（二）流行特点

各个品种、不同年龄的家兔均有易感性，其中以9周龄至6月龄的兔最易感。病兔和带菌兔是本病的主要传染源。病原菌随病兔的唾液、鼻涕、粪便以及尿液等排出，污染饲料、饮水、用具和环境，经呼吸道、消化道、皮肤和黏膜伤口感染。一般情况下，35%～75%家兔的鼻黏膜及扁桃体带有本菌，但不发病，当饲养管理不善、营养缺乏、饲料突变、过度疲劳、长途运输、寄生虫感染以及寒冷、闷热、潮湿、拥挤、圈舍通风不良、阴雨绵绵等，使兔子抵抗力降低时，病菌易乘机侵入体内，发生内源性感染。本病发生无明显季节性，但以春、秋及湿热季节发病率较高，呈散发或地方性流行。一般发病率在20%～70%。

（三）临诊症状　潜伏期一般为1～6天。根据临诊症状可分为以下7个型。

（1）败血症型　分为最急性型、急性型和亚急性型。流行初期呈最急性型，常不显症状而突然死亡。急性型表现精神委顿，不食，呼吸急促，体温升高至41℃以上，鼻腔有分泌物（图1-2-4），有时出现腹泻，常在1～3天死亡；临死前体温下降，全身颤抖，四肢抽搐（视频1-2-1）。亚急性型主要表现为肺炎和胸膜炎。病兔表现呼吸困难、急促，鼻腔流出黏脓性鼻液，常打喷嚏，体温稍高，食欲减退，有时见腹泻，关节肿胀，结膜发炎、潮红，眼睑红肿，病程1～2周或更长，最终衰竭死亡。

视频1-2-1

扫码观看：败血症型
巴氏杆菌病

（2）传染性鼻炎型　此型一般传染很慢，传染源长期存在，致使兔的群体大规模发生。发病初期，鼻黏膜发炎，鼻腔先流出浆液性鼻液，以后转为黏液性（图1-2-5）以至脓性鼻液（图1-2-6），常打喷嚏、咳嗽；发病中期，常使前爪擦揉鼻孔（图1-2-7），鼻孔附近的被毛潮湿、脱落，上唇和鼻孔皮肤红肿、发炎（图1-2-8）；发病后期，鼻液稠，鼻孔周围形成痂壳，堵塞鼻孔，呼吸困难，出现呼噜音（图1-2-9）。

（3）地方流行性肺炎型　多见于成年兔。病初食欲不振、精神沉郁、体温较高，有时还

图1-2-4　巴氏杆菌病病兔鼻腔的分泌物

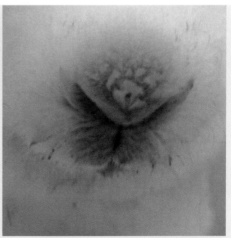

图1-2-5　传染性鼻炎型病兔的
黏液性鼻液

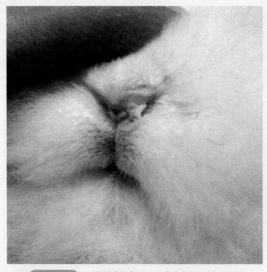

图1-2-6　传染性鼻炎型病兔的脓性鼻液

图1-2-7　传染性鼻炎型病兔前爪擦揉鼻孔

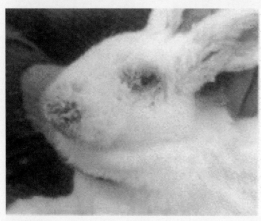

图1-2-8　传染性鼻炎病兔的鼻孔皮肤红肿、发炎

图1-2-9　传染性鼻炎病兔的呼吸困难

出现腹泻、关节肿胀等。临诊上难以见到明显的呼吸困难等肺炎症状，一旦见到明显的呼吸困难时，呈急性经过，很快死亡。

（4）中耳炎型　又称"斜颈症""歪脖病"，是病菌感染蔓延到内耳和脑部的结果。典型症状是斜颈（图1-2-10，图1-2-11），向一侧滚转，一直斜倾到围栏侧壁为止，并反复发作。如脑膜和脑实质受害，可能出现运动失调和其他神经症状。严重时，吃食、饮水困难，逐渐消瘦，衰竭死亡。

（5）结膜炎型　多发生于幼兔。初期时，结膜潮红、眼睑肿胀，多为两侧性，有浆液性、黏液性或黏脓性分泌物（图1-2-12）；中后期时，红肿消退，但流泪经久不止。

（6）脓肿型　发生于皮下和任何内脏器官；体表脓肿，表现热、肿、疼、有波动感（图1-2-13）；内脏器官的脓肿往往不表现临诊症状，容易发生脓毒败血症死亡。

（7）生殖系统感染型　多见于成年兔。母兔表现为不孕，伴有黏脓性分泌物从阴道流出，如转为败血症，往往造成死亡。公兔则表现为一侧或两侧的睾丸肿大（图1-2-14）。

图1-2-10 中耳炎型病兔表现斜颈（一）

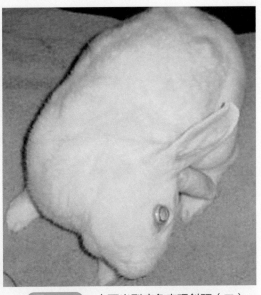

图1-2-11 中耳炎型病兔表现斜颈（二）

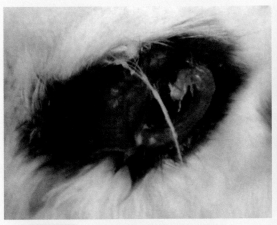

图1-2-12 结膜炎型病兔表现结膜潮红，有脓性分泌物

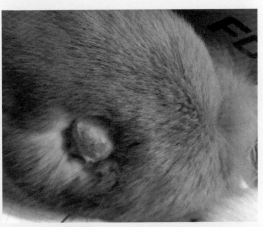

图1-2-13 脓肿型病兔的体表脓肿

图1-2-14 生殖系统感染型病公兔表现双侧睾丸肿大

图1-2-15 气管黏膜充血、出血

（四）病理变化

（1）败血型　剖检主要可见全身性出血、充血或坏死。鼻腔黏膜充血，有黏液脓性分泌物。喉头黏膜充血、出血，气管黏膜充血、出血（图1-2-15），伴有少量红色泡沫。肺脏充血、出血、水肿（图1-2-16）。心内、外膜出血（图1-2-17）。肝脏变性，有许多小坏死点（图1-2-18）。脾脏、淋巴结肿大、出血。小肠黏膜充血、出血。胸腔、腹腔有淡黄色积液。

（2）传染性鼻炎型　鼻黏膜潮红、肿胀或增厚，有时发生糜烂，黏膜表面附有浆液性、黏液性或脓性分泌物。鼻窦或副鼻窦黏膜充血、红肿，窦内有分泌物积聚。

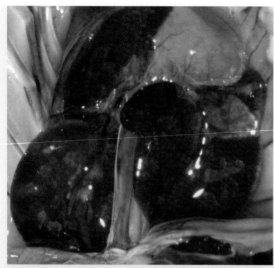

图1-2-16　肺脏充血、出血、水肿

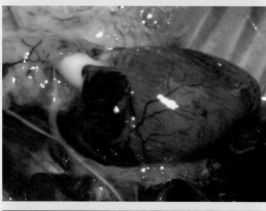

图1-2-17　心脏内外膜出血

图1-2-18　肝脏变性，有许多小坏死点

（3）地方流行性肺炎型　病变部位主要位于肺尖叶、心叶和膈叶前下部，表现为肺充血、出血、实变、膨胀不全、脓肿和出现灰白色小结节（图1-2-19）。肺胸膜与心包膜常有纤维素附着（图1-2-20），胸腔积液（图1-2-21）。肺门淋巴结充血、肿大。鼻腔和气管黏膜充血、出血，有黏稠的分泌物（图1-2-22）。

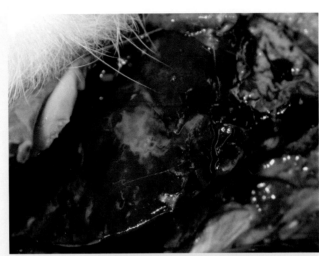

图1-2-19　肺脏前下部表现充血、出血、实变

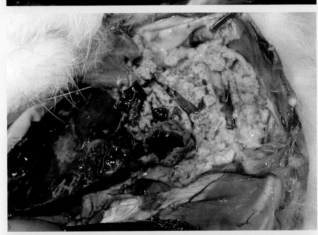

图1-2-20　肺胸膜与心包膜常有纤维素附着

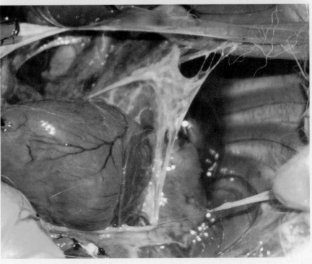

图1-2-21　地方流行性肺炎病兔的胸腔积液

图1-2-22　气管黏膜充血、出血，有黏稠的分泌物

（4）中耳炎型　病兔一侧或两侧鼓室内可见到白色奶油状渗出物。鼓膜破裂时外耳道内可见到白色奶油状的渗出物。炎症蔓延到脑部，可见到化脓性脑膜炎、脑炎变化。

（5）结膜炎型　多为两侧性，眼睑中度肿胀，结膜发红，分泌物常将上下眼睑粘封。

（6）脓肿型　可见皮下、内脏器官有脓肿。脓肿内有充满白色、黄褐色奶油样渗出液（图1-2-23），有厚的结缔组织包围，与周围组织有明显的界线。

（7）生殖系统感染型　母兔一侧或两侧子宫扩张（图1-2-24）。急性感染时，子宫仅轻度扩张，腔内有灰色水样渗出物。慢性感染时，子宫高度扩张，子宫壁变薄，呈淡黄褐色，子宫腔内充满黏稠的奶油样脓性渗出物，常附着在子宫内膜上。公兔则表现一侧或两侧睾丸肿

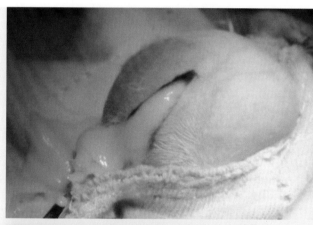

图1-2-23　脓肿内有奶油样渗出液

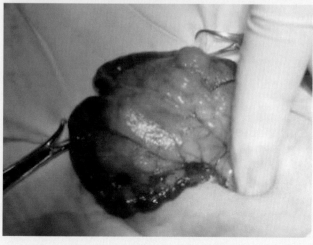

图1-2-24　母兔两侧子宫扩张

大，质地坚实，有些病例伴发脓肿。

（五）诊断

根据流行特点、临诊症状和病理变化，可做出初步诊断。确诊有赖于实验室检查。

（1）病原学检查　对败血症型病兔，无菌采集心血、肝脏、脾脏或体腔渗出物等；对于其他类型的病兔，无菌采集病变部位的脓汁、渗出物、分泌物等。

（2）显微镜检查　将病料直接作涂片或触片，用革兰氏染色或瑞氏染色、姬姆萨染色、美蓝染色，显微镜观察。如见有多量革兰氏阴性、典型两极着色的短杆菌，可做出初步诊断。

（3）分离培养　挑取病料，分别划线接种于鲜血琼脂平板和麦康凯琼脂平板上，37℃培养24小时。本菌在麦康凯琼脂平板上不生长，而在鲜血琼脂平板上生长良好，可见有淡灰白色、圆形、水滴样、无溶血现象的小菌落，革兰氏染色为阴性短杆菌。

（4）动物接种　取病料少许用无菌生理盐水做成（1∶5）～（1∶10）的悬液，接种于小白鼠的肌肉或皮下，剂量为每只0.2～0.5毫升。如于24～48小时死亡，由心血、肝脏、脾脏作涂片或触片染色镜检，见大量革兰氏阴性、典型两极着色的短杆菌，即可确诊。

（5）血清学试验　检查被检兔的血清是否呈阳性，可采取凝集试验、琼脂扩散试验、酶联免疫吸附试验、荧光抗体试验等方法进行诊断。

（六）类似病症鉴别

（1）与兔波氏杆菌病的鉴别　从病料中取脓性分泌物涂片染色镜检，波氏杆菌为革兰氏阴性、多形态小杆菌；而多杀性巴氏杆菌为大小一致的卵圆形小杆菌。将病料接种于改良麦康凯培养基上培养后，波氏杆菌可形成不透明、灰白色、不发酵葡萄糖的菌落；而多杀性巴氏杆菌在此培养基上不能生长。

（2）与兔李氏杆菌病的鉴别　死于李氏杆菌病的兔，剖检可见肾脏、心脏、脾脏有散在的针尖大的淡黄色或灰白色坏死灶，胸、腹腔有多量的渗出液。病料涂片革兰氏染色，镜检，李氏杆菌为革兰氏阳性多形态杆菌。在鲜血琼脂培养基上培养呈溶血，而巴氏杆菌无溶血现象。

（3）与野兔热病的鉴别　死于野兔热的兔，剖检可见淋巴肿大，并有针尖大的灰白色干酪样坏死灶。脾脏肿大，深红色，切面有大小不等的灰白色坏死灶。肾脏和骨髓也有坏死。病料涂片镜检，病原为革兰氏阴性多形态杆菌，呈球状或长丝状。

（4）与兔病毒性出血症的鉴别　病毒性出血症发病兔有神经症状，剖检气管和支气管内有泡沫状红色液体，气管黏膜严重充血或出血，肺部有出血性病灶，呈鲜红色或紫红色，肝脏、脾脏、肾脏都有淤血、肿大，有小的出血点，细菌检查阴性。

（七）防制方法

（1）预防措施　建立无多杀性巴氏杆菌种兔群是防治本病的最好方法。种兔要定期检测，对阳性种兔淘汰处理，建立无巴氏杆菌病种兔群。兔场定期用兔巴氏杆菌灭活苗或兔巴氏杆菌、波氏杆菌灭活油佐剂二联苗，兔病毒性出血症、兔巴氏杆菌二联灭活苗，兔病毒性出血症、兔巴氏杆菌、产气荚膜梭菌病三联苗等进行预防接种。

种兔群应坚持自繁自养，禁止随便引进种兔；必须引进时，应先检疫并观察1个月，健康者方可进场；商品兔群要经常检查，发现病兔尽快隔离治疗，严格淘汰无治疗价值的病兔。平时加强饲养管理与卫生防疫工作，严禁畜、禽和野生动物进场。发生本病时，对于同群假定健康兔仔细观察、测温，对临诊检查健康的兔，可用兔巴氏杆菌灭活苗，进行紧

急接种预防，或用抗菌药物进行药物预防。一旦发现本病，立即采取隔离、治疗、淘汰，对兔舍、兔笼（视频1-2-2）、用具等用1%～2%的烧碱溶液、10%～20%的石灰水溶液或3%的来苏水溶液消毒。对病兔尸体及其排泄物等进行无害化处理。

（2）治疗方法　选用具有抑制杀灭巴氏杆菌的抗菌药物，并结合对症治疗，早治疗效果好。最好选用药敏试验敏感的药物进行治疗。无条件进行药敏试验的单位，可参考下列方法进行：

① 青霉素、链霉素联合肌内注射。按每千克体重每次用青霉素2万～4万单位、链霉素1万～2万单位，每天2次，连用3天。

② 氨苄青霉素钠（安比西林）肌内注射。按每千克体重每次2～5毫克，每天2次，连用3天。

③ 磺胺嘧啶钠肌内注射。按每千克体重每次0.05～0.1克，每天2次，首次剂量加倍，连用3～5天。

④ 磺胺二甲嘧啶片或磺胺嘧啶片。内服，按每千克体重首次量0.2克，维持量0.1克，配合等量的小苏打片服用，每天2次，连用3～5天。

⑤ 硫酸庆大霉素注射液或硫酸卡那霉素注射液。肌内注射，按每千克体重每次用1万～2万单位，每天2次，连用3天。

⑥ 土霉素、穿心莲、酵母片。内服，按每千克体重每次用土霉素20～40毫克、穿心莲0.5克、酵母片0.5克，每天2次，连用5天。

⑦ 中药疗法。方剂一：鱼腥草8克、双花8克、桔梗5克、大青叶8克，水煎拌料，成年兔每天1剂，幼年兔剂量减半（治疗地方流行性肺炎型和传染性鼻炎型）。方剂二：黄连7克、黄芩3克、黄檗3克、板蓝根8克、丹皮8克，水煎拌料，成年兔每天1剂，幼年兔剂量减半（治疗败血症型）。每天1次，连用3～5天。

⑧ 鼻炎病兔可将青霉素、链霉素各按照2万单位/毫升配制滴鼻使用，每天2次，连用5～7天。或庆大霉素注射液配合滴鼻净，滴鼻使用，每天2次，连用3～5天。

⑨ 结膜炎病兔可将卡那霉素注射液或磺胺二甲嘧啶钠注射液等药物配合硫酸新霉素滴眼液，交替点眼，每天4次，连用3～5天。

⑩ 脓肿型病兔需进行外科治疗。切开成熟的脓肿排脓，用3%的 H_2O_2 溶液或0.1%高锰酸钾溶液或0.1%新洁尔灭溶液冲洗后，涂碘酊，不缝合，几天可愈合。

三、魏氏梭菌病

魏氏梭菌病又称"魏氏梭菌性肠炎""产气荚膜杆菌病"，是由A型魏氏梭菌及其毒素引起的肉兔的一种高度致病性的急性传染病。临诊上以水样下痢、脱水和迅速死亡为特征，是对养兔业危害最严重的传染病之一。发病兔致死率很高。

（一）病原

魏氏梭菌即产气荚膜杆菌（图1-3-1），一般可分为A、B、C、D、E、F六型。兔的魏氏梭菌病主要由A型魏氏梭菌引起的，少数为E型。A型魏氏梭菌为革兰氏阳性大杆菌，两端稍钝圆，无鞭毛，但有荚膜，能形成芽孢，可产生多种毒素。芽孢抵抗力极强，在外界环境中可长期存活，一般消毒药不易杀灭，升汞、福尔马林杀灭效果较好。魏氏梭菌普遍存在于土壤、粪便、污水、饲料及劣质鱼粉中。A型魏氏梭菌主要产生 α 毒素。该毒素只能被A型抗血清中和，具有致坏死、溶血和致死作用，仅对兔和人有致病力。

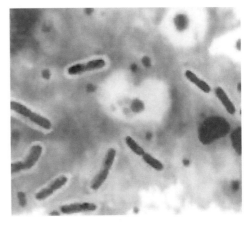

图1-3-1 产气荚膜杆菌

（二）流行特点

本病的主要传染原是病兔和带菌兔及排泄物。传染途径主要是消化道或伤口，粪便污染的病原在传播方面起主要作用。病菌可随病兔的粪便排出，污染周围环境，健康兔摄入后即经消化道感染。除哺乳仔兔外，各种年龄、品种、性别的兔子均有易感性，但多发生于断奶仔兔、青年兔和成年兔，发病率和死亡率为20%～90%。本病的发生无明显季节性，但冬、春季一般较多。兔舍的卫生条件不良、过热、拥挤，以及使用磺胺药物均可诱发本病。

（三）临诊症状

临诊上通常分为最急性型和急性型两种。

（1）最急性型 常突然发病，很快死亡，没有发现任何明显的症状。

（2）急性型 病兔开始排出褐色软粪，随即出现剧烈水泻，黄褐色，后期带血、变黑、腥臭（图1-3-2）。肛门周围、后肢及尾部被毛潮湿，并沾有稀粪（图1-3-3）。病兔精神沉郁、拒食、消瘦、脱水、昏迷、体温不高，多于12小时至2日死亡。部分病例可拖至数日至1周后死亡。

（四）病理变化

剖检可见胃内充满饲料（图1-3-4）或气体（图1-3-5），胃黏膜脱落，常有出血点和溃疡灶（图1-3-6）；肠道充满液体与气体，肠壁薄（图1-3-7），肠系膜淋巴结肿大；盲肠、结肠充血、出血（图1-3-8），肠内有黑褐色水样稀粪、腥臭；肝脏质地变脆，胆囊充盈，脾呈深褐色。膀胱积有少量茶褐色尿液（图1-3-9）。

图1-3-2 带血、腥臭的黑色稀粪

图1-3-3 肛门周围、后肢及尾部被毛沾有稀粪

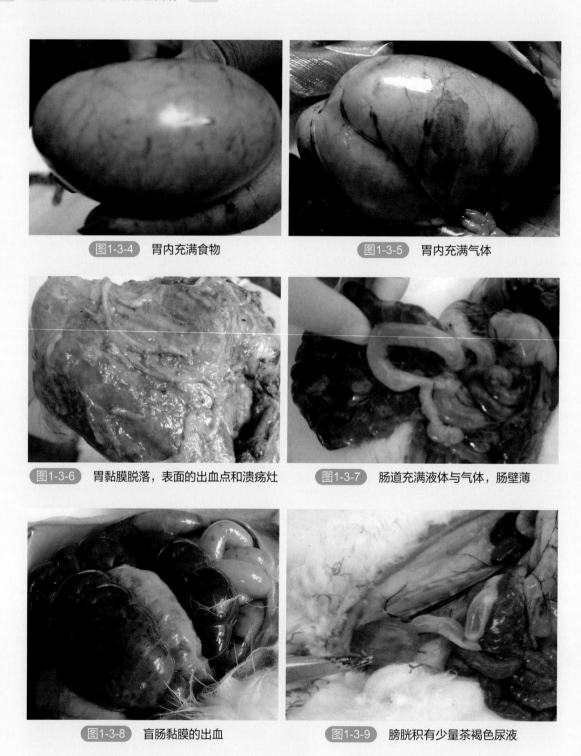

图1-3-4　胃内充满食物

图1-3-5　胃内充满气体

图1-3-6　胃黏膜脱落，表面的出血点和溃疡灶

图1-3-7　肠道充满液体与气体，肠壁薄

图1-3-8　盲肠黏膜的出血

图1-3-9　膀胱积有少量茶褐色尿液

（五）诊断

根据流行特点、临诊症状、病理变化可以做出初步诊断。确诊需做以下几个方面。

（1）镜检　采病料涂片，用革兰氏法染色后镜检，如见有革兰氏阳性粗大杆菌，菌端钝圆，有荚膜，中心或偏端形成芽孢，再结合临诊症状即可做出初步诊断。

（2）分离培养　粪便用灭菌生理盐水稀释后，加热到80℃，约10分钟后取上清液，接种到厌氧肝肉汤培养基中，如分离到此阳性杆菌，再转移到血琼脂平板上，厌氧培养。

（3）动物试验　取厌氧肝肉汤培养基0.71毫升接种豚鼠、幼兔，如果均在24小时内死亡，剖检病变与自然死亡基本相同，可诊断为阳性。

此外，也可用中和试验、对流免疫电泳等血清学方法诊断本病。

（六）类似病症鉴别

（1）与球虫病的区别　球虫病多发于断奶前后的仔兔，成年兔不出现死亡。病兔营养不良、黄疸、贫血，剖检肠黏膜或肝表面有淡黄白色结节。

（2）与沙门氏菌病的区别　沙门氏菌病急性病例以败血症、下痢和流产为特征，断奶仔兔和青年兔多发。蚓突黏膜有弥漫性淡灰色小结节，肝脏表面有散在的针尖大小的坏死灶。母兔的子宫发炎，胎儿发育不良。

（3）与巴氏杆菌病的区别　巴氏杆菌病多呈散发，无明显年龄界限。肝脏不肿大，有散在灰白色坏死灶。肾不肿大，有鼻炎、中耳炎、结膜炎等症状。

（4）与兔瘟的区别　兔瘟各种兔均易感，死亡率高，以呼吸系统出血，实质器官淤血肿大和点状出血，实质器官淤血肿大和点状出血为特征。病料中分离不到细菌、寄生虫等病原。

（七）防制方法

（1）预防措施　首先应平时加强饲养管理，搞好环境卫生，防止饲喂过多的谷物类饲料和含有过高蛋白质的饲料，兔舍内避免拥挤，注意灭鼠灭蝇；其次严禁引进病兔，发生疫情后，立即隔离或淘汰病兔。兔笼、兔舍用5%热碱水溶液消毒，病兔分泌物、排泄物等一律焚烧深埋；再次应定期进行预防接种，每兔颈部皮下射魏氏梭菌灭活菌苗1毫升，兔疫期4～6个月；仔兔断奶前1周进行首次兔疫接种，可明显提高断奶仔兔成活率。另据报道，发生疫情时，应用魏氏梭菌灭活菌苗进行紧急预防注射，或用金霉素22毫克拌1kg饲料喂兔，连喂5天，均有明显的预防效果。

（2）治疗方法

① 血清疗法。病初用特异性高兔血清治疗，每千克体重2～5毫升，皮下或肌内注射，每日2次，连用2～3天。

② 抗生素疗法。可用下列抗生素：红霉素，每千克体重20～30毫克，肌内注射，每日2次，连用3天；金霉素，每千克饲料中加10毫克，或按每千克体重20～40毫克，肌内注射，每天2次，连用3天；卡那霉素，每千克体重20～30毫克，肌内注射，每日2次，连用3天；喹乙醇，口服，每千克体重5毫克，每天2次，连用3天。在使用抗生素的同时，也可在饲料中加活性炭、维生素 B_{12} 等辅助药物。

③ 对症治疗。口服食母生（5～8克/只）和胃蛋白酶（1～2克/只），腹腔注射5%葡萄糖生理盐水，可提高疗效。

四、大肠杆菌病

兔大肠杆菌病又称"黏液性肠炎"，是由一定血清型的致病性大肠杆菌及其毒素引起的仔兔、幼兔肠道传染病，以水样或胶冻样粪便和严重脱水为特征。

（一）病原

大肠杆菌属于肠杆菌科中的大肠埃希氏菌属，为革兰氏阴性、无芽孢、有鞭毛的短小杆菌（图1-4-1）。该菌血清型较多，引起兔致病的大肠杆菌主要有30多个血清型，如O_{85}、O_{19}、O_{16}、O_{128}、O_{18}、O_{26}、O_{86}等。埃希氏菌为需氧或兼性厌氧菌，最适宜生长温度37℃，pH7.2～7.4。对营养要求不严格，在普通培养基上生长良好。在普通琼脂培养基上生长后，形成光滑、湿润、乳白色、边缘整齐、隆起的中等大菌落（图1-4-2）。某些致病性菌株在血液琼脂培养基上能产生β型溶血环。在普通肉汤中生长，呈均匀浑浊，形成浅灰色黏液状沉淀。麦康凯培养基，由于本菌发酵乳糖，形成的菌落为紫红色（图1-4-3）；在伊红美蓝琼脂上生长，由于发酵乳糖产酸，使伊红和美蓝结合，形成紫黑色带金属光泽的菌落（图1-4-4）。抵抗力中等，在水中能存活数周到数月，一般消毒药能将其迅速杀死。

（二）流行特点

大肠杆菌广泛存在于自然界，是兔肠道内的常在菌，一般不引起发病，当气候环境突变、饲养管理不当及患有某些传染病、寄生虫病引起仔兔抵抗力降低时而发病。该菌在病兔体内增强了毒力，排出体外可经消化道传播引起暴发流行，造成大批死亡。本病无明显的季节性。各种年龄的兔均易感，主要侵害20日龄与断奶前后的仔兔和幼兔，即1～4月龄多发，而成年兔很少发病。第一胎仔兔和笼养兔的发病率较高。

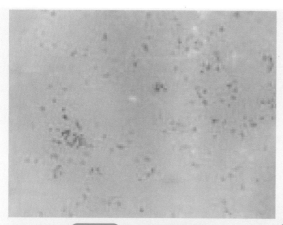

图1-4-1　大肠杆菌的形态

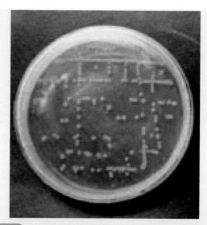

图1-4-2　普通琼脂培养基上大肠杆菌生长的菌落

图1-4-3　麦康凯培养基上大肠杆菌生长的菌落

图1-4-4　伊红美蓝琼脂培养基上大肠杆菌生长的菌落

（三）临诊症状

潜伏期4～6天。最急性病例常不见任何症状而突然死亡。病程短的在1～2天内死亡，长的经7～8天死亡。病兔体温一般正常或低于正常，精神沉郁，被毛粗乱，脱水，消瘦，腹部膨胀（图1-4-5），剧烈腹泻，肛门和后肢被毛常沾有大量黏液或水样粪便（图1-4-6），并带有两头尖的干粪球。四肢发冷，磨牙，最终衰竭死亡。

图1-4-5　病兔精神沉郁，被毛粗乱，腹部膨胀

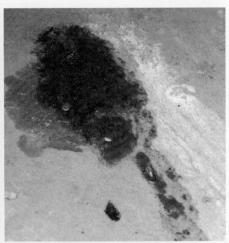

图1-4-6　兔子水样粪便

（四）病理变化

胃膨大，充满多量液体和气体（图1-4-7）。小肠扩张、水肿，充满气体和黏液（图1-4-8）。大肠内容物呈水样，有多量胶冻样物（图1-4-9），浆膜黏膜充血，有出血斑点（图1-4-10）。胆囊扩张，黏膜水肿。有些病例的心脏、肝脏有局部性的小坏死灶（图1-4-11）。

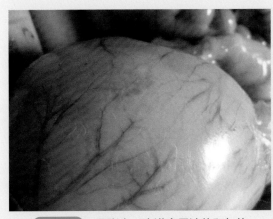

图1-4-7　胃膨大，充满多量液体和气体

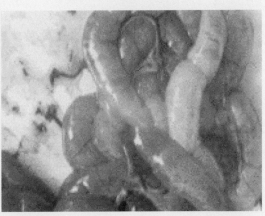

图1-4-8　小肠扩张、水肿，充满气体和黏液

图1-4-9　结肠出血、胶冻样内容物

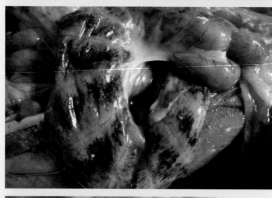

图1-4-10　大肠浆膜充血，有出血斑点

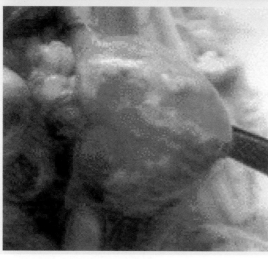

图1-4-11　心脏局部性的小坏死灶

（五）诊断

根据临诊症状、病理变化及流行特点可做出初步判断，但较难与其它幼兔腹泻病区分。确诊需作实验室的细菌分离鉴定。

（1）病原学检查　采取病兔、死兔的心、血、肝、脾、肠内容物等，涂片，染色后直接镜检，观察是否有大肠杆菌。分离培养可用鉴别培养基，有条件的也可做生化反应或动物试验，进行诊断。

（2）血清学检查　可用血清学凝集试验、酶联免疫吸附试验（ELISA）等方法进行检查。

（六）类似病症鉴别

（1）与兔沙门氏菌病的鉴别　死于沙门氏菌病的兔。剖检可见肝脏有散在、针头大、灰白色的坏死病灶，蚓突黏膜有弥漫性、淡灰色、粟粒大的特征性病灶。病料接种于麦康凯平板上，如有无色透明或半透明的小菌落，为沙门氏菌；呈粉红色较大的菌落是大肠杆菌。

（2）与球虫病的鉴别　球虫引起的兔腹泻，将粪便或肠内容物涂片镜检，可见有大量的球虫卵囊。

（3）与轮状病毒性腹泻的鉴别　轮状病毒性腹泻主要发生于幼兔，青年兔、成年兔呈隐性感染。剖检病兔，空肠和回肠部的绒毛呈多灶性融合和中度缩短，肠细胞中度变扁平，某些肠段的黏膜固有层和下层轻度水肿。从病料中不能分离出细菌或寄生虫。

（4）与兔泰泽氏病的鉴别　泰泽氏病的特征性病变是肝门静脉附近的肝小叶和心肌有灰白色针头大或条状的病灶。病料涂片，姬姆萨染色，可见有成丛的毛发状的芽孢杆菌。

（七）防制方法

1.预防措施

平时应加强饲养管理，搞好兔舍卫生，定期消毒。减少应激因素，特别是在断奶前后不能突然改变饲料，以免引起仔兔肠道菌群紊乱。常发病兔场，可用从本场病兔中分离出的大肠杆菌制成灭活苗，20～30日龄的仔兔肌内注射1毫升，有一定疗效。兔场一旦发病，应立即隔离或淘汰，死兔应焚烧深埋，兔笼、兔舍用0.1%新洁尔灭溶液或2%火碱水进行消毒。

2.治疗方法

（1）对抗病原疗法　抗菌药物疗法：链霉素（肌内注射，每千克体重20～30毫克，每日2次，连用4～5天）、庆大霉素（肌内注射，每只兔2万～4万单位，每天2次，连用3～5天）、多黏菌素（每只兔2.5万单位，连用3～5天）、磺胺脒（每千克体重100毫克，每日3次，连用4～5天）、复方新诺明、氟哌酸、恩诺沙星、环丙沙星以及青霉素等抗菌药物均有治疗作用，但由于大肠杆菌极易产生抗药性，有条件的应做药敏试验再选择用药。剂量可按药品说明书使用。

（2）促菌生疗法　口服促菌生，每千克体重50毫克，每天1～2次，连用3～4天。

（3）中药疗法　穿心莲6克，金银花6克，香附6克，水煎服，每天2次，连用7天。也可用丹参、金银花、连翘各10克，加水1000毫升，煎至300毫升，口服，每天2次，每次3～4毫升，连用3～4天。也可用大蒜酊（用去皮蒜头和75%的医用酒精1∶1配比。先将蒜头洗净充分捣烂为泥，再与酒精混合搅拌均匀，装入密封的容器内浸泡12～15小时。用双层灭菌纱布过滤，滤液即成大蒜酊，装瓶备用。口服，每只兔用2～3毫升，每天2次，连用3～4天）或大蒜泥（口服，每只兔用2～3克，每天2次，连用3～4天）治疗。

（4）补液及电解质疗法　此疗法是降低死亡率、提高治愈率十分重要的辅助疗法，必须配合对抗病原疗法一起使用。可用口服补液盐溶液（配制遵照药品说明书）任病兔自由饮用。如病兔已没有饮欲，可用5%葡萄糖生理盐水腹腔注射20～50毫升/次，每天1～2次。

五、泰泽氏病

兔泰泽氏病是由毛样芽孢杆菌引起的一种以严重下痢、脱水、严重盲肠炎症并迅速死亡为主要症状的兔的消化道传染病。本病的死亡率极高，是养兔业的一大威胁。

（一）病原

毛样芽孢杆菌为严格的细胞内寄生菌，形体细长，革兰氏染色阴性，能形成芽孢。PAS（过碘酸锡夫氏）染色着色良好。本菌对外界环境抵抗力较强，在土壤中可存活1年以上。但对氨苄青霉素、链霉素敏感。

（二）流行特点

本病除兔易感外，大白鼠、小白鼠、仓鼠、猫等均可感染。以秋末至春初多发，主要侵害6～12周龄幼兔，断奶前的仔兔和成年兔也可感染发病，哺乳中的母兔比公兔容易受应激因素的刺激而发病。病兔为本病的主要传染源。病原随病兔粪便排出，污染周围环境，健康兔接触后经消化道而感染。本病的发病率和死亡率较高。当拥挤、过热、运输及饲养管理不良等应激因素存在时，可诱发本病。应用磺胺类药物治疗其他疾病时，因干扰了胃肠道内微生物的生态平衡，也易导致本病的发生。已证实本病可通过胎盘感染。

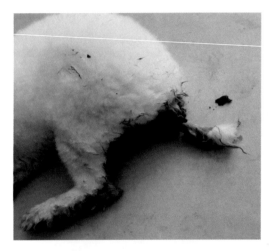

图1-5-1 泰泽氏病兔严重腹泻，臀部及后肢被粪便污染

（三）临诊症状

病兔发病急，严重腹泻，粪便呈褐色糊状至水样，臀部及后肢被粪便污染（图1-5-1）。精神沉郁，食欲废绝，迅速脱水，常于发病后12～18小时死亡。耐过的病兔食欲不振，生长停滞，成为僵兔。

（四）病理变化

死兔尸体严重脱水消瘦，后肢染污大量粪便。盲肠或回肠后段、结肠前段的浆膜出血。盲肠和回肠肠腔内含有水样褐色内容物并充满气体，肠壁水肿（图1-5-2）。肠系膜淋巴结水肿。肝脏肿大，有弥散性坏死灶（图1-5-3）。脾脏萎缩。心肌有坏死灶（图1-5-4）。

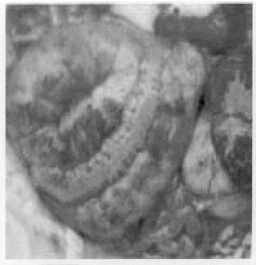

图1-5-2 结肠浆膜出血，肠壁水肿

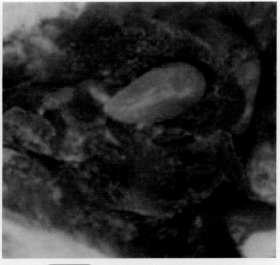

图1-5-3 肝脏肿大，弥散性坏死灶

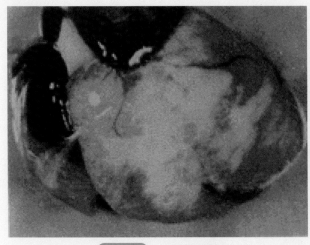

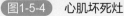
图1-5-4　心肌坏死灶

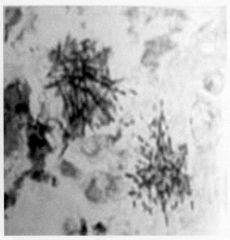
图1-5-5　组织胞浆中的毛样芽孢杆菌

（五）诊断

根据流行特点、临诊症状，盲肠、肝脏、心肌变化，可做出初步诊断。但确诊需要做细菌学检查，以肝坏死区、病变心肌或肠道病变部位作病料涂片，姬姆萨氏或PAS染色，镜检，若在病变组织细胞浆中发现毛样芽孢杆菌，即可确诊（图1-5-5）。有条件的可用荧光抗体试验、补体结合试验以及琼脂扩散试验等进行诊断。

（六）类似病症鉴别

（1）与兔魏氏梭菌病的鉴别　兔魏氏梭菌病排带血胶冻样或黑色稀粪，胃黏膜有溃疡斑，盲肠浆膜有出血斑等特征性临诊症状及病变，泰泽氏病不具备上述特征。通过肠内容物病料涂片、革兰氏染色、镜检，可见革兰氏阳性大杆菌，鲜血琼脂厌氧培养呈双溶血圈菌落，可以与泰泽氏病相区别。

（2）与兔霉菌性腹泻的鉴别　兔霉菌性腹泻主要由黄曲霉毒素和其他真菌毒素所致。患兔肝脏呈淡黄色、硬化，肠道黏膜充血，而盲肠浆膜无出血迹象。

（3）与兔沙门氏菌病的鉴别　由沙门杆菌引起的腹泻，病兔肝脏有针头大、散在性或弥漫性灰白色病灶，以及蚓突黏膜有弥漫性淡灰色、粟粒大的结节为特征性病变，泰泽氏病不具上述病理变化。肝脏和肠内容物接种于SS培养基或麦康凯培养基，菌落具有沙门菌特征，并为沙门菌多价血清所凝集，为沙门菌；将肝脏等病料触片，用高碘酸雪夫染色或姬姆萨染色镜检，如在细胞浆内或肌纤维中找到毛发状成束的杆菌，即为毛样芽孢杆菌；如在细胞外见有卵圆形的小杆菌，即为沙门菌。

（4）与兔大肠杆菌病的鉴别　由泰泽氏病引起断奶前后仔兔的腹泻，粪便呈褐色水样；而大肠杆菌病引起的腹泻，粪便呈淡黄色水样，并常伴有明胶样黏液和两头尖的干粪。肝脏，尤其在肝门脉区附近肝小叶和心肌有灰白色针头大或条纹状病灶是泰泽氏病的特征性病变，而大肠杆菌病无此病变。将病料接种于麦康凯培养基，泰泽氏病为阴性，大肠杆菌病呈红色菌落。将病料切片或触片、姬姆萨染色，在上皮细胞的细胞质中可找到成丛的毛样芽孢杆菌。

（七）防制方法

（1）预防措施　加强饲养管理，改善环境条件，定期进行消毒，尽可能消除应激因素；

隔离或淘汰病兔，兔舍要全面消毒，兔排泄物发酵处理或烧毁，防止病原菌扩散；对未发病兔在饮水或饲料中加入土霉素，可起到一定的预防作用。

（2）治疗方法　及时隔离、治疗病兔，全面消毒兔舍，防止病原菌扩散。可选用以下药物治疗。

① 土霉素。患病早期用0.006% ～ 0.01%土霉素水供患兔饮用，疗效良好。

② 青霉素与链霉素联合使用。青霉素每千克体重2万～ 4万单位，链霉素，每千克体重2万单位，溶解后混合进行肌内注射，每天2次，连用3 ～ 5天。

③ 红霉素。每千克体重100毫克的剂量，肌内注射，每天2次，连用3 ～ 5天。

④ 金霉素。每千克体重40毫克，兑入5%葡萄糖溶液中静注，每天2次，连用3天。

治疗无效时，应及时淘汰。

六、野兔热

野兔热，又名"土拉热"，是由土拉热弗朗西斯菌引起人兽共患的一种急性、热性、败血性传染病。本病的特征为体温升高和淋巴结、肝脏、脾脏等内脏器官的化脓坏死结节形成。

（一）病原

土拉热弗朗西斯菌为革兰氏阴性，但着色不良，用美蓝染色呈明显的两极着染。在患病动物血液中为球形，在培养基上则呈多形性，如球形、杆状、长丝状等（图1-6-1），在病料中可看到荚膜。本菌抵抗力颇强，水中存活90天，饲料中存活130天，尸体中可存活100天，60℃高温、石炭酸、来苏儿溶液很快杀死。氨基糖苷类抗生素、链霉素、庆大霉素、卡那霉素等对本菌都有杀灭作用，四环素及氯霉素对本菌有抑制作用。

（二）流行特点

野生动物很易感，海狸鼠、水松鼠、狐、貂等均易感，呈地方性流行。对小白鼠、豚鼠、兔等最易感，同时可以通过兔直接接触给人传染，特别是野兔肉、兔肠管的传染最严重。病菌通过污染的饲料、饮水、用具以及吸血昆虫而传播，并通过消化道、呼吸道、伤口及皮肤与黏膜而入侵。多发生于春末夏初啮齿动物与吸血昆虫繁殖滋生的季节。

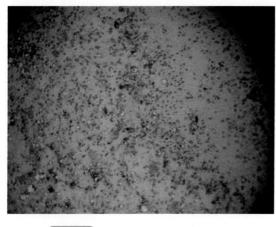

图1-6-1　土拉热弗朗西斯菌的形态

（三）临诊症状

本病潜伏期1 ～ 10天。临诊症状可分为急性型和慢性型。

（1）急性型　不易看到临诊症状，仅有个别病例于临死时表现精神萎靡、食欲不振、运动失调，2 ～ 3天内呈急性败血症而死亡。

（2）慢性型　发生鼻炎，鼻腔流出黏性或脓性分泌物（图1-6-2）。体温升高1 ～ 1.5℃。颌下、颈下、腋下和腹股沟淋巴结肿大、质硬，极度消瘦，最后衰竭而死。

（四）病理变化

剖检特征根据病程长短而有所不同。急性死亡的病兔呈现败血症，并伴有下述特征性病变。病程较长的病兔，淋巴结显著肿大、呈深红色，可能有针头大的灰白色干酪样的坏死点。脾脏肿大、呈深红色，表面与切面有灰白或乳白色的粟粒至豌豆大的坏死结节（图1-6-3）。肝脏肿大，有散发性针尖至粟粒大的坏死结节。肾脏肿大，并有灰白色粟粒大的坏死点（图1-6-4）。肺脏充血并含有块状的实变区。骨髓也可能有坏死病灶。

（五）诊断

根据多发生于春末夏初啮齿动物与吸血昆虫繁殖滋生季节的流行特点，有鼻炎、体温升高、消瘦、衰竭与血液白细胞增多等临诊症状，淋巴结、脾脏、肝脏、肾脏有特征的化脓性坏死结节的病理变化等可做出初步诊断。确诊需进行病原菌检查。

（六）类似病症鉴别

本病淋巴结、脾脏、肝脏、肾脏有特征性化脓性坏死结节，因此根据病变和细菌检查可做出诊断。但在兔李氏杆菌病与兔伪结核病病兔的有些器官也可见坏死灶或坏死结节，应注意鉴别。

（1）与兔李氏杆菌病的类症鉴别　灰白色坏死灶主要位于肝脏、心脏、肾脏，同时有脑炎、流产及单核细胞增多等临诊变化。无淋巴结坏死灶。

（2）与兔伪结核病的类症鉴别　灰白色粟粒状结节病变主要位于盲肠蚓突、圆小囊，其次为脾脏、肝脏、肠系膜淋巴结。有慢性下痢症状，病原为伪结核耶尔森氏杆菌。

（七）防制方法

1.预防措施

（1）兔场要注意灭鼠杀虫，驱除兔的体内外寄生虫，经常对笼舍及其用具进行消毒，严防野兔进入兔场。

图1-6-2　慢性型野兔热病兔发生鼻炎，鼻腔流出脓性分泌物

图1-6-3　脾脏的坏死结节

图1-6-4　肾表面的坏死点

（2）引进种兔要隔离观察，确认无病后方可入群。

（3）发现病兔要及时治疗，无治疗价值的要采取焚烧等严格处理措施。

（4）疫区可试用弱毒疫苗预防接种。

（5）本病属人兽共患病，剖检病尸时要注意防护，以免感染人。

2.治疗方法

（1）卡那霉素，肌内注射，每千克体重10～20毫克，每日2次，连用3～4天。

（2）链霉素，肌内注射，每千克体重20毫克，每日2次，连用4天。

（3）金霉素，每千克体重20毫克，用5%葡萄糖溶液溶解后静脉注射，每日2次，连用3天。

（4）甲砜霉素，肌内注射，每千克体重20～40毫克，每日2次，连用3～5天。

七、沙门氏菌病

兔沙门氏菌病，又名"兔副伤寒"，是由鼠伤寒沙门氏菌和肠炎沙门氏菌引起的兔消化道和生殖器官的传染病，以发生败血症、急性死亡、腹泻和流产为主。怀孕25天以上的母兔临诊主要表现为流产和腹泻，并因败血症而迅速死亡。幼兔多表现为腹泻和败血症。

（一）病原

病原为鼠伤寒沙门氏杆菌和肠炎沙门氏菌。为革兰氏阴性杆菌，呈短杆状，具有鞭毛，不形成芽孢（图1-7-1）。在普通琼脂培养基上生长后，形成光滑、湿润、灰白色、边缘整齐、隆起的中等大菌落（图1-7-2）。本菌对外界环境抵抗力较强，但对消毒药物的抵抗力不强，3%来苏儿、5%石灰乳及福尔马林等能在几分钟内将其杀死。本菌能使多种动物发病，还可引起人的食物中毒。

（二）流行特点

本病一年四季均可发生，尤其是晚秋和早春更为普遍。本病传染性比较强，不分年龄、性别和品种都会发病，但以断奶幼兔和妊娠母兔最易感，尤其是怀孕25天后的母兔，发病率

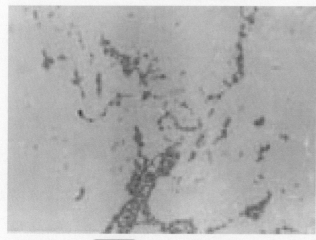

图1-7-1　沙门氏菌的形态

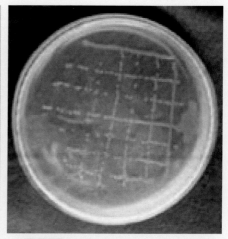

图1-7-2　普通琼脂培养基上沙门氏菌生长的菌落

高达57%，流产率为70%，致死率为49%。病兔和带菌兔是主要的传染源。病原菌由传染源的粪便排出体外。本病感染方式主要有两种，一种是外源性感染，即吃了污染本菌的饲料、饮水等而经消化道传播；另一种为内源性感染，当各种原因（如管理条件不善、气候变化、卫生条件差等）导致兔的机体抵抗力下降时，寄生在兔体内的沙门氏菌乘机大量繁殖，增强毒力而引起发病。幼兔也可经子宫内或脐带感染。此外，鼠类、鸟类及苍蝇也能传播本病。

（三）临诊症状

本病潜伏期为3～5天，分为最急性型和急性型。

（1）最急性型　病兔常不出现任何症状而突然死亡。

（2）急性型　病兔精神沉郁，体温升高，食欲废绝，渴欲增加。多数患病幼兔腹泻并排出有泡沫的黏液性粪便，消瘦，3～5天死亡。怀孕母兔从阴道排出黏液或脓性分泌物，阴道黏膜潮红、水肿，流产胎儿体弱，皮下水肿，很快死亡。也有的胎儿腐化或木乃伊化，母兔常于流产后死亡。康复的母兔不易受孕。

（四）病理变化

（1）最急性型　多数病兔无特征病变，呈败血症病变，一些内脏器官充血、出血（图1-7-3），胸腹腔有浆液或纤维素性渗出物（图1-7-4）。

（2）急性型　病兔可见胃肠黏膜充血、出血（图1-7-5），有弥漫性灰白色粟粒大的结节，肠系膜淋巴结充血水肿（图1-7-6）。圆小囊和盲肠蚓突黏膜有粟粒大的坏死结节。肝脏表面

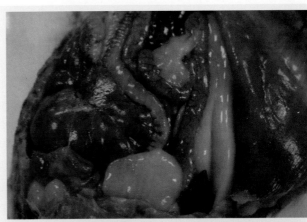

图1-7-3　肠道和肝脏出血

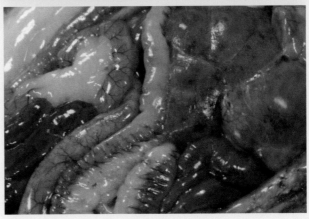

图1-7-4　腹腔内的纤维素性渗出物

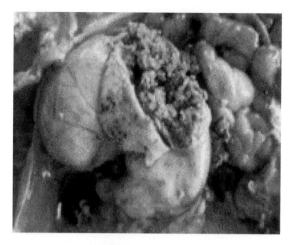

图1-7-5　胃黏膜出血

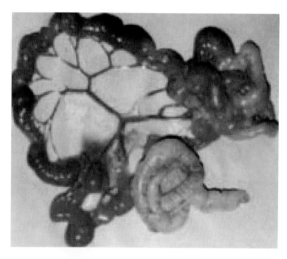

图1-7-6　肠系膜淋巴结充血水肿

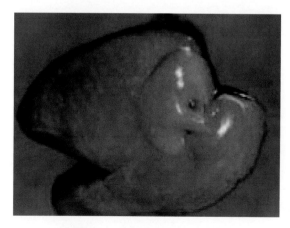

图1-7-7　肝脏表面灰黄色的小坏死灶

有灰黄色针尖大小坏死灶（图1-7-7）。脾脏肿大、充血。肾脏肿大，有散在性针头大的出血点。流产病兔的子宫粗大，子宫腔内有脓性渗出物，子宫壁增厚，黏膜有充血，有溃疡，其表面附着纤维素坏死物。未流产病兔的子宫内有木乃伊或液化的胎儿。阴道黏膜充血，表面有脓性分泌物。

（五）诊断

根据流行特点、临诊症状、病理变化可以做出初步诊断。确诊需做细菌学检查，可采集病兔的血液或病死兔的肝脏、脾脏及其他器官进行病原的分离培养鉴定，普查兔的群体污染情况可进行玻片凝集试验。

（六）类似病症鉴别

（1）与兔李氏杆菌病的类症鉴别　李氏杆菌病病原为李氏杆菌，革兰氏阳性。流黏性鼻液，结膜炎。除能引起怀孕母兔流产外，还有神经症状出现，尤其是慢性型中病兔常出现头、颈歪斜，运动失调等。剖检可见脾脏、脑也有坏死灶，心包有积液。用病料悬液滴于兔或豚鼠结膜囊内，1天后发生结膜炎，不久后兔或豚鼠败血死亡；妊娠2周的母兔点眼后流产。病料涂片镜检，可见排列呈"V"形的小杆菌。

（2）与土拉杆菌病的类症鉴别　土拉杆菌病病原为土拉杆菌，一般有鼻炎，体表淋巴结（颌下、腋下、腹股沟）肿大、化脓。剖检可见淋巴结肿大，深红色，并有针尖大坏死灶，肾脏有坏死灶。肺脏充血，有斑驳实变区。取血清与土拉伦斯抗原凝聚反应阳性。

（3）与大肠杆菌病的类症鉴别　大肠杆菌病病原为大肠杆菌，有的体温不升高，所排粪球小如鼠屎，外包透明黏液或明胶样粪。剖检可见胃、十二指肠充满气体、黏液，空肠、回肠、盲肠、结肠充满透明胶冻样黏液。

（4）与魏氏梭菌病的类症鉴别　魏氏梭菌病病原为魏氏梭菌。因其外毒素引起发病，病兔体温不高，粪便水样，污褐色或污绿色，有特殊腥臭味，外观腹膨大，摇晃兔体可听到晃水音，提起病兔，粪水即从肛门流出，当日或次日死亡。剖检时开腹即可嗅到特殊腥臭味。胃黏膜脱落，有大小不一的溃疡，小肠充满气体，盲肠、结肠充满气体或黑绿色内容物，有腐败气味。膀胱积茶色尿。肠内容物离心后，取上清液过滤后注于小鼠腹腔，24小时内死亡。

（5）与泰泽氏病的类症鉴别　泰泽氏病病原为毛发样芽孢杆菌。粪褐色糊状或水样，1～2天死亡。回肠末端及盲肠、结肠前段黏膜充血、出血。盲肠黏膜粗糙，充满气体和褐色糊状或水样内容物。病料涂片，姬姆萨氏或镀银法染色镜检，可见细胞质内存在毛发样芽孢杆菌。

（6）与兔衣原体病的类症鉴别　兔衣原体病病原为衣原体。病兔后肢出现轻微的跛行，多见于第二胎，头胎和第三胎也有发生。流产后1～2天死亡。剖检可见气管、支气管弥漫出血。病料涂片，姬姆萨氏染色镜检，可见针尖大原生小体。

（7）与霉菌性流产的类症鉴别　霉菌性流产，常因饲喂霉变饲料所致。怀孕母兔流产常呈暴发性，且各种怀孕日龄的母兔均可发生。剖检可见肝脏肿大、硬化，子宫黏膜充血。

（七）防制方法

1.预防措施

搞好环境卫生，加强兔群饲养管理，严防怀孕母兔及幼兔与传染源接触；兔场要定期应用鼠伤寒沙门氏杆菌诊断抗原普查兔群，淘汰感染兔；引进的种兔要进行隔离观察，淘汰感染兔、带菌兔，建立健康的兔群；对怀孕前和怀孕初期的母兔可注射鼠伤寒沙门氏菌灭活苗，每次颈部皮下或肌内注射1毫升，每年注射2次；兔场应与其他畜场分隔开；兔场要做好灭蝇、灭鼠工作，经常用2%火碱溶液或3%来苏儿、5%石灰乳溶液等消毒剂消毒；病兔应及时治疗或淘汰，死兔无害化处理。

2.治疗方法

病兔要及时进行治疗或淘汰，同时对全场进行全面消毒。

（1）抗生素疗法　选用敏感抗菌药物进行治疗。一般可选用用氟苯尼考（氟甲砜霉素，肌内注射，每千克体重20毫克；或口服，每千克体重20～30毫克。每天2次，连用3～5天）、链霉素（肌内注射，每千克体重用3万～5万单位，每天2次，连用3天）、磺胺二甲基嘧啶（口服，每千克体重0.1～0.2克，每天1次，连用3～5天）、土霉素（口服，每千克体重20～50毫克；肌内注射，每千克体重40毫克。每天2次，连用3天）。还可选用四环素、环丙沙星、蒽诺沙星等。

（2）中药疗法　黄连5克，黄芩10克，马齿苋15克，水煎服。或应用大蒜汁（取洗净的大蒜充分捣烂，1份大蒜加5份清水制成蒜汁，每次口服5毫升，每天3次，连用5～7天，或直接内服大蒜捣成的蒜泥）。

（3）支持疗法　在应用以上方法的同时，可口服酵母片、补液盐及收敛剂，促进消化功能的恢复，保护肠黏膜，防止脱水。对于脱水严重的种兔，经进行腹腔或静脉补液，增强机体抵抗力，促进痊愈。

八、硝酸盐和亚硝酸盐中毒

硝酸盐和亚硝酸盐中毒是动物摄入过量含有硝酸盐或亚硝酸盐的植物或饮水，引起的以皮肤、黏膜发绀和呼吸困难为特征的一种中毒病。本病发生于各种家畜。

（一）发病原因

白菜、油菜、菠菜、芥菜、韭菜、甜菜叶、牛皮菜、萝卜叶、南瓜藤、苜蓿等青绿植物，是喂兔的好饲料，但又都含有数量不等的硝酸盐。亚硝酸盐为硝酸盐在硝化细菌的作用下，还原为氨的过程中的中间产物。硝化细菌广泛分布于自然界中，适宜的生长温度为20～40℃之间，青绿饲料堆放过久发酵腐熟，硝酸盐可转化为亚硝酸盐，毒性大大提高，从而引起亚硝酸盐中毒。本病一般以饲喂青饲料为主时多发，气候温热的夏秋季多发。也可发生于以工业盐取代食盐添加到饲料时。

视频1-8-1

扫码观看：兔子倒地不起，
抽搐，呼吸困难

（二）临诊症状

患兔剧烈不安，流涎或口吐白沫，腹泻，可视黏膜发绀；严重时，口、鼻、耳均呈现紫色（图1-8-1），肌肉震颤，步态不稳，时而抽搐，时而昏睡，呼吸困难，卧地不起（视频1-8-1）。体温正常或降低。重者因窒息而死亡。

（三）病理变化

血液呈深褐色酱油状，凝固不良；肺脏充血，水肿；心外膜有点状出血（图1-8-2）；胃肠道充血、出血和黏膜脱落。有的肝脏、脾脏和肾脏肿大或充血。

（四）诊断

根据有采食硝酸盐或亚硝酸盐的病史；临诊症状表现采食后发病急，表现剧烈不安、流涎、吐沫、腹泻、呼吸困难、黏膜发绀，体温多降低，采食多的症状严重；解剖血液呈深褐色酱油状，凝固不良，胃肠黏膜出血，肺部水肿；再结合实验室毒物检验，亚硝酸盐检验呈阳性即可确诊。

图1-8-1 硝酸盐和亚硝酸盐中毒病兔
表现口、鼻均呈紫色

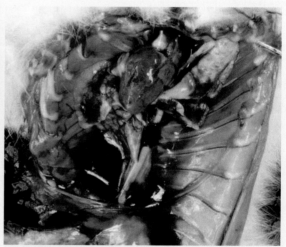

图1-8-2 硝酸盐和亚硝酸盐中毒病兔血液
呈深褐色酱油状，凝固不良；肺脏充血，水
肿；心外膜有点状出血

实验室毒物检验。采集病兔采食过的剩余饲料或胃内容物、呕吐物等，加蒸馏水浸泡，过滤，取滤液适量于试管，加入稀硫酸1～2滴使之酸化，再加入10%高锰酸钾1～2滴，如含亚硝酸盐，则高锰酸钾被还原而迅速褪色，反之则为阴性。

（五）防制方法

1.预防措施

本病的预防是要注意喂兔的青绿饲草，收割后应摊开敞放，不要露天堆积、日晒雨淋，如已发热不应再喂。接近收割期曾用硝酸盐化肥和除莠剂的植物和污染的水不要给兔饮食，以免发生中毒。已腐败、变质的饲料不能喂兔，兔在饲喂青绿饲料时，要添加适量碳水化合物。对可疑饲料、饮水，实行临用前用芳香胺试纸进行简易化验，确认无毒后再饲喂（芳香胺试纸的制备是预先配制成试剂Ⅰ液、Ⅱ液。Ⅰ液用对氨基苯磺酸1克、酒石酸40克、水100毫升配成；Ⅱ液用甲萘胺0.3克、酒石酸20克、水100毫升配成。将滤纸用Ⅱ液浸透后阴干，再用Ⅰ液浸透，然后在20℃中避光烘干，切成小试纸条，密封贮存于干燥有色瓶中备用）。对已经中毒的病兔，应迅速抢救。

2.治疗方法

首先立即停喂含有亚硝酸盐的饲料饲草，同时用0.1%高锰酸钾溶液洗胃，5%葡萄糖溶液10～100毫升静脉注射，内服1%鞣酸或药用炭。其次，采取特效药物疗法。小剂量的美蓝使高铁血红蛋白还原成血红蛋白，故可作为亚硝酸盐中毒的特效解毒药。1%～2%美蓝（亚甲蓝）按每千克体重0.1～0.2毫升，肌内注射或静脉注射。也可用甲苯胺蓝，剂量按千克体重每5毫克制成5%溶液静脉注射，也可用于肌内注射或腹腔注射。同时，采取强心升压、兴奋呼吸中枢等对症疗法。还可同时给予大剂量维生素C静脉注射和静脉滴注高渗葡萄糖以增强疗效。此外还可以采用放血等疗法。

九、有机磷农药中毒

兔有机磷农药中毒是由于家兔接触、吸入某种有机磷农药或误食有机磷农药污染的饲草、饲料或驱虫时用药不当所致，以体内胆碱酯酶钝化、乙酰胆碱积聚和神经生理机能紊乱为主的一种中毒病。临诊以瞳孔缩小、肌纤维震颤和中枢神经系统紊乱为特征。

（一）发病原因

主要是由家兔误食了喷洒有机磷农药不久的蔬菜、农作物、青草等，或误食了拌过有机磷农药的谷物种子而造成中毒。用有机磷农药如敌百虫等治疗家兔体内外寄生虫病时，不按规定的方法和剂量驱除而引起中毒。

（二）临诊症状

家兔有机磷中毒的一个典型症状是中毒兔瞳孔缩小。临诊表现是先兴奋后抑制，全身肌肉痉挛，角弓反张，运动障碍，站立不稳（图1-9-1），倒地后四肢呈游泳状划动，迅速死亡。流涎吐沫，腹痛不安，肠音高，连绵不断，粪稀如水，便中带血。高度呼吸困难，张口喘气，肺部听诊有湿啰音。体温正常或偏低，全身出汗，口、鼻、四肢末端发凉，瞳孔缩小，眼球震颤，可视黏膜发绀，脉细弱无力。最后陷于昏迷和呼吸中枢麻痹而死亡。轻度中毒病例只表现流涎和腹泻。

（三）病理变化

剖检可见气管和支气管积有大量黏液，肺水肿。心脏淤血。肝脏、肾脏肿胀，有小出血点。胃内容物有大蒜味，胃黏膜充血、出血、肿胀，易脱落，膀胱中充满尿液（图1-9-2）。

图1-9-1　有机磷中毒病兔表现运动障碍，站立不稳

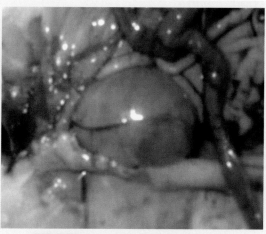
图1-9-2　有机磷中毒病兔的膀胱积尿

（四）诊断

根据采食被有机磷农药污染的饲料饲草的病史；典型的临诊症状如痉挛，出汗，口鼻四肢末端发凉，口吐白沫，瞳孔缩小等；胆碱酯酶活力在60%以下者，可做出诊断。

（五）防制方法

1.预防措施

认真执行《剧毒农药安全使用规程》等有关规定，建立和健全有机磷农药的购销、运输、保管和使用制度。不要用喷洒过有机磷农药的农作物、牧草、野草、蔬菜喂兔。用有机磷药物进行体表驱虫时，应掌握好剂量与浓度，并加强护理，严防舔食，并注意用药后的表现。此外，研制高效、低毒、低残留的新型有机磷农药。

2.治疗方法

有机磷农药中毒后，必须首先立即实施特效解毒方法，其次防止毒物继续吸收，同时还要进行对症治疗。

（1）实施特效解毒方法　需同时用胆碱酯酶复活剂和乙酰胆碱对抗剂，才有确实疗效。胆碱酯酶复活剂，常用的有解磷定、氯解磷定、双解磷、双复磷等。解磷定（或双复磷）每千克体重20～40毫克，维生素C 25毫克和10%葡萄糖注射液50毫升，混合静脉注射，每日2～3次，连用2～3天。乙酰胆碱对抗剂，常用硫酸阿托品，应用0.1%硫酸阿托品，每兔皮下注射或肌内注射1～2毫升，经1～2小时症状未见减轻的，可减量重复应用，直到出现所谓"阿托品化"状态（即口腔干燥、出汗停止、瞳孔散大、心跳加快等）；"阿托品化"之后，应每隔3～4小时皮下注射或肌内注射一次一般剂量阿托品。中毒严重时以1/3剂量缓慢静脉注射，2/3剂量皮下注射。此外，山莨菪碱（654-2）的药理作用与阿托品相似，对有机磷农药中毒有一定疗效。

（2）防止毒物继续吸收　停用可疑饲料和饮水；经皮肤沾污的可用清水、生理盐水、5%石灰水、5%碳酸氢钠水、0.5%氢氧化钠溶液、0.1%高锰酸钾水或1%肥皂水洗刷皮肤；经消化道中毒的，可用2%～3%碳酸氢钠液或食盐水洗胃，并灌服活性炭。经消化道吸收的要洗胃，洗胃液同上。但须注意：①敌百虫中毒时，用盐水和清水为宜，不能用碱液（肥皂水、碳酸氢钠水）洗胃和清洗皮肤，否则会转变成毒性更强的敌敌畏；② 1059、1605中毒时，禁用高锰酸钾溶液洗胃，否则会使农药氧化成对氧磷而使毒性更强；③有机磷中毒，灌服解毒验方时，要注意药液不能是热的，也不能用热水调服。因为热水和热液会使皮肤血管扩张，反而促进毒物的吸收；④有机磷中毒后，禁用蓖麻油类泻药，用了会使中毒加重；药物不明时，最好用清水冲洗。

（3）对症治疗　治疗过程中特别注意保持病兔呼吸道的通畅，防止呼吸衰竭或呼吸麻痹。肺水肿时，应用高渗剂减轻肺水肿，并同时应用兴奋呼吸中枢的药物，如樟脑、尼可刹米等。有胃肠炎时应抗菌消炎，保护胃肠黏膜。兴奋不安时，用镇静剂。用三棱针或小宽针，刺入尾尖和耳尖，放血少许，同时用葡萄糖溶液、生理盐水输液。

十、氢氰酸中毒

氢氰酸中毒是指兔采食富含氰苷的饲料引起的以呼吸困难、黏膜鲜红、肌肉震颤、全身惊厥等组织性缺氧为特征的一种中毒病。

（一）发病原因

多种饲草饲料均含有较多氰苷，如木薯、高粱及玉米的鲜嫩幼苗（尤其是再生苗），亚麻子及机榨亚麻子饼（土法榨油时亚麻子经过蒸煮则氰苷含量少），豆类中的海南刀豆、狗爪豆，蔷薇科植物如桃、李、梅、杏、枇杷、樱桃的叶和种子，牧草中的苏丹草、约翰逊草和白三叶草等。当饲喂不当时会引起兔的中毒。氰苷本身无毒，但当含有氰苷的植物被动物采食后，在有水分和适宜的温度及植物体内所含解脂酶的作用下，可产生氢氰酸。本病一般在饲喂青饲料较多、气候温热的夏秋季节多发。

（二）临诊症状

通常在采食含氰苷植物的过程中突然发病或采食后15～20分钟内出现症状。表现腹痛不安，呼吸加快，肌肉震颤，全身痉挛（图1-10-1），可视黏膜鲜红，流出白色泡沫状唾液；先兴奋，很快转为抑制，呼出气有苦杏仁味，随后全身极度衰弱无力，步态不稳，突然倒地，体温下降，肌肉痉挛，瞳孔散大，反射减少或消失，心动徐缓，呼吸浅表，很快昏迷而死亡。闪电型病程，一般不超过2小时，最快者3～5分钟死亡。

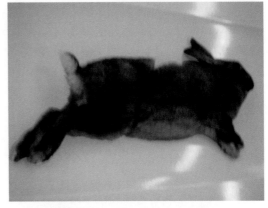

图1-10-1　氢氰酸中毒病兔表现腹痛不安，呼吸加快，肌肉震颤，全身痉挛

（三）病理变化

剖检可见血液鲜红色，凝固不良；各组织器官的浆膜和黏膜，特别是心内外膜，有斑点状出血；肺脏淡红色，水肿（图1-10-2），气管和支气管内充满大量淡红色泡沫状液体；切开胃可闻到苦杏仁味，胃黏膜易于脱落。

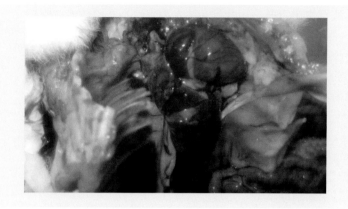

图1-10-2 氢氰酸中毒病兔剖检可见血液鲜红色，凝固不良；肺脏淡红色，水肿

（四）诊断

根据采食氰苷植物的病史，起病的突然性，呼吸极度困难且可视黏膜呈鲜红色和神经功能紊乱等典型临诊症状，解剖可见血液鲜红色、凝固不良、肺水肿，胃内容物有苦杏仁味等病理变化，可做出诊断。

（五）防制方法

1.预防措施

预防本病最有效的措施是禁止饲喂玉米、高粱幼苗，尤其是二茬苗，以及亚麻籽饼、桃、李、杏叶等含氰苷的饲料。如果饲喂，最好放于流水中浸渍24小时或漂洗后再加工利用。如果新鲜饲喂，可适量配合干草同喂。

2.治疗方法

一旦发生中毒，立即更换饲料，停喂富含氰苷的植物。治疗本病的特效解毒剂是亚硝酸钠和硫代硫酸钠，必须两药联用。发病后立即用1%亚硝酸钠，兔2～3毫升，静脉注射；随后再静脉注射10%硫代硫酸钠溶液1～5毫升。也可用1%～2%美蓝（亚甲蓝）按每千克体重0.1～0.2毫升，肌内注射或静脉注射。强心、兴奋呼吸中枢：10%安钠咖注射液1～2毫升，肌内注射或静脉注射；回苏灵注射液2毫克，配入适量的糖盐水中，静脉注射。

十一、中暑

中暑包括日射病和热射病。是家兔受烈日暴晒或高热所致的急性中枢神经系统功能紊乱的一种疾病。本病夏季炎热的天气多发，病情发展急剧，甚至迅速死亡。各种年龄的家兔都可发病，尤以怀孕母兔和毛用兔多发。家兔汗腺不发达，体表散热慢，极易发生本病。当巢箱内垫草过厚且很少通风时，幼兔也特别易感。家兔对热非常敏感，当温度在30℃以上时，很容易发生中暑。

（一）发病原因

气温持续升高，兔笼舍通风不良，兔笼内密度过大、散热慢，是引起本病的重要原因。盛夏炎热季节进行车船长途运输，装载过于拥挤，又没有足够的遮阴设备，加之中途又缺乏饮水或饮水不足，而使家兔体内排出多量的水分与盐类，都易促使发生本病。露天兔笼舍，遮光设备不完善，长时间受烈日暴晒，易引起中暑。

（二）临诊症状

病初病兔表现精神不振，食欲减少甚至废绝，体温升高（40～42℃）。用手触摸全身有灼热感。呼吸加快（比正常高5倍），口腔、鼻腔和眼结膜充血。步态不稳，摇晃不定。病情严重时，出现呼吸困难、黏膜发绀（图1-11-1）、从口腔和鼻中流出带血色的液体（图1-11-2）。病兔常伸腿伏卧，头伸展、下颌触地（图1-11-3），四肢呈间歇性震颤或抽搐，直至死亡。有时病兔则突然虚脱、昏倒，呈现痉挛而迅速死亡。

（三）病理变化

对病死兔剖检，可见心肌淤血、肺脏周缘充血（图1-11-4）、喉头黏膜充血（图1-11-5）、胸膜淋巴结淤血、肾脏轻微肿胀，尿液多混浊。

图1-11-1　中暑兔黏膜发绀

图1-11-2　中暑兔从口腔和鼻中流出带血色的液体

图1-11-3　中暑病兔表现伸腿伏卧，头伸展、下颌触地

图1-11-4　中暑兔肺脏周缘充血

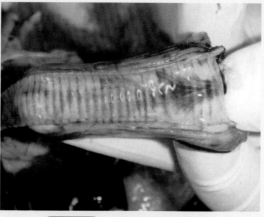

图1-11-5　中暑兔喉头黏膜充血

（四）诊断

根据发病原因、临诊症状和病理变化，一般可以做出诊断。

（五）类似病症鉴别

1.与兔妊娠毒血症的类症鉴别

（1）相似点　沉郁，呼吸困难，行走不稳，昏迷。

（2）不同点　妊娠兔后期，因饲料中碳水化合物不足而发生兔妊娠毒血症；呼出气体有酮味；不因高温闷热发病。

2.与氢氰酸中毒病的类症鉴别

（1）相似点　流涎，呼吸加快，行走不稳。

（2）不同点　因吃高粱、玉米的幼苗或再生苗而发生氢氰酸中毒病；可视黏膜鲜红，瞳孔散大。剖检可见血液鲜红。

3.与应激综合征的类症鉴别

（1）相似点　心跳、呼吸增数，黏膜发绀，四肢痉挛而死亡。

（2）不同点　在特殊情况下（运输、惊吓等）发生应激综合征，角弓反张，粪尿失禁或突然死亡。

（六）防制方法

1.预防措施

（1）炎热季节要做好兔笼舍的通风降温，使空气新鲜、凉爽。长毛兔应及时剪毛。

（2）温度过高可洒水、放置冰块或安置排风扇等方法来降温，供给充足的饮水，露天兔笼舍和运动场应加设阴棚，不要使兔受到强烈的阳光照射，适当减少兔的饲养密度，避免在高温天气长途运输。在长途运输中，车厢内温度不宜过高，应有遮阴设施，要保证适当通风，供足饮水。

（3）夏季瓜果丰富，西瓜皮、苦瓜、黄瓜、冬瓜等营养丰富，且具有药用价值，均属家兔夏季消暑的佳品，有条件可适当供应。

2.治疗方法

发现中暑病兔，应立即采取急救措施。首先将病兔置于阴凉通风处，采取物理降温方法，可用电风扇微风降温，或在头部、体躯上敷以冷水浸湿的毛巾或冰块，每隔3～5分钟更换1次，加速体热散发；或用冷水灌肠，直到体温降至正常为止。其次进行药物治疗，口服人用的十滴水2～3滴或藿香正气水（大兔5毫升，小兔2毫升，每日2次，一般1～2天可愈）或口服人丹2～4粒，加温水灌服。为降低颅内压和缓解肺水肿，可采用放血疗法，从耳静脉、尾尖或脚趾等处进行放血，也可耳静脉注射20%甘露醇注射液或25%山梨醇注射液，1次10～30毫升；或静脉注射樟脑磺酸钠注射液0.5～1毫升；或山苍子根5克，研为细末，加入少量食盐，温水冲服；或用风油精涂擦患兔头部。再次进行对症治疗。对于有抽搐症状的病兔，肌内注射2.5%盐酸氯丙嗪注射液，每千克体重0.5～1毫升。对于昏迷的病兔，用大蒜汁、韭菜汁或生姜汁滴鼻，每次3～5滴，同时肌内注射樟脑磺酸钠1毫升，能收到较好效果。如发现呼吸困难、喘气时，应立即清除呼吸道的黏液，然后注射硫酸阿托品或麻黄碱0.5毫升，以扩张支气管、减轻呼吸困难的病状。强心，皮下或肌内注射20%安钠咖溶液1毫升。补液，静脉注射5%葡萄糖溶液10～30毫升，或复方氯化钠溶液10～30毫升。

十二、初生仔兔死亡

初生仔兔在1周内死亡比例很高，据统计，可占到12周龄以内死亡总数的1/3以上。

（一）发病原因与临诊症状

引起初生仔兔死亡的原因很多，但主要是由于母兔拒绝哺乳、仔兔饥饿、仔兔受冷和仔兔疾病所致。

（1）母兔拒绝哺乳　有的初产母兔由于神经过敏常表现不安，不给仔兔喂奶，部分或整窝仔兔死于饥饿；有的经产母兔由于母性不好或受到外界惊扰，也拒绝哺乳；有些母兔因发生乳腺炎或子宫炎、呼吸道疾病、外寄生虫病、肠炎等全身性疾病，乳汁不足也不哺乳。

（2）仔兔饥饿　有的母兔，最初还能满足仔兔对乳汁的需要，但随着仔兔的迅速生长，乳汁供不应求；有的产仔过多，乳汁不能满足供应，体弱的常因吃不上奶而死亡（图1-12-1）；有的母兔泌乳正常，母性也好，但因仔兔过于体弱或早产，或仔兔发生腭裂、下颌畸形等先天性缺损而不能吮乳。饥饿的仔兔吵闹不安，触摸时全身冰凉，并被推出窝外，被毛竖立，表现呆滞，行动不活泼，由濒死到死亡。

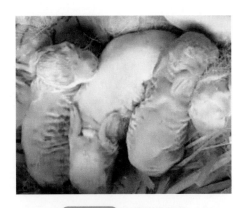

图1-12-1　饿死的仔兔

（3）仔兔受冷　初生仔兔对寒冷很敏感。冬季的夜间最易受冷，头天看仔兔好好的，第二天清晨发现全窝仔兔发抖，有的已冻僵，甚至冻死（图1-12-2）。

图1-12-2　冻死的仔兔

（4）仔兔疾病　仔兔呼吸道疾病、黄尿病、脓毒败血症等引起死亡。

（二）病理变化

饥饿的仔兔剖检后见到尸体消瘦，脱水。胃脏空虚或仅有少数乳块。肠道空虚，可能还有胎粪存在。受冷的仔兔肺脏表现充血，浆膜腔有多量渗出液，胃脏中有乳块存在，尸体不脱水。

（三）防制方法

提高初生仔兔的成活率，必须根据具体情况进行防控。

（1）检查仔兔吃奶情况　仔兔出生后12小时内要检查仔兔吃奶情况，如果母兔乳头为苍白色，说明仔兔没吃到初乳。此时要及时让母兔哺乳，对于不喂奶的母兔要强制哺乳，将母兔四肢和头颈人工保定好，让仔兔自由吮乳。每日1次，一般经3～4次后，母兔可自行哺乳。如果检查母兔乳头有红点，而且仔兔安睡不动，呼吸均匀，腹部鼓胀红润，表明仔兔已吃到初乳。

（2）对母兔产后无乳、少乳，或产仔过多，或因母兔有病而不能哺乳，可将仔兔或部分仔兔给产期相近的母兔带乳。仔兔混群之前，先将母兔移笼数小时后再行哺乳。如无适当的带乳母兔，可用人工哺乳，在牛乳中加入适量酪酸钙。第1周龄，每千克鲜乳加37.5克酪酸钙，第2周龄，每千克鲜乳加42.0克酪酸钙，第3、4周龄，每千克鲜乳加48.5克酪酸钙。每日喂一次即可。

（3）为了解决初生仔兔受冷问题，最好使兔舍内夜间的温度保持在10℃以上，产箱内放置足够保暖性能好的垫料，或将产仔箱集中放于保暖的小房间。如发现尚未冻死的仔兔，及时进行抢救。

（4）黄尿病致死的仔兔救治。仔兔黄尿病是因吃了患有乳腺炎的母兔的乳汁而致。母兔分娩后服用复方新诺明半片，每天1次，连用3天，可预防母兔分娩后因泌乳过多、乳汁过稠而导致的乳腺炎；对于已患乳腺炎的母兔，禁止其哺乳，可把仔兔分到其他窝内；已患病的仔兔可滴服庆大霉素，每日2次，每次3～5滴，连用3～5天。

十三、妊娠毒血症

家兔妊娠毒血症是家兔妊娠末期营养负平衡所致的较普遍出现的一种代谢性疾病，其临诊特征是神经功能受损，共济失调，虚弱、失明和死亡。妊娠、产后哺乳及假妊娠的母兔都可发生。本病致死率很高。经产兔的发病率约为初产兔的4倍，以肥胖母兔发病最为常见。有些品种（如荷兰兔、波兰兔和英国兔）发病率特别高。獭兔发病率高，肉兔发病率低，德国长毛兔较易发病。

（一）发病原因

本病的病因复杂，目前仍不十分清楚。一般认为与妊娠时垂体功能异常有关，营养障碍也可能是病因之一。妊娠后胎儿迅速生长，葡萄糖的消耗比非妊娠时高得多，如果饲料中葡萄糖供应不足，机体首先将肝糖转变为葡萄糖。如果因环境变化的刺激，使脑垂体等分泌功能失调，不能完成上述调节过程时，使血液中葡萄糖的浓度低于临界水平，对大脑的葡萄糖供应不足，即出现妊娠毒血症。妊娠毒血症常伴有广泛的繁殖功能障碍，如死胎、流产、仔兔不易成活、残食仔兔、胎儿异常和子宫肿瘤等。饲料单一、营养不足或不全、缺乏运动，致使母兔在妊娠期间营养失调、代谢障碍，是诱发本病的主要原因。本病发生有季节性和区域性，东北地区比长江流域发病率高，冬春季发病率高，夏秋季发病率低。

图1-13-1　妊娠毒血症病兔安静时缩成一团，精神沉郁

（二）临诊症状

顽固性拒食是本病的主要症状。病兔初期精神极度不安，常在兔笼内无意识漫游，甚至用头顶撞笼壁；安静时缩成一团（图1-13-1），精神沉郁，食欲减退，不吃精料，粪球变尖变小，排尿减少，全身肌肉间歇性震颤，前后肢向两侧伸展，有时呈僵直痉挛。严重病例可见精神极度沉郁，废食，呼吸困难，粪干并常被胶冻样黏液包裹（图1-13-2），或排稀粪，有黏液或呈水样（图1-13-3），墨绿色，有恶臭味，尿量严重减少，呼出气体带有酮味（即烂苹果味），出现共济失调、惊厥、昏迷，最后死亡。

图1-13-2　被胶冻样黏液包裹的粪便

（三）病理变化

表现严重的肝脏脂肪变性。死亡病兔通常过于肥胖。死亡或被扑杀的病兔，剖检时常发现乳腺分泌功能旺盛（甚至包括假妊娠母兔），卵巢黄体增大，肠系膜脂肪有坏死区。肝脏表面经常出现黄色和红色区（图1-13-4）。肾脏和心脏的颜色苍白。肾上腺缩小、苍白，常有皮质腺瘤。甲状腺缩小、苍白。垂体增大。显微镜检查：肝脏严重脂肪变性（图1-13-5）并有灶性坏死。肾小管和心脏也有脂肪变性。肾上腺

图1-13-3　排出有黏液或呈水样的稀粪

皮质部，特别是变宽的束状带内有很多脂肪空泡。甲状腺滤泡由立方上皮细胞排列而成，并充满无色的胶体。甲状腺远侧部含有很多嗜酸性粒细胞和多个腺瘤，中间部变粗。

（四）诊断

根据妊娠母兔病死率高，以肥胖母兔发病最为常见的特点，出现呼吸困难、尿量减少、呼出气体带有酮味和神经症状等典型症状，病理表现肝脏脂肪变性，可做出诊断。

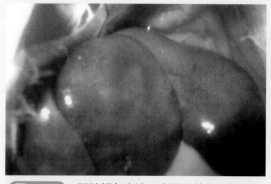

图1-13-4　肝脏颜色变浅，表面有黄色和红色区

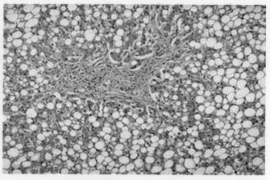

图1-13-5　肝脏脂肪变性

（五）类似病症鉴别

1.与中暑的类症鉴别

（1）相似点　沉郁，呼吸困难，昏迷。

（2）不同点　中暑多在天气炎热、兔舍闷热、通风不良时发病；体温40～42℃，全身灼热，结膜潮红、发绀。

2.与兔脑原虫病的类症鉴别

（1）相似点　平衡失调，惊厥，昏迷。

（2）不同点　兔脑原虫病有传染性；一般隐性感染，临床还表现颤抖、斜颈及蛋白尿。剖检可见肾脏有针尖大的白点，皮质表面有凹陷区，肾脏和脑有灶状肉芽肿，神经细胞中可发现虫体的假囊。

（六）防制方法

1.预防措施

合理搭配饲料，妊娠初期，适当控制母兔营养，以防过肥；妊娠末期，必须饲喂营养充足的优质饲料，特别是富含碳水化合物的饲料，以保证母体和胎儿的需要，并避免不良刺激（如饲料和环境突然变化等）。此外，饲料中添加葡萄糖能预防妊娠毒血症的发生。

2.治疗方法

对本病主要是争取稳定病情，使之能够维持到分娩，而后得到康复。治疗的重点是保肝解毒，维护心脏、肾脏功能，提高血糖，降低血脂。发病后口服丙二醇4毫升，每日1次，连用3～5天。还可试用肌醇2毫升、10%葡萄糖溶液10毫升、维生素C注射液100毫克，一次静脉注射，每日1～2次。肌内注射复合维生素B 1～2毫升，有辅助治疗作用。同时，使用可的松类药物来调节内分泌功能，也可促使本病好转。

十四、胃肠臌胀

胃肠臌胀俗称"胀肚"，是家兔常见的一种疾病，多发生于断奶后至6月龄，特别是刚断奶的幼兔最易发病，如不及时进行治疗，很快造成死亡。

（一）发病原因

主要因采食了多量容易发酵的饲料（如大豆秸、紫云英、三叶草、堆积发热的青草），腐烂霉败或冰冻的饲料，有露水、雨水的青草，以及品质不良的青贮饲料等，使胃肠道内食物或食糜异常发酵、产气而引起臌胀；突然更换饲料，贪食某种草料，过食了大量精料或吸水性强的干粒料，在胃肠道吸水后急剧膨胀，造成积食性臌胀；也可继发于毛球病、结肠阻塞、便秘等阻塞病例。兔舍寒冷、潮湿、阳光不足、饮冰水等是本病的诱因。

（二）临诊症状

家兔表现食欲废绝，腹部渐渐膨大，有的形似圆球状，像绷紧的鼓皮（图1-14-1），叩诊呈鼓音。行走困难，少动或不动。触诊，腹内有大量气体（图1-14-2），积食性臌胀则感到胃及肠道内有大量充实的食物（图1-14-3）；有的有腹痛，鸣叫，呻吟，呼吸困难，心搏加快，可视黏膜潮红，继而发绀，严重者死亡。

（三）病理变化

剖检可见胃内有大量食物或气体，肠道内有大量气体积聚（图1-14-4）。

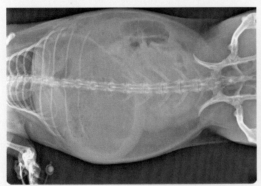

图1-14-1　胃肠臌胀病兔腹部膨大、圆球状，似绷紧的鼓皮

图1-14-2　胃肠臌胀病兔的肠管充满大量气体

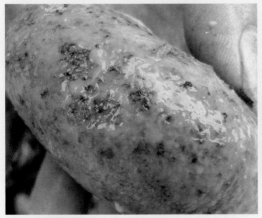

图1-14-3　积食性胃肠臌胀病兔的胃内充满大量食物

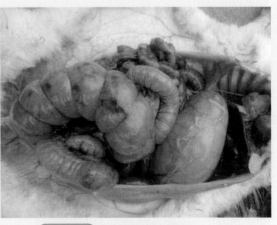

图1-14-4　胃内积有大量食物，肠道内有大量气体积聚

（四）诊断

根据发病原因、临诊症状和病理变化可做出诊断。

（五）类似病症鉴别

1.与胃积食病的类症鉴别

（1）相似点　因食入易发酵、冰冻饲料而发病；腹胀大，不吃食，伏卧，不愿动，磨牙，呼吸困难，最后窒息死亡。

（2）不同点　胃积食主要表现腹腔前部臌胀，而腹后部不臌胀。

2.与肠便秘病的类症鉴别

（1）相似点　废食，不愿动，腹围膨大，不排粪。

（2）不同点　腹部触摸肠便秘病兔的结肠、盲肠坚硬似腊肠，可摸到豌豆粒大、念珠状的坚硬粪粒，便秘前部肠管充满气体

3.与毛球病的类症鉴别

（1）相似点　废食，腹部膨大，胃膨满，伏卧不动。

（2）不同点　腹部触摸毛球病的病兔，能摸到球状物，球状物的大小及阻塞部位不同，阻塞部位的前面有气体或液体，阻塞部位的后面一般较空虚。

（六）防制方法

1.预防措施

加强饲养管理，不喂过多的易发酵、易膨胀的饲料，不要饲喂霉败变质或冰冻饲料；更换饲料要有过渡，限制精料喂量，干湿精料可拌湿后饲喂，带露水、雨水的青草要适当晾干后饲喂。断奶幼兔少食多餐，同时要加强日常运动。对便秘、结肠阻塞的病兔要及时治疗，做好球虫病的防治工作。

2.治疗方法

病兔停止饲喂，使用下列处方去除胃肠臌气，患兔还需隔一段时间喂料，以免复发。最好先饲喂易消化的干草，再逐渐过渡到正常饲料。

（1）对短时间内形成的急性胃肠臌气，需要立即采取手术，先用手按住腹部来固定臌气的胃肠道，在臌气最突出的部位剪毛、消毒后，用12号针头穿刺放气，臌气消退后，灌服大黄苏打片2～4片；为预防霉菌性肠炎的发生，用制霉菌素5万单位，每天3次，连用2～3天。

（2）对于病情较稳定的病兔，可内服适量植物油或液体石蜡10～20毫升，应用止酵药，大蒜（捣烂）6～10克，醋15～30毫升，一次内服，不仅能疏通胃肠道，且对泡沫性臌气有效。或醋20～30毫升内服；或姜酊2毫升，大黄酊1毫升，加温水适量内服。十滴水3～5滴，内服。对轻微病例可辅助性按摩腹壁，兴奋胃肠活动，必要时可皮下注射新斯的明0.1～0.2毫克，排出气体。

（3）对于便秘性臌气，可用硫酸镁5～10克，液体石蜡10毫升，一次灌服。治疗时为缓解心肺功能障碍，可肌内注射10%安钠咖注射液0.5毫升。

十五、胃积食

胃积食又称"胃扩张"。一般2～6月龄的幼兔容易发生。常见于饲养管理不当、经验不多的初养兔的养兔场。

（一）发病原因

多由于饲养管理不当，没有定时、定量饲喂，换料过快或突然给予多汁、适口性好的饲料，造成贪食过量；饲喂含露水或雨水的豆科饲料，饲喂较难消化的玉米、小麦等，喂以腐败和冰冻饲料均可发生本病；兔舍寒冷、潮湿、阳光不足也是发病的诱因。积食也可继发于其他疾病，如肠便秘、胃肠臌气或球虫病的过程中。

（二）临诊症状

可分为急性型和慢性型。

（1）急性型　病兔表现食后几小时不安，卧于一隅不愿走动，触诊前腹部可摸到膨大的胃（图1-15-1）、流涎、呼吸困难、表现痛苦、眼半闭或睁大、磨牙、四肢集于腹下、时常改变蹲伏位置。粪粒变小、干硬。如果胃扩张（图1-15-2）继续，则呼吸更加困难，可视黏膜进一步潮红，甚至发绀，最后窒息或胃破裂死亡。

（2）慢性型　前腹部叩之有鼓音，如伴有胃肠炎，则出现肠臌气，腹围膨大。如不及时治疗，可于1周内死亡。

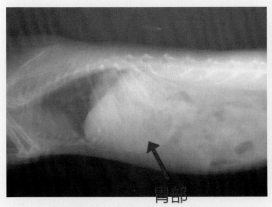

图1-15-1　兔胃部积食（红色箭头标注的是胃）

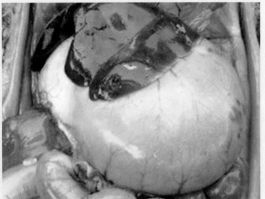

图1-15-2　扩张的胃

（三）类似病症鉴别

1.与胃肠臌气病的类症鉴别

（1）相似点　因食入易发酵、冰冻饲料而发病；腹胀大，不食，伏卧，不愿动，磨牙，呼吸困难，最后窒息死亡。

（2）不同点　胃肠臌气病兔的前腹部、后腹部均鼓胀，整个腹部叩诊呈鼓音。

2.与便秘病的类症鉴别

（1）相似点　绝食，腹部膨大，叩之有鼓音。

（2）不同点　便秘病兔在胀气肠段的后部有大量积聚的干粪球。颈部弯曲，回顾腹部。剖检可见胃体积显著增大，胃内容物胀满，胃黏膜脱落。胃破裂者，局部有裂口，腹腔被胃内容物污染。

（四）防制方法

1.预防措施

加强饲养管理，注意清洁卫生，饲喂要定时定量，切勿饥饱不均。幼兔不宜突然断奶或断奶过早。更换干、青饲料时要逐渐过渡。禁止饲喂雨淋、带露水的饲料。禁止饲喂腐败、变质、易发酵的饲料及冰冻饲料和饮水，少喂难消化的饲料。

2.治疗方法

（1）病兔立即停止饲喂，灌服石蜡油或植物油10～20毫升，萝卜汁10～20毫升，食醋10～30毫升，服药后，人工按摩病兔腹部，增加运动，使内容物软化后移。必要时可皮下注射新斯的明0.1～0.25毫克（注意怀孕母兔慎用）。多给饮水，然后再给予易消化的、柔软的青绿饲料。

（2）神曲、麦芽、山楂各3克。加水煎汁灌服。小兔酌减。

（3）灌服香醋3～5毫升，十滴水3～5滴，加薄荷油1滴，萝卜汁10～20毫升。

（4）石菖蒲、青木香、野山楂各6克，橘皮10克，神曲1块，加水煎服。

（5）先灌服1片阿托品，然后服用多酶片2～3片和果导片1～3片。病情严重者静脉注射葡萄糖生理盐水20～40毫升，维生素C注射液2毫升。

（6）灌服10%鱼石脂液5～8毫升，或5%乳清7～10毫升、大黄苏打片1～2片，或大蒜酊2毫升，加水适量，口服。

（7）出现急剧腹胀时，可皮下注射新斯的明0.5毫升，肌内注射黄连素和维生素C各2毫升，口服大黄苏打片4片、胃复安2片，同时按摩腹部，每次10分钟，一般用药2次可见效。

十六、药物中毒

马杜拉霉素、阿维菌素（伊维菌素）是兔生产中广泛使用的防治寄生虫病的药物；磺胺类药物是合成抗菌药，又是兔饲料中广谱抗菌的抗生素饲料添加剂，兼有促进生长发育、提高生产性能的作用。但由于其安全范围小，应用不当常常会引起中毒。

（一）马杜拉霉素中毒

马杜拉霉素的商品名有"杜球""加福""抗球王""杀球王""球杀死"等，它是聚醚类抗生素中效力最强的离子载体抗球虫剂，它既能杀死球虫，也可抑制球虫生长，能有效地控制多种球虫的感染，具有用量少、无残留、不易产生耐药性等优点，广泛用于肉鸡球虫病的防治。本药安全范围很小，据有关资料分析，肉鸡的防治剂量为每千克体重5毫克，中毒剂量为每千克体重6毫克，死亡剂量为每千克体重9毫克。家兔等哺乳动物对马杜拉霉素更敏感，中毒死亡率可达50%～100%。

1.发病原因

主要是由于治疗兔球虫病时，马杜拉霉素添加剂量过大或搅拌不均匀而引起。据报道，对鸡是安全剂量的马杜拉霉素也可能引起家兔中毒。因此，家兔等哺乳动物对马杜拉霉素更敏感，临诊上应慎用。

2. 临诊症状

少数病兔在用药后8小时表现急性中毒症状，突然兴奋乱窜，随即尖叫几声后死亡。大多数病兔一般在饲喂1～2天开始发病，表现为精神不振，开始饮水多，以后食欲废绝、感觉迟钝、共济失调或四肢瘫痪，但体温正常。腿向外叉开，趴地，嘴触地，身体前翻（图1-16-1）。粪球变小，有的口角流涎，有的流出血液。以断奶至2月龄的兔发病和死亡率最高，怀孕母兔流产，腹部膨胀，严重的引起死亡。

3. 病理变化

剖检可见肝脏肿大、质脆，有坏死灶；胆囊肿大；腹腔有淡黄色积液，有纤维素性渗出物；胃黏膜脱落（图1-16-2），幽门处出血；肠黏膜脱落、出血；肾脏肿大有出血点（图1-16-3）；膀胱充盈、积满尿液（图1-16-4）；胸腔有淡黄色渗出液，有纤维素性渗出物；心包积液；肺脏水肿，有出血斑点（图1-16-5）。

4. 诊断

根据病史调查、病因分析；测定饲料中的药量检测；出现神经症状和运动障碍等典型症状；解剖后肝脏肿大、质脆、有坏死灶，肺脏水肿有出血斑点，肾脏肿大有出血点等病理变

图1-16-1 马杜拉霉素中毒病兔表现腿向外叉开，趴地，嘴触地，身体前翻

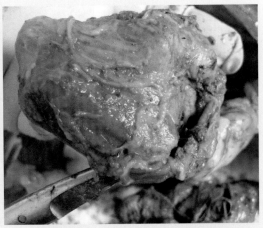

图1-16-2 马杜拉霉素中毒病兔剖检可见胃黏膜脱落

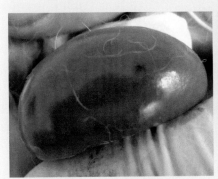

图1-16-3 马杜拉霉素中毒病兔肾脏肿大有出血点

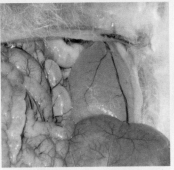

图1-16-4 马杜拉霉素中毒病兔膀胱充盈、积满尿液

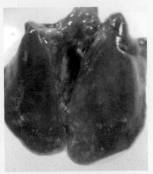

图1-16-5 马杜拉霉素中毒病兔肺脏水肿，有出血斑点

化；实验室取肝脏、肺脏及渗出液涂片，姬姆萨染色，镜检，没发现细菌；用兔肝脏、肾脏进行人"O"型红细胞凝集实验，结果为阴性，排除兔病毒性出血症。据此初步诊断为马杜拉霉素中毒。

5.类似病症鉴别

（1）与兔大肠杆菌病的类症鉴别

① 相似点：沉郁，流涎，伏卧。胃肠出血，黏膜脱出。

② 不同点：大肠杆菌病有传染性。体温高（40℃以上），急性，腹泻、水泻；亚急性，排胶冻样黏液。剖检可见大肠充满半透明胶冻样黏液。用标准血清做凝集反应，可确定血清型。

（2）与兔有机磷中毒病的类症鉴别

① 相似点：均由采食污染食物引起。拒食，委顿，流涎，最后昏迷而死亡。胃肠充血、出血，黏膜脱落。

② 不同点：有机磷中毒表现腹胀，腹痛，腹泻，尿失禁，全身震颤，瞳孔缩小。剖开胃肠即有大蒜味，气管、支气管有黏液，膀胱积尿。取可疑农药5～10滴，加水4毫升震动乳化后，再加10%氢氧化钠溶液1毫升，如变为金黄色为对硫磷；如无变化，再加1%硝酸银溶液2～3滴，出现黑色为敌敌畏，出现棕色为乐果，出现白色为敌百虫。

（3）与兔霉菌毒素中毒病的类症鉴别

① 相似点：采食饲料后中毒。拒食，流涎，伏卧，嗜睡。肝脏肿大，质脆、出血；胃肠出血，黏膜脱落。

② 不同点：霉菌毒素中毒表现体温升高，粪酱色，恶臭，尿液带红或浑浊。全身肌肉痉挛，后肢麻痹。剖检可见胸膜腹膜、心肌、肺脏、肾脏、胃肠、小肠充血、出血，肺脏表面有霉菌结节。

（4）与兔维生素 B_1 缺乏症的类症鉴别

① 相似点：共济失调，抽搐，嗜睡。

② 不同点：维生素 B_1 缺乏症表现食欲不振，便秘或腹泻，渐进性水肿，麻痹、痉挛、昏迷死亡，脑灰质软化。

6.防制方法

（1）预防措施　在使用马杜拉霉素类药物治疗家兔球虫病时，应确实掌握剂量，决不要超过标准。拌料时必须充分拌匀。本药在水中溶解度差，因此不能投入水中饮用，以免发生中毒。许多抗球虫药的有效成分是马杜拉霉素，用户要加以辨别，避免重复用药。建议最好不要选用马杜拉霉素类抗球虫药物治疗家兔球虫病，而是选用其他较为安全的抗球虫药物。

（2）治疗方法　目前尚无有效的解毒药物。一旦发生中毒时，立即停用含有马杜拉霉素的饲料和饮水，适量添喂适口性良好的青绿饲料。用5%葡萄糖水和0.1%碳酸氢钠水交替给病兔饮用，对轻度中毒的兔，可以减少死亡。或饮水中添加0.5%的食盐、水溶性电解质多维、0.1%的维生素C、5%的葡萄糖等进行保肝排毒，减轻症状，增强机体抵抗力；中毒较重者，可肌内注射维生素C、维生素 B_6、肝泰乐等，并适当提高日粮蛋白质和能量水平；为防止继发感染，适量应用广谱抗生素，如环丙沙星，每吨饮水中加200～300克，同时加强饲养管理。

（二）磺胺类药物中毒

磺胺类药物是广谱抑菌剂，主要有磺胺嘧啶、磺胺脒、复方新诺明、磺胺二甲嘧啶、磺胺喹噁啉等，为兽医临诊治疗家兔细菌性疾病和球虫病的常用药物。当用药过量或持续大量用药，就会引起中毒。

1.发病原因

磺胺类药物用药剂量过大或大剂量长时间连续使用，均可引起中毒。静脉注射磺胺嘧啶钠时，剂量过大或注射速度过快也可引起急性中毒。缺乏饮水时可加重其毒性。其毒害作用主要是损害肾脏，同时能导致黄疸、过敏、酸中毒和免疫抑制等。

2.临诊症状

急性中毒，以药物性休克为主，中毒家兔表现厌食、腹泻、神经兴奋、共济失调、肌变性无力、痉挛性麻痹、惊厥，以致昏迷死亡（图1-16-6）。慢性中毒，表现食欲不振，喜饮水，腹泻，消化不良，生长缓慢。溶血性贫血，凝血时间延长，并有程度不同的神经症状。有的在尿道形成结晶，出现结晶尿（图1-16-7）、血尿（图1-16-8）、蛋白尿、尿淋漓或尿闭等。

3.病理变化

剖检可见可视黏膜黄染，皮肤、肌肉和内脏器官出血，胃肠道弥漫性出血。肝脏肿大、质脆，呈黄褐色（图1-16-9）。肾脏色淡，肾盂及泌尿道常有结石。

图1-16-6　磺胺类药物中毒家兔表现共济失调，肌变性无力，痉挛性麻痹，惊厥，以致昏迷死亡

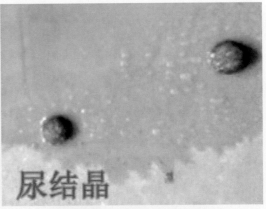

图1-16-7　磺胺类药物中毒家兔出现结晶尿

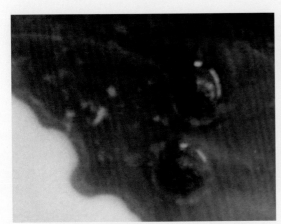

图1-16-8　磺胺类药物中毒家兔出现血尿

图1-16-9　磺胺类药物中毒家兔肝脏肿大、质脆，呈黄褐色

4.诊断

根据使用磺胺类药物过量或长时间大剂量使用；家兔出现药物性休克、神经症状和溶血性贫血等临诊症状；剖检可见肝脏肿大、质脆、呈黄褐色，肾脏色淡，肾盂及泌尿道常有结石等病理变化，可做出诊断。

5.类似病症鉴别

（1）与兔附红细胞体病的类症鉴别

① 相似点：贫血、厌食、腹泻，有程度不同的神经症状。肝脏黄染。

② 不同点：兔附红细胞体病有传染性。发热，尿黄。多发生于吸血昆虫大量繁殖的夏、秋季节。剖检胆囊肿大，脾脏肿大。

（2）与兔霉菌毒素中毒病的类症鉴别

① 相似点：采食饲料后中毒。贫血、腹泻，尿液带红或浑浊，神经紊乱。肝脏肿大、质脆、呈黄色。

② 不同点：霉菌毒素中毒表现体温升高，粪酱色，恶臭。全身肌肉痉挛，后肢麻痹。剖检可见胸膜腹膜、心肌、肺脏、肾脏、胃肠、小肠充血、出血，肺脏表面有霉菌结节。

6.防制方法

（1）预防措施　应用磺胺类药物，应严格控制用药剂量和用药时间。用药期间给予充足的饮水，并配合使用等量的碳酸氢钠，以减少结晶的形成，加速药物的排泄。静脉注射磺胺类药物时，剂量不宜过大，速度也不宜过快。

（2）治疗方法　发现磺胺类药物中毒时，立即停止用药，多给饮水，投服碳酸氢钠1～2克，补充富含维生素的饲料或维生素制剂，促进药物的排泄和解毒，并配合其他辅助疗法。

（三）阿维菌素（伊维菌素）中毒

阿维菌素又称"阿福丁""虫克星"等，对各种胃肠道线虫及体表的虱、蜱、螨及蝇等，都具有较好的驱杀作用。目前市售的有1%的皮下注射剂、口服粉剂、体表涂擦剂等，因其临诊用量很小，剂量不易掌握，经常发生中毒。伊维菌素为人工半合成阿维菌素衍生物，与阿维菌素的作用相同，尽管其毒性较阿维菌素低，但用量过大也会引起中毒。

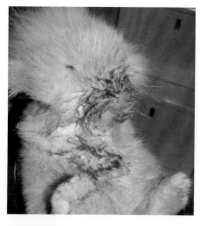

图1-16-10　阿维菌素（伊维菌素）中毒家兔表现食欲废绝，口水增多

1.发病原因

阿维菌素的使用剂量仅为每千克体重0.1～0.2毫克，皮下注射时剂量计算错误而用量过大，或口服给药时用量过大、搅拌不均匀等，都可引起家兔中毒。据报道，口服给药时中毒的机会较多，阿维菌素中毒的机会比伊维菌素多。

2.临诊症状

家兔中毒后，表现兴奋不安，食欲废绝，口水增多（图1-16-10），腹痛，瞳孔散大，肌肉震颤（图1-16-11），呼吸促迫，严重者导致失明。后期极度沉郁，昏迷死亡。

3.防制方法

（1）预防措施　根据家兔体重严格计算用量，一般

图1-16-11　阿维菌素（伊维菌素）中毒家兔表现瞳孔散大，肌肉震颤

每隔7～10天用药1次，不宜连续使用。

（2）治疗方法　目前对本病没有特效解毒药物。一旦发生中毒，立即停止用药，中毒家兔应用葡萄糖、维生素C、肝泰乐等药物解毒，同时进行对症治疗。阿托品也有一定疗效。

十七、应激

应激是家兔对某些过度刺激产生的一种过渡性反应。

（一）发病原因

引起家兔应激的因素有剧痛、出血、创伤、烧伤、缺氧、急性感染、过冷、过热、电离辐射、饥饿、长途运输等。还有追捕、驱赶、混群、拥挤、斗架、关闭饲养、强化培育、预防注射、环境污染，以及手术保定、药物麻醉等都是应激原。频繁更换饲料是养兔的一大禁忌，称作换料应激，是应激最常见的因素。

（二）临诊症状

病兔全身反应明显，精神沉郁，肌肉松弛，心跳加快，心肌收缩力加强。有的家兔在遭受应激原刺激后突然死亡。慢性应激能够形成累积效应，使家兔生产性能降低，机体抵抗力下降，引发各种疾病。如热应激可使家兔消化机能障碍，产毛量下降、营养不良，种公兔呈现为性欲降低、精液品质下降、精液稀薄、精子活力低、少精或无精而不育。换料应激主要表现消化机能紊乱，消化不良、肠炎或腹泻（图1-17-1）。

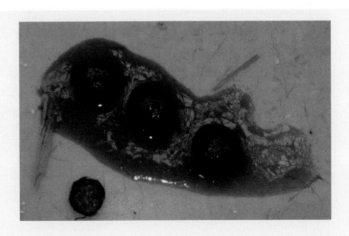

图1-17-1　兔受到应激后排出的粪便

（三）病理变化

剖检可见胃肠黏膜出血（图1-17-2）、坏死、溃疡（图1-17-3）。

图1-17-2　受到应激后死兔的胃黏膜出血　　　图1-17-3　受到应激后死兔的胃黏膜的溃疡

（四）防制方法

1. 预防措施

（1）改善饲养管理，兔舍、兔笼应通风，防止拥挤；注意原有兔群体组合，避免任意混群，保持兔笼舍安静，免受惊吓和噪声干扰。

（2）注意气候变化，防止忽冷忽热；炎热夏季做好防暑降温工作，寒冷冬季做好防冻保温工作，保持兔笼清洁，给予含维生素丰富的饲料。

（3）长途运输避免过分刺激，防止应激反应发生。

（4）加强疫病的预防；依照应激原的性质和家兔的反应情况，选择抗应激的药物。

（5）引种时，不能突然更换饲料，要逐渐进行；要随引进兔带来一些原养殖场的饲料，并根据营养标准和当地饲料资源情况，配制本场饲料，采取三步到位法：前3天，原养殖场饲料占2/3，本场饲料占1/3；再3天，本场饲料占2/3，原养殖场饲料占1/3，之后全部饲喂本场饲料；在季节交替时，饲料原料的过渡同样应采取由少到多、逐渐过渡的方法，比如，春季到来之后，青草、青菜和树叶相继供应，如果突然给兔子一次提供大量的青绿饲料，会导致腹泻。

2. 治疗方法

（1）对换料引起的应激，应按照胃肠炎的治疗方法对病兔进行治疗，并配以抗应激药物。

（2）对其他因素引起的应激，主要应用镇静剂和皮质激素以及抗过敏药物，如延胡索酸、氯化铵等。

（3）静脉注射5%碳酸氢钠注射液或饮水中添加0.1%～0.2%碳酸氢钠，能减少热应激损失，有健胃作用。

（4）治疗期间应给予营养丰富且易消化的青绿饲料，增加蛋白质、维生素供给量，让家兔充分饮水，也可在水中添加2%食盐，补充体液盐分的消耗，防暑解渴。

第二章 以有腹泻为特征的类症鉴别与诊治

一、大肠杆菌病

见第一章"四、大肠杆菌病"。

二、魏氏梭菌病

见第一章"三、魏氏梭菌病"。

三、沙门氏菌病

见第一章"七、沙门氏菌病"。

四、泰泽氏病

见第一章"五、泰泽氏病"。

五、兔轮状病毒病

兔轮状病毒病是由轮状病毒引起仔兔的以脱水和水样腹泻为特征的传染病。患兔大多因严重脱水而死亡，死亡率40% ～ 60%，在继发感染或并发感染情况下死亡率更高。据调查，群养兔感染本病毒可达59.2% ～ 83.6%，并且青年兔、成年兔、其他动物和人隐性带毒者不断传播病毒，对养兔业的发展构成了严重威胁。目前还无有效的疫苗控制本病。因此，及早诊断和预防本病，是当前世界养兔业亟待解决的问题。

（一）病原

呼肠孤病毒科轮状病毒属，是导致幼兔腹泻的主要病原。病毒形态呈圆形，像车轮状（图2-5-1），具有双层衣壳核糖核酸（RNA）病毒，直径70 ～ 75纳米。对乙醚、氯仿有抵抗力。粪便中病毒在18 ～ 20℃室温中7个月仍有感染力，56℃经过30分钟使病毒失活。病毒能耐酸碱，在pH3 ～ 10均保持稳定。对一般消毒剂均敏感。通常用兔肾原代单层上皮细胞

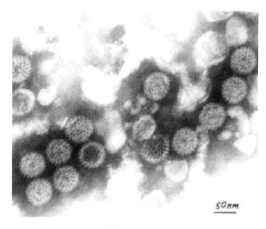

图2-5-1　轮状病毒形态

图2-5-2　轮状病毒病病兔排出的水样粪便

培养，适应后才能在细胞株中传代，有细胞产生病变，病毒存在于粪便及后段肠内容物中。

（二）流行特点

病兔及带毒兔是传染源。主要经消化道感染。幼兔对轮状病毒的易感性最强，2～6周龄的仔兔，特别是刚断奶的幼兔，发病率和死亡率均高。青年兔、成年兔一般呈隐性感染，但可从粪便中大量排毒。本病常呈突然暴发，迅速传播。本病一旦在兔群体中流行，不易根除，以后每年都可能发病。

（三）临诊症状

潜伏期为18～96小时。2～6周龄的仔兔感染后，突然暴发，病兔呕吐、低烧、昏睡，减食或绝食，排出稀薄或水样粪便（图2-5-2），粪便呈淡黄色，含有黏液，严重时甚至带血（图2-5-3），病兔的会阴部或后肢的被毛都粘有粪便（图2-5-4）。体温一般不高，多数于下痢后3天左右因脱水衰竭而死亡（图2-5-5），死亡率可达40%～60%，有的高达80%。青年兔、成年兔大多不表现临诊症状，仅有少数表现短暂的食欲不振和排出稀软粪便，甚至带血。

（四）病理变化

轮状病毒主要侵害小肠黏膜上皮细胞，引起细胞变性、坏死，黏膜脱落，使肠道的吸收功能发生紊乱，造成病兔脱水死亡。尸体剖检病变最显著的部位在小肠的空肠和回肠，可见

图2-5-3　轮状病毒病病兔排出的带血粪便

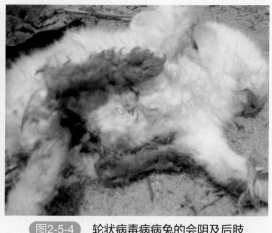

图2-5-4　轮状病毒病病兔的会阴及后肢被毛被粪便沾污

图2-5-5 轮状病毒病病兔因脱水衰竭而死亡

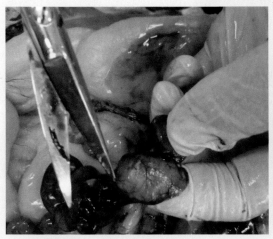

图2-5-6 空肠肠黏膜明显充血、肿胀、有大小不一的出血斑

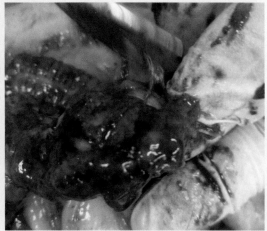

图2-5-7 扩张的盲肠内有大量的液状内容物

肠黏膜明显充血、肿胀，有大小不一的出血斑（图2-5-6）；结肠淤血，盲肠扩张，内有大量的液状内容物（图2-5-7）。病程较长者，有眼球下陷等脱水表现。其他脏器无明显变化。

（五）诊断

对于初发兔群，根据兔的群体发病率和死亡率，结合发病年龄、临诊症状和病理变化，可做出临诊诊断。由于兔感染轮状病毒后大多数呈隐性感染，临诊症状和病理变化均不太明显，且引起急性腹泻的病因较多，故通过流行特点、临诊症状和病理变化只能做出初步诊断。要确诊，需要借助实验室诊断的方法，即从粪便中检出兔轮状病毒或其抗体，或从血清中检出轮状病毒抗体。可采用荧光抗体试验、电镜技术、酶联免疫吸附试验（ELISA）、中和试验等方法进行诊断。

（六）类似病症鉴别

1.与兔泰泽氏病的类症鉴别

（1）相似点 腹泻、脱水，仔兔易得。

（2）不同点 病原为毛发样芽孢杆菌。发病急，12～48小时死亡。剖检可见回肠末端、盲肠、结肠前段黏膜充血、出血，蚓突和圆小囊变硬有小结节，盲肠黏膜粗糙。肝脏肿大、质脆，有灰黄色坏死灶。病区病料涂片染色镜检，可见毛发样芽孢杆菌。

2.与兔大肠杆菌病的类症鉴别

（1）相似点　腹泻、脱水。

（2）不同点　兔大肠杆菌病病原为大肠杆菌。急性流涎，亚急性排半透明胶冻样黏液。剖检可见胃充满气体，小肠、盲肠充满胶冻样黏液和气体。用标准血清做凝集试验，可确定血清型。

3.与兔球虫病的类症鉴别

（1）相似点　腹泻，血便，幼兔多发。

（2）不同点　肠球虫病病兔小肠充满气体和大量黏液，肠黏膜增厚、充血，散布数量不等、圆形、粟粒大、淡黄色结节。肝球虫病病兔毛细胆管周围的肝组织形成数量不等、大小不一、形态各异、淡黄色、脓样结节，胆管壁增厚，结缔组织增生，并引起肝细胞萎缩。

（七）防制方法

1.预防措施

目前尚无有效的疫苗。本病主要危害刚断奶的幼兔，主动免疫不可能在短时间内产生坚强的免疫力，因此，多采取母源抗体被动免疫。所以要特别注意加强对断奶兔的饲养管理，建立严格的卫生制度和消毒制度，不从本病流行的兔场引进种兔。饲料配合要合理，饲料种类相对稳定，变换时要逐渐过渡。保持兔舍内的温度、湿度的相对恒定。发生本病时，及早发现、立即隔离，全面消毒，死兔及排泄物、污染物一律深埋或烧毁。有条件时，可自制灭活疫苗，给母兔免疫保护仔兔。

2.治疗方法

目前本病尚无有效的药物治疗措施，在实际生产中，主要采取综合预防和治疗的办法加以控制。对于病兔要隔离治疗，可以通过补液以维持体内的水、盐代谢平衡，增强机体的抵抗力。应用抗生素防止继发感染。对腹泻严重的，可选用次硝酸铋、鞣酸蛋白、药用炭等止泻收敛药物进行治疗。

六、兔伪结核病

兔伪结核病是由伪结核耶尔森氏杆菌引起的一种慢性消耗性疾病，可引起肠系膜淋巴结炎、扁桃体炎和败血症。肠道、肝脏、脾脏、肾脏、淋巴结等器官呈现粟粒状干酪样坏死性结节，与分枝杆菌形成的结节相似，故称为"伪结核"。许多哺乳动物、禽类和人，尤其是啮齿动物都能感染发病。本病也是一种慢性消耗性人兽共患病。

（一）病原

伪结核耶尔森氏杆菌为革兰氏阴性、多形态的杆菌，大小为（0.8～6.0）微米，没有荚膜，有鞭毛，不形成芽孢。用病变脏器触片，美蓝染色多呈明显的两极着染（图2-6-1）。在普通琼脂、鲜血琼脂上均能生长，在培养基上为细小干燥、边缘不整齐、灰黄色的菌落（图2-6-2），易与副伤寒杆菌鉴别，在肉汤培养基内，形成轻微的混浊，表面有一层黏性薄膜。本菌体有6个血清型，菌体有4个抗原型，第Ⅰ型和第Ⅱ型常见。

（二）流行特点

伪结核耶尔森氏杆菌广泛存在于自然界，家兔、小鼠、野兔和灰鼠等啮齿动物是自然贮存宿主和传染源，故家兔很易自然感染发病。本病多呈散发，偶尔为地方性流行，冬、春季节多发。家兔主要通过接触带菌动物和鸟类，或食入带菌的饲料或饮水而发病，也可通过皮肤创口、呼吸道和交配传染。本病的发病率很高，如果在一栋兔舍发病，其感染率在30%以上，严重的达80%～90%。营养不良、应激和寄生虫病等使兔抵抗力降低时，易诱发本病。

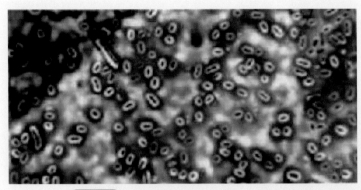

图2-6-1　伪结核耶尔森氏杆菌的美蓝染色

图2-6-2　伪结核耶尔森氏杆菌在鲜血琼脂培养基上生长的细小干燥、边缘不整齐、灰黄色的菌落

（三）临诊症状

本病为慢性消耗性疾病，临诊症状常不明显。病兔一般表现为食欲不振，精神沉郁，腹泻，进行性消瘦，被毛粗乱，最后极度衰弱而死（图2-6-3），多数病兔有化脓性结膜炎（图2-6-4），腹部触诊可感到有肿大的肠系膜淋巴结和肿大坚硬的蚓突。少数病例呈急性败血性经过，体温升高，呼吸困难，精神沉郁，食欲废绝，很快死亡。

（四）病理变化

主要病变在盲肠蚓突和回盲部的圆小囊。严重时，盲肠蚓突肿大、肥厚、变硬似小香肠

图2-6-3　病兔腹泻、消瘦，被毛粗乱，衰弱而死

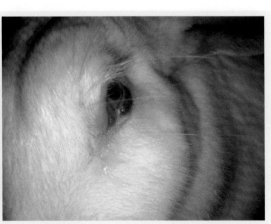

图2-6-4　伪结核病兔的化脓性结膜炎

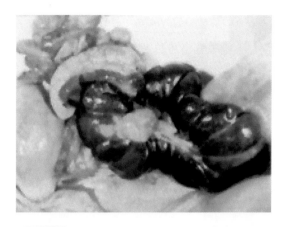

图2-6-5 盲肠蚓突肿大、肥厚、变硬似小香肠

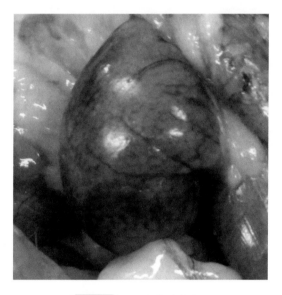

图2-6-6 圆小囊肿大变硬

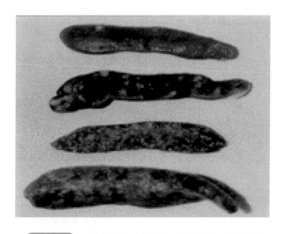

图2-6-7 脾脏中大小不等、数量不一的结节

（图2-6-5），圆小囊肿大变硬（图2-6-6），浆膜下有许多灰白色干酪样粟粒大的结节，单个存在或连成片状。此外肠系膜淋巴结肿大，有灰白色的坏死灶。肝脏、脾脏、肺脏有无数灰白色干酪样小结节（图2-6-7）。死于败血症的病例，肝脏、脾脏、肾严重瘀血肿胀，肠壁血管极度扩张，肺和气管黏膜出血，肌肉呈暗红色。组织上，伪结核病结节主要由中心部的干酪样坏死和外围部的上皮样细胞组成。

（五）诊断

本病多为散发性，以长期缓慢消瘦和衰弱为主，腹部触诊时可触到肿大的淋巴结。死后在肠道和各器官发现干酪样小结节和肿大的肠系膜淋巴结。根据以上典型的流行特点、临诊症状及病理变化可做出初步诊断。确诊需要做实验室诊断。可采取病料在麦康凯琼脂培养基进行病原的分离和鉴定，伪结核耶尔森氏杆菌为革兰氏阴性、多形态的小杆菌。必要时可用凝集反应与绵羊红细胞间接凝集试验进行确诊。

（六）类似病症鉴别

1. 与兔结核病的类症鉴别

（1）相似点 肠道、肝脏、脾脏、肾脏、淋巴结等器官呈现坏死性结节。

（2）不同点 结核分枝杆菌革兰氏染色阳性，有抗酸性染色的特征；伪结核耶尔森氏杆菌革兰氏染色阴性，用抗酸性染色不着色。在病灶上，结核病的结节坚硬，很少发生于蚓突和圆小囊的病变，以肺脏的病灶为主，发展缓慢；而伪结核病的结节的发生、发展快，病早期即行干酪化，结节呈白色，较大结节软化呈乳脂状团块，被结缔组织包膜所包围。

2. 与兔球虫病的类症鉴别

（1）相似点 腹泻，肠道、肝脏等器官呈现坏死性结节。

（2）不同点 兔球虫病由兔球虫引起，主要表现为腹泻，以断乳兔多见，病程短而死亡率高。病变主要在肝脏和肠部，表现为肠黏膜增厚、充血，小肠内充满气体和黏液，或在肠黏膜有数量不等的圆形、粟粒大的结节。胆管壁增厚，结缔组织增生而引起肝细胞萎缩。而盲肠蚓突、圆小囊、脾脏、肾脏、淋巴结不肿大，无结节病灶。

3.与兔沙门氏菌病的类症鉴别

（1）相似点　腹泻，肠道、肝脏等器官呈现坏死性结节。

（2）不同点　兔沙门氏菌病是由鼠伤寒沙门氏菌和肠炎沙门氏菌引起的。在盲肠和结肠黏膜及肝脏表面上有灰白色、粟粒大的病灶，而在蚓突、圆小囊浆膜下无结节病灶。

（七）防制方法

1.预防措施

平时要加强饲养管理，定期消毒灭鼠，防止饲料、饮水及用具污染，同时注意做好人身防护；引进种兔要隔离检疫，严禁带入病原，平时对兔群体可用血清凝集试验和红细胞凝集试验进行检疫，淘汰阳性兔，培育健康兔群；屠宰时如发现患本病的兔，要立即销毁尸体，绝对不得食用，以防止人感染此病，同时对环境做彻底消毒；用伪结核耶尔森氏杆菌多价灭活疫苗进行预防注射，每只兔颈部皮下或肌内注射1毫升，免疫期达6个月，每年注射2次，可预防本病的发生。

2.治疗方法

由于本病活体难以确诊，又无特效药物治疗，同时，本病亦可引起人的急性阑尾炎、肠系膜淋巴结炎和败血症，所以对病兔一般不作治疗，而即予淘汰。如有必要治疗时，用抗生素治疗有一定的疗效。本菌对链霉素、卡那霉素、四环素、氟苯尼考和甲砜霉素敏感，可选用治疗。

（1）链霉素　肌内注射，每次每千克体重20毫克，每日2次，连用3～5天。

（2）卡那霉素　肌内注射，每次每千克体重10～20毫克，每日2次，连用3～5天。

（3）四环素片　内服，每千克体重30～50毫克，每日2次，连用3～5天。

（4）氟苯尼考　内服，每千克体重20～30毫克，每日2次，连用3～5天。肌内注射，每次每千克体重20毫克，每隔48小时1次，连用2次。

（5）甲砜霉素　内服或肌内注射，每千克体重40毫克，每日2次，连用3～5天。

七、巴氏杆菌病

见第一章"二、巴氏杆菌病"。

八、铜绿假单胞菌病

又名"兔铜绿假单胞菌病"，是一种由铜绿假单胞菌引起的，以出血性肠炎及肺炎为特征的散发性流行性传染病。本病特征发病急，病程短，不及时治疗便很快死亡，多年来给养兔业带来极大的经济损失。

（一）病原

铜绿假单胞菌是一种多形的细长、中等大的杆菌，大小为0.4微米×2.5微米，革兰氏染

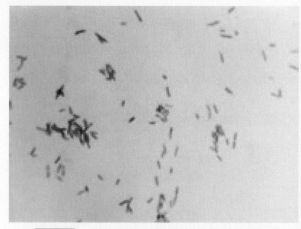

图2-8-1　铜绿假单胞菌的形态（革兰氏染色）

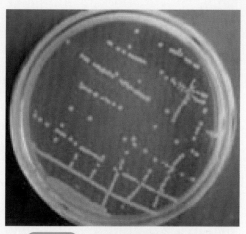

图2-8-2　铜绿假单胞菌在普通琼脂
培养基上的菌落

色阴性（图2-8-1）。不形成芽孢，有时出现荚膜。本菌对营养要求不严格，在普通培养基上生长良好。在普通琼脂培养基上生长后，形成光滑、湿润、蓝绿色、边缘整齐、隆起的中等大菌落（图2-8-2）。菌体代谢产物中有一种毒力很强的外毒素A；另一种外毒素磷脂酶C是一种溶血毒素。本菌型特别复杂，目前尚无统一的分型标准，但各国多采用血清学（凝集试验）分型方法，已公布12个血清型（群）。本菌对磺胺、青霉素等不敏感，而对多黏菌素B和多黏菌素E、庆大霉素、金霉素、链霉素、新霉素、土霉素、四环素敏感。但本菌极易产生耐药性，故治疗时应先进行药敏试验。

（二）流行特点

本菌广泛存在于土壤、水和空气中，在人、畜的肠道、呼吸道和皮肤上也普遍存在。因此，病畜及带菌动物是主要传染源。它们的粪便、尿液、分泌物会污染周围的饲料、饮水和用具，经消化道、呼吸道及伤口感染。任何年龄的家兔都可发病，一般为散发，无明显季节性。不合理使用抗生素预防或治疗病兔，也可诱发本病。

（三）临诊症状

本病常突然发生。病兔表现突然不食，精神沉郁，昏睡，呼吸困难，体温升高，眼结膜红肿（图2-8-3），鼻腔内流出少量半透明的分泌物，腹泻，排出血样稀粪（图2-8-4），一般

图2-8-3　病兔表现眼结膜红肿

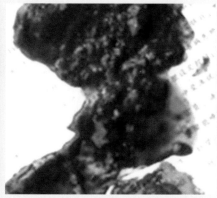

图2-8-4　病兔腹泻排出血样的稀粪

在出现腹泻24小时左右死亡。慢性病例，有腹泻症状或皮肤出现脓肿，脓汁呈淡绿色或灰褐色黏液状，散发出特殊的气味。有的也可见到化脓性中耳炎病变。有的病兔生前无任何症状，死后剖检才见有病理变化。

（四）病理变化

剖检可见病兔胃内有血样液体，肠道内尤其是十二指肠、空肠黏膜出血，肠腔内充满血样液体（图2-8-5）。内脏浆膜有出血点或出血斑；胸腔、心包腔和腹腔内积有血样液体。脾脏肿大，呈粉红樱桃红色；肺脏有点状或广泛性出血（图2-8-6），有的病例肺脏肿大，呈深红色、肝变；肝脏有时会出现化脓灶（图2-8-7）。有些病例在肺部及其他器官形成淡绿色或褐色黏稠的脓液。

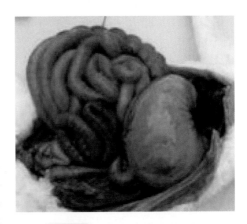

图2-8-5　胃肠内充满血样液体

（五）诊断

根据本病的流行特点、临诊症状及其病理变化可做出初步诊断，确诊需进行病原菌检查和动物接种。

（六）类似病症鉴别

1.与兔魏氏梭菌病的类症鉴别

（1）相似点　腹泻，粪便中有血。

（2）不同点　魏氏梭菌为革兰氏阳性大杆菌，在鲜血平板上能形成双溶血环。死于魏氏梭菌病的兔，胃底黏膜有黑色溃疡，盲肠黏膜有鲜红色血斑，胃和小肠内无血样分泌物，而兔铜绿假单胞菌病无此病变。魏氏梭菌病病兔的肠内病料离心、过滤后直接注射于小鼠腹腔，24小时内死亡，即证明肠内有毒素存在。

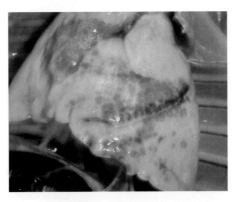

图2-8-6　肺脏有点状出血

2.与兔泰泽氏病的类症鉴别

（1）相似点　排褐色糊状或水样粪便。

（2）不同点　剖检泰泽氏病病兔，胃和小肠肠腔内无血样内容物，脾脏不肿大，肺脏无点状出血，铜绿假单胞菌病则相反。病料接种于鲜血平板上，如有溶血菌落，菌落及周围培养基呈蓝绿色，为铜绿假单胞菌，否则为泰泽氏菌病的毛发状芽孢杆菌。

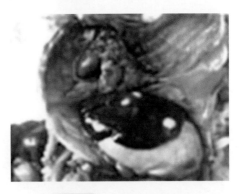

图2-8-7　肝脏上的化脓灶

3.与兔轮状病毒病的类症鉴别

（1）相似点　腹泻，排水样粪便。

（2）不同点　轮状病毒病主要感染2～6周龄的仔兔。剖检可见小肠明显膨胀，结肠淤血，肺脏和肝脏没有病变。病原是轮状病毒。

（七）防制方法

1.预防措施

（1）加强日常饮水和饲料卫生，防止水源和饲料被污染。

（2）做好兔场防鼠、灭鼠工作。

（3）有本病病史的兔场，可用铜绿假单胞菌单价或多价灭活苗，每只兔皮下或肌内注射1毫升，免疫期为半年，每年免疫2次。

（4）当发生本病时，对病兔及可疑兔，要及时隔离治疗，兔笼舍应全面消毒，死兔及污物一律焚烧深埋。

2.治疗方法

铜绿假单胞菌对多种抗生素产生抗药性，为确保治疗效果，最好先做药敏试验，选用高敏药物。

（1）抗生素疗法　多黏菌素，肌内注射，每千克体重1万单位，每天2次，连用3～5天。或庆大霉素，肌内注射，每只兔每次2万～4万单位，连用3～5天。或硫酸新霉素，肌内注射，每千克体重每次40毫克，每天2次，连用3～4天。

（2）中药疗法　郁金2克，白头翁2克，黄柏2克，黄芩2克，黄连1克，栀子2克，白芍2克，大黄1克，诃子1克，甘草1克，共研细末，备有。预防用量为每天每千克体重1克，治疗量为每天每千克体重2克。用法：开水冲后，再闷30分钟，拌入饲料饲喂；或煎汤，纱布过滤，加蔗糖灌服。

九、肺炎克雷伯氏菌病

肺炎克雷伯氏菌病是由肺炎克雷伯氏菌引起的一种家兔散发性传染病，青年兔和成年兔的临诊症状以肺炎及其他器官化脓性病灶为特征，幼兔以腹泻为特征。

（一）病原

肺炎克雷伯氏菌为革兰氏阴性、短粗、卵圆形杆菌（图2-9-1）。本菌在血平板上菌落颇大，呈灰白色，黏液状，菌落相互融合（图2-9-2）。本菌对升汞、氯亚明、石炭酸等消毒液

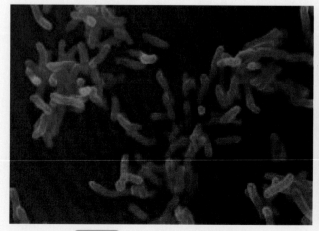

图2-9-1　肺炎克雷伯氏菌的形态

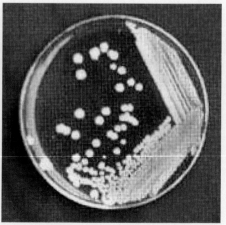

图2-9-2　肺炎克雷伯氏菌在血平板上的菌落

敏感，链霉素对本菌有抑制和杀灭作用。

（二）流行特点

本菌为肠道、呼吸道、土壤、水和谷物等的常见菌。当兔机体抵抗力下降或其他原因造成应激，如忽冷忽热、饲料的突然变化、长途运输等，可促使本病发生，引起呼吸道、泌尿系统和皮肤感染。各种年龄、品种、性别的兔，均容易感染，但以断奶前后仔兔及怀孕母兔发病率最高、受害最为严重。

（三）临诊症状

青年兔和成年兔，患病后病程长，无特殊临诊症状，一般表现为食欲逐渐减少和渐进性消瘦，被毛粗乱，行动迟钝。呼吸时而急促，打喷嚏，流稀水样鼻涕。幼兔主要表现为腹泻（图2-9-3）。本病常与大肠杆菌病并发。

（四）病理变化

剖检见肺部和其他器官、皮下、肌肉有脓肿，脓液呈灰白色或白色黏稠物（图2-9-4）。幼兔剧烈腹泻，迅速衰弱以至死亡。幼兔肠道黏膜充血、淤血、肠腔内有多量的黏稠物和少量气体（图2-9-5）。

图2-9-3 腹泻的幼兔，粪便污染肛门及两后肢

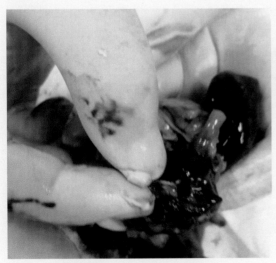

图2-9-4 肺部的脓肿，脓液呈灰白色黏稠物

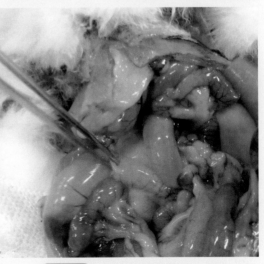

图2-9-5 幼兔肠道黏膜充血、淤血、肠腔内有多量的黏稠物和少量气体

（五）诊断

根据流行特点、临诊症状和病理变化可做出初步诊断，确诊需进行生化鉴定及动物接种试验。

（六）类似病症鉴别

1.与兔波氏杆菌病的类症鉴别

（1）相似点　流鼻液、咳嗽及肺炎症状。

（2）不同点　兔波氏杆菌病的病原是波氏杆菌，为多形性小杆菌。剖检，支气管黏膜充血、出血，管腔内充满黏液性或脓性分泌物。幼兔没有腹泻表现。

2.与兔链球菌病的类症鉴别

（1）相似点　呼吸急促，腹泻。

（2）不同点　兔链球菌病的病原是C群兽疫链球菌，革兰氏阳性菌，主要侵害幼兔，表现呼吸困难、间歇性腹泻，剖检表现败血症变化，脏器没有化脓性病灶；肺炎克雷伯氏菌病的病原是肺炎克雷伯氏菌，革兰氏阴性菌，青年兔和成年兔的临诊症状以肺炎及其他器官化脓性病灶为特征，幼兔表现为腹泻而没有肺炎症状。

3.与兔泰泽氏病的类症鉴别

（1）相似点　幼兔腹泻、脱水。

（2）不同点　泰泽氏病病兔没有打喷嚏、咳嗽和水样鼻液等肺炎的症状。剖检可见肝脏肿大，有弥漫性坏死灶，肺脏及其他内脏器官没有化脓性病灶。

（七）防制方法

1.预防措施

目前无特异性预防方法。

2.治疗方法

治疗用链霉素，肌内注射，每千克体重2万单位，每日2次，连用3天。

十、兔链球菌病

兔链球菌病是由溶血性C群兽疫链球菌引起的一种急性败血性传染病，各种年龄的家兔都可以发病，主要危害幼兔。

（一）病原

本病主要由溶血性C群兽疫链球菌所引起。肝脏脾脏抹片镜检，本菌有荚膜，多呈双球菌排列，很少单个存在，间有4～6个的短链，在血液与胸腔积液中可见长链（图2-10-1）。本菌无运动性，不形成芽孢，为革兰氏阳性需氧兼性厌氧菌。本菌对外界抵抗力较强，在−20℃的条件下生存1年以上，室温下可存活6天，60℃30分钟可以灭活。对一般的消毒药物均敏感，常用的消毒药如2%石炭酸、0.1%升汞、2%来苏尔以及0.5%漂白粉，均可在2小时内将其杀死。对青霉素、红霉素、金霉素、四环素及磺胺类药物均敏感。

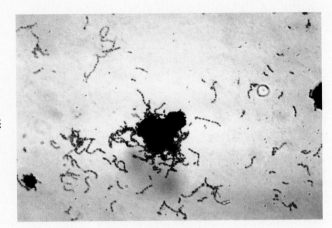

图2-10-1　溶血性C群兽疫链球菌的形态

（二）流行特点

病菌存在于许多动物和家兔的呼吸道、口腔及阴道中，在自然界分布很广。本病主要侵害幼兔，发病不分季节，但以春、秋两季多见。

（三）临诊症状

病兔表现体温升高，不吃，精神沉郁，呼吸困难，间歇性腹泻。或死于脓毒败血症。有的病例不显临诊症状而急性死亡。

（四）病理变化

剖检可见皮下组织浆液出血性炎症、卡他出血性肠炎（图2-10-2）、脾脏肿大（图2-10-3）等败血性病变，肝脏、肾脏呈脂肪变性（图2-10-4）。肺脏暗红至灰白色（图2-10-5），伴有胸膜肺炎、心外膜炎。

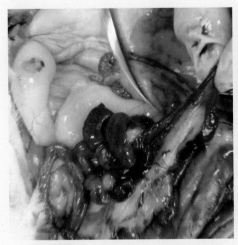

图2-10-2　兔链球菌病兔的卡他出血性肠炎

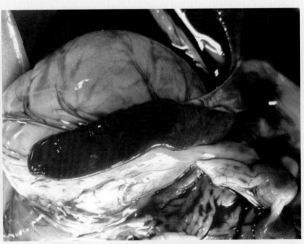

图2-10-3　兔链球菌病兔的脾脏肿大、出血

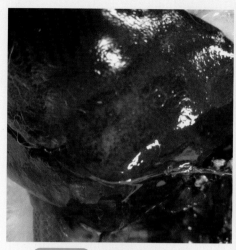

图2-10-4　兔链球菌病兔的肝脏呈脂肪变性

图2-10-5　兔链球菌病兔的肺脏呈现暗红至灰白色

（五）诊断

根据流行特点、临诊症状和病理变化可怀疑本病，确诊须进行病原菌分离鉴定。

（六）类似病症鉴别

1.与兔波氏杆菌病的类症鉴别

（1）相似点　精神沉郁，呼吸困难。

（2）不同点　波氏杆菌病引起的肺脏、肝脏、胸膜上脓疱被结缔组织所包围，脓疱的脓液呈乳白色、奶油状，而链球菌引起的器官脓肿则无上述变化。波氏杆菌病病兔没有间歇性腹泻的表现。

2.与兔葡萄球菌病的类症鉴别

（1）相似点　均有脓毒败血症。

（2）不同点　葡萄球菌常引起各器官脓灶，与本病不易鉴别。可将脓汁涂片，见有革兰氏阳性葡萄状的球菌，为葡萄球菌；短球或链球状的为链球菌。将病料接种于鲜血平皿培养基，如菌落大，并呈金黄色，为葡萄球菌；菌落细小、半透明、灰白色，为链球菌。葡萄球菌病病兔没有间歇性腹泻的表现。

3.与兔魏氏梭菌病的类症鉴别

（1）相似点　腹泻，败血性病变。

（2）不同点　链球菌病除了呈化脓性炎症和脓毒败血症死亡外，常呈间歇性腹泻，患兔体温升高，呼吸困难，粪便无恶腥臭味，与魏氏梭菌病不同。兔链球菌病除呼吸系统炎症和化脓灶外，皮下出血性浆液浸润，肠道黏膜呈弥漫性出血，而盲肠浆膜无出血斑等特征性病变，与魏氏梭菌病完全不同。进一步诊断，可将被检病料做触片或涂片，革兰氏染色镜检，革兰氏阳性链状球菌即为链球菌；如仅能在肠道内容物中见有较多的革兰氏阳性大杆菌，即为魏氏梭菌。将病料接种于鲜血琼脂，如在有氧条件下呈溶血的小菌落，即为链球菌；如在厌氧条件下呈双溶血圈的大菌落，即为魏氏梭菌。

（七）防制方法

1.预防措施

防止兔发生感冒，减少诱病因素。发现病兔立即隔离，并进行药物治疗。

2.治疗方法

青霉素，肌内注射，每只兔5万～10万单位，每日2次，连用3天。或红霉素，肌内注射，每只50～100毫克，每日2～3次，连用3天。或磺胺嘧啶钠，内服或肌内注射，每千克体重0.2～0.3克，每日2次，连用4天。

十一、坏死杆菌病

坏死杆菌病是由坏死梭状杆菌引起的以皮肤和口腔黏膜坏死为特征的散发性慢性传染病。

（一）病原

坏死梭状杆菌为拟杆菌科丝杆菌属的革兰氏阴性菌，无运动性，不形成芽孢，多形性。病灶中和新分离出的细菌呈长丝状，内含圆球状物，在多次培养后细菌才成为长的杆菌（图2-11-1）。本菌广泛存在于自然界，也是健康动物扁桃体和消化道黏膜的常在菌。

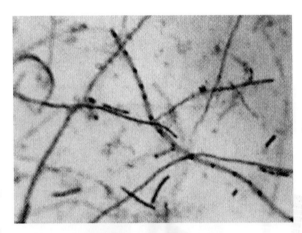

图2-11-1 坏死杆菌的形态

（二）流行特点

患病动物是主要传染源，但健康带菌动物在一定程度上也起着传播作用。本菌能侵害多种动物，幼兔比成兔易感性高。本菌不能侵入正常的皮肤和黏膜，只有当因外伤、病原菌感染而使组织受损时，细菌乘机进入受损部位引起发病，所以本病多为散发，偶呈地方性流行或者群发。另外，与其他嗜氧菌并存时，消耗大量氧气，有利于本菌的生长。动物在污秽条件下易受感染。潮湿、闷热、昆虫叮咬、营养不良等可促发本病。

（三）临诊症状

病兔停止采食、流涎，体重迅速减轻。一种病型是在唇部、口腔黏膜、齿龈等处出现坚硬肿块（图2-11-2），随后出现坏死、溃疡，形成脓肿。肿块也常发生于颈部（图2-11-3）、头面部

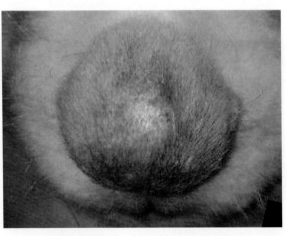

图2-11-2 坏死杆菌病兔唇部的肿块

（图2-11-4，图2-11-5）及胸部，经2～3周后死亡。另一种病型是在病兔腿部和四肢关节或颌下、颈部、面部以至胸部等处的皮肤内繁殖，发生坏死性炎症，形成脓肿、溃疡（图2-11-6～图2-11-9），或侵入肌肉和皮下组织形成蜂窝织炎。病灶破溃后散发恶臭气味。坏死病变具有持久性，可连续存在数周或数月。病兔体温升高，体重减轻，最后衰竭死亡。

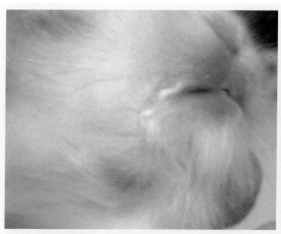

图2-11-3 坏死杆菌病兔颈部的肿块

图2-11-4 坏死杆菌病兔头面部的肿块（一）

图2-11-5 坏死杆菌病兔头面部的肿块（二）

图2-11-6 坏死杆菌病兔腿部的脓肿

图2-11-7 坏死杆菌病兔前肢的肿块

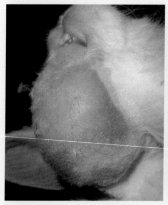

图2-11-8 坏死杆菌病兔颌下的脓肿

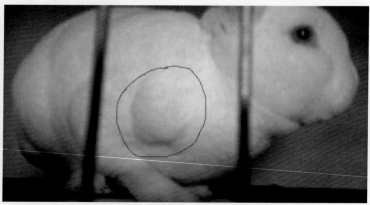

图2-11-9 坏死杆菌病兔胸部的脓肿

（四）病理变化

剖检可见病兔的口腔黏膜、齿龈、舌面、颈部和胸前皮下组织及肌肉组织等坏死。淋巴结（尤其是颌下淋巴结）肿大，并有干酪样坏死病灶。多数病兔在肝脏、脾脏、肺脏等处有坏死灶，并伴有心包炎、胸膜炎。后腿有深层溃疡的病变。有些病例多处见有皮下肿胀，内含黏稠的化脓性或干酪样物质（图2-11-10）。在病变处不可见到血栓性静脉炎栓塞的变化。坏死组织有特殊臭味。

图2-11-10　坏死杆菌病兔的皮下肿胀，内含黏稠的化脓性物质

（五）诊断

根据流行特点、临诊症状、病理变化可做出初步诊断。确诊应依据坏死杆菌的鉴定。

1.直接镜检

病料涂片，染色，镜检，根据病原的形态及染色特性可做出初步诊断。

2.动物试验

病料制成乳剂后，注0.5～1.0毫升于兔的耳外侧，或注0.2～0.4毫升于小鼠尾部皮下，2～3天后，在接种部位出现坏死，并逐渐扩大，8～10天后接种动物死亡。

（六）类似病症鉴别

1.与兔葡萄球菌病的类症鉴别

（1）相似点　多处皮肤发生坏死和化脓。

（2）不同点　兔葡萄球菌病的化脓性炎症以形成有包囊的脓肿为特征，脓肿虽多位于皮下或肌肉，但局部皮肤常不坏死和形成溃疡。脓液无恶臭气味。葡萄球菌病的病原是金黄色葡萄球菌，革兰氏阳性，菌体堆积成葡萄串状。坏死杆菌病的病原是坏死梭状杆菌，革兰氏阴性，呈长丝状，内含圆球状物。

2.与兔铜绿假单胞菌病的类症鉴别

（1）相似点　多处皮肤出现脓肿。

（2）不同点　兔铜绿假单胞菌病常在肺脏等内脏和皮下形成脓肿，脓液呈淡绿色或褐色，有特殊的气味。

3.与兔传染性水疱口腔炎的类症鉴别

（1）相似点　停止采食、流涎，唇部、口腔黏膜、齿龈等出现坏死、溃疡。

（2）不同点　兔传染性水疱口腔炎的病兔虽有流涎症状和口腔炎变化，但口腔炎的病变表现为水疱、糜烂和溃疡，其他组织器官常无病变。本病呈急性经过，病原为一种病毒。

（七）防制方法

1.预防措施

（1）加强饲养管理，清除饲草、笼内的锐利物，以防损伤兔的表面皮肤和黏膜。对已经破损的皮肤、黏膜，要及时用3%双氧水或1%高锰酸钾溶液洗涤，但不可涂结晶紫和龙胆紫。

（2）从外地引进种兔时，必须进行隔离检疫1个月，确定无病时方可入群。

（3）兔一旦发病，要及时进行隔离治疗，淘汰病、死兔。彻底清扫兔笼舍并进行消毒。

2.治疗方法。

（1）局部治疗　首先除去坏死组织，口腔先用0.1%高锰酸钾溶液冲洗，然后涂搽碘甘油或10%氯霉素酒精溶液，每日2～3次。其他部位可用3%双氧水溶液或5%来苏儿溶液冲洗，然后涂搽5%鱼石脂酒精溶液或鱼石脂软膏。如局部有溃疡形成，清理创面后涂以土霉素软膏或青霉素软膏或金霉素软膏等。

（2）全身治疗　磺胺二甲嘧啶，肌内注射，每千克体重0.15～0.20克，每天2次，连用3天。或青霉素，肌内注射，每只兔20万单位，每天2次，连用3天。或土霉素，肌内注射，每千克体重20～40毫克，每天2次，连用3天。若兔的食欲下降，可灌硫酸钠导泻或灌服大黄苏打片健胃。

十二、兔痘

兔痘是由兔痘病毒引起兔的一种急性、热性、高度接触性传染病。各种年龄的家兔均可发生，以幼兔、妊娠母兔发病率和死亡率高。临诊表现为淋巴结肿大、眼炎、皮肤上出现红斑与丘疹。其特征是皮肤痘疹和鼻、眼内流出多量分泌物。本病直接对兔业的兔皮、兔毛收购带来巨大的经济损失。

（一）病原

兔痘的病原为痘病毒科正痘病毒属的兔痘病毒。为双股脱氧核糖核酸（DNA）病毒，多为砖形或圆形的病毒粒子（图2-12-1），在抗原性与牛痘病毒很接近。各种动物的痘病毒分属于各个属，各属病毒在形态、构造、化学成分和抗原性方面大同小异。兔痘病毒易在10～12日龄的鸡胚绒毛尿囊膜上繁殖，可产生小痘疱病灶。细胞培养，兔痘病毒能在兔肾脏、睾丸和兔胚单层细胞内繁殖，细胞出现病变和空斑，在病变细胞浆内有包涵体。兔痘病毒可分为痘疱型和非痘疱型，前者能凝集鸡红细胞，后者不能凝集鸡红细胞。本病毒对热、阳光及多数消毒剂敏感，58℃时5分钟即被杀死，但耐干燥和低温，在干燥的空气中，可存活40～50天。

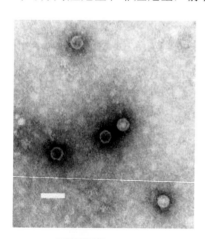

图2-12-1　痘病毒

（二）流行特点

本病只有家兔能自然感染发病，各年龄家兔均易感，但幼兔和妊娠母兔致死率较高。病兔为主要传染源，其鼻腔分泌物中含有大量病毒，污染环境，通过呼吸道、消化道、皮肤创伤和交配而感染。在兔群体中本病传播极为迅速，常呈地方性流行或散发。幼兔死亡率可达70%，成年兔为30%～40%。

（三）临诊症状

本病潜伏期2～9天，后期达14天。病兔初期表现发热至41℃，流鼻液，呼吸困难。全身淋巴结尤其是腹股沟淋巴结、腘淋巴结肿大坚硬。发病5天后在皮肤出现红斑性疹，发展为丘疹，丘疹中央凹陷坏死呈脐状，最后干燥结痂。病灶多见于眼睑、耳（图2-12-2）、口、腹背和阴囊处。病兔轻者表现羞明、流泪，呈眼睑炎（图2-12-3），严重者发生化脓性眼炎或弥漫性、溃疡性角膜炎，甚至角膜穿孔，患虹膜炎和虹膜睫状炎（图2-12-4）。公母兔生殖器均可出现水肿、发炎肿胀（图2-12-5），孕兔可流产。通常病兔有运动失调、痉挛、眼球震颤、肌肉麻痹的神经症状。病兔经7～10天死亡，也有的几周内死亡。

自然发病的兔痘病兔，表现发热，不食，精神不安，出现结膜炎和下痢，无丘疹感染病兔一周内死亡。据报道，病兔经5天潜伏期后，病兔表现食欲废绝、腹泻，一侧或两侧眼睑炎（图2-12-6）。1～2天后，在口、鼻、耳郭、腹部、背部、阴囊皮肤，肛门和肛门周围出现斑点，然后变成1厘米大小、微凸红色坚硬的丘疹（绝不变成水疱和

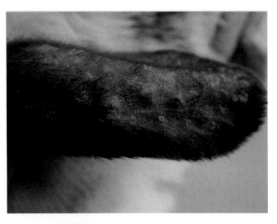

图2-12-2　兔痘病兔耳朵出现的丘疹

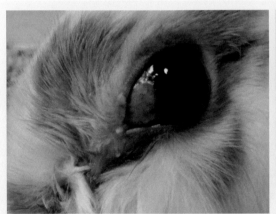

图2-12-3　轻者兔痘病兔表现羞明、流泪，呈眼睑炎

图2-12-4　兔痘病兔眼睛表现的弥漫性角膜炎

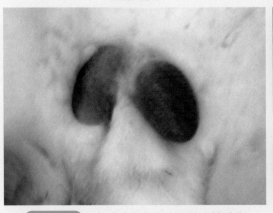

图2-12-5　兔痘病兔睾丸出现的炎性肿胀

图2-12-6　兔痘病兔表现的眼睑炎

脓疱症）。还能发生在生殖器官上。个别病例有神经症状，表现运动失调，痉挛，眼球震颤，有些肌群发生麻痹。肛门、尿道括约肌发生麻痹，同时继发支气管肺炎、喉炎、鼻炎、胃肠炎，妊娠母兔流产。感染7～10天死亡，慢性病例拖至几周死亡。

（四）病理变化

病变主见皮肤、口腔、呼吸道及肝脏、脾脏、肺脏等出现丘疹或结节；淋巴结、肾上腺、唾液腺、睾丸和卵巢均出现灰白色坏死结节；相邻组织发生水肿和出血。

（五）诊断

根据临诊症状和病理变化，不难做出初步诊断。确诊需分离鉴定病毒，或作血凝抑制试验等血清学试验。

（六）类似病症鉴别

1.与葡萄球菌病的类症鉴别

（1）相似点　皮肤、内脏器官出现丘疹或结节。

（2）不同点　兔痘特征性临诊症状是皮肤上出现红斑性疹，发展到丘疹后，丘疹干燥形成浅表痂皮，绝不形成水疱和脓疱，与兔的葡萄球菌病加以鉴别。其次将病料涂片镜检，可见包涵体，而葡萄球菌为革兰氏阳性菌，镜下可见圆形或卵圆形葡萄串状。

2.与兔黏液瘤病的类症鉴别

（1）相似点　皮肤出现红斑与丘疹。

（2）不同点　兔痘是以皮肤丘疹、坏死、出血和内脏器官有灰白色的小结节病灶等为特征的一种疾病。而兔黏液瘤病是在眼睑、颜面部、耳朵及其他部位皮下和天然孔周围皮下发生黏液瘤性肿胀。

3.与兔纤维瘤病的类症鉴别

（1）相似点　体表皮肤有肿块。

（2）不同点　兔纤维瘤病是一种良性肿瘤性疾病，只引起局部肿瘤病变，皮肤不出现丘疹、坏死、出血和内脏器官灰白色小结节病灶。

（七）防制方法

1.预防措施

平时加强饲养管理，做好兔笼舍的清洁卫生工作，对兔粪、兔尿等废弃物要及时清除，可用3%石炭酸、3%氢氧化钠、0.1%碘液、20%石灰乳和百毒杀等进行消毒。购买种兔时，应注意检疫，不能将病兔和可疑兔购进，对购进的种兔要隔离观察21天。对有临诊症状的病兔进行隔离、治疗或淘汰，病死兔尸体深埋或焚烧。为了避免兔群受到威胁，可用牛痘疫苗做皮内划痕紧急预防接种。

2.治疗方法

目前对于兔痘的研究还不多，所以其防治方法一般是参照其他动物痘病的防治方法进行处理。受疫情威胁时，可用牛痘苗作预防注射。皮肤上或其他部位的痘，可将病变部剥离后，伤口涂5%碘酊消毒；或用0.1%高锰酸钾清洗，后用碘甘油或紫药水涂擦；或用2%硼酸溶液冲洗后，再用3%蛋白银溶液冲洗。在痘疹的局部，可涂以5%碘酊或紫药水；若痘疹已破，可先用3%苯酚或0.1%高锰酸钾溶液冲洗后再涂上紫药水。为了防止继发感染，可用抗菌药物（如硫酸庆大霉素、盐酸强力霉素、氟喹诺酮类广谱抗生素等）口服或注射，同时在饲料内添加抗病毒药物和多种维生素，最好添加复合维生素B，增强皮肤抵抗力以减少本病的发生。

十三、球虫病

兔的球虫病是由艾美耳属的多种球虫寄生于家兔的肠上皮细胞和肝脏胆管上皮细胞内引起的一种原虫病。是家兔最常见的一种体内寄生虫病，对养兔业危害极大。其临诊特征是腹泻、消瘦、贫血。兔的球虫种类多，感染率高，且常出现混合感染，具有严格的宿主特异性和器官特异性。4～5月龄内的幼兔对球虫的抵抗力很弱，其感染率可达100%，患病后幼兔死亡率一般在40%～70%，有时高达80%。耐过的兔生长发育受到严重影响，减重12%～27%，严重影响经济效益。

（一）病原及生活史

侵害家兔的球虫均属艾美耳属。据文献记载共有17种，分别是斯氏艾美耳球虫、穿孔艾美耳球虫、中型艾美耳球虫、大型艾美耳球虫、梨形艾美耳球虫、无残艾美耳球虫、盲肠艾美耳球虫、肠艾美耳球虫、兔艾美耳球虫、新兔艾美耳球虫、小型艾美耳球虫、黄艾美耳球虫、松林艾美耳球虫、长形艾美耳球虫、纳格浦尔艾美耳球虫、野兔艾美耳球虫和雕斑艾美耳球虫。目前世界上公认的有前10种，其他争议较大。其中前8种在我国有分布。除了斯氏艾美耳球虫寄生于胆管上皮细胞内引起肝球虫病之外，其余各种都寄生于肠黏膜上皮细胞内引起肠球虫病，但往往为混合感染引起混合型球虫病。

兔的球虫是艾美尔属的一种单细胞原虫。成虫呈圆形或卵圆形，球虫卵囊（图2-13-1）随兔的粪便排出体外（图2-13-2，图2-13-3），在温暖潮湿的环境中形成孢子化卵囊后即具有感染力。卵囊对外界环境的抵抗力较强，在水中可生活2个月，在湿土中可存活1年多。它对温度很敏感，在60℃水中20分钟死亡；80℃水中10分钟死亡；开水中5分钟就死亡。在-15℃以下卵囊就会冻死，但一般的化学消毒剂对其杀灭作用很微弱。

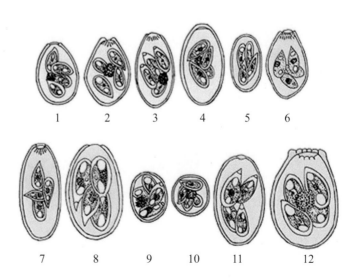

图2-13-1 **兔的各种球虫卵囊**

1—松林艾美尔球虫；2—肠艾美尔球虫；3—盲肠艾美尔球虫；4—中型艾美尔球虫；5—纳格浦尔艾美球虫；6—梨形艾美尔球虫；7—长形艾美尔球虫；8—无残艾美尔球虫；9—穿孔艾美尔球虫；10—小型艾美尔球虫；11—斯氏艾美尔球虫；12—大型艾美尔球虫

　　球虫在体内的发育分成不同的阶段，各阶段虫体形态并不相同。在粪便中的球虫称作卵囊。卵囊椭圆形或圆形，镜下呈无色或黄色，有两层卵囊壁。随新粪便排出体外的卵囊内含有一球形的原生质球，无感染性。经数天后，发育成有4个孢子囊，每个囊内有2个子孢子的结构，称孢子化。孢子化的卵囊具有感染性，称感染性卵囊。兔在吞食了感染性卵囊后被感染。子孢子在肠道内钻出卵囊，进入肠上皮或胆管上皮进行无性的裂体增殖，产生大量裂殖子（图2-13-4）。裂体增殖可反复进行，几代过后，出现有性的配子生殖，产生大配子和小配子，二者结合后，形成合子。合子外周形成囊壁即成为卵囊。卵囊随粪便排出体外，在一定的温湿度条件下，发育成感染性卵囊，开始新一轮生活史（图2-13-5）。

图2-13-2　含有球虫卵囊的兔粪便

图2-13-3　显微镜下粪便中的球虫卵囊（40×10）

图2-13-4　艾美耳球虫的裂殖子

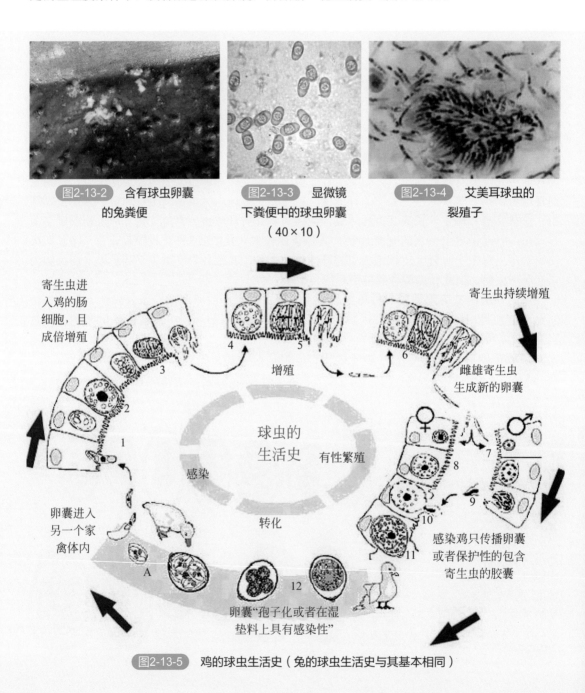

图2-13-5　鸡的球虫生活史（兔的球虫生活史与其基本相同）

（二）流行特点

兔的球虫病呈世界性分布，我国各地均有发生，其流行与卫生状况密切相关。各品种的家兔对球虫均有易感性，断奶至3个月龄的幼兔最易感，且死亡率高。在卫生条件较差的兔场，幼兔球虫病的感染率可达100%，死亡率在80%左右；成年兔的抵抗力较强，多为隐性感染，但生长发育受到影响。成年兔和母兔常为带虫者，对幼兔球虫病的传播起重要作用。本病主要通过消化道传染，母兔乳头沾有卵囊，饲料和饮水被病兔粪便污染，都可传播球虫病。本病也可通过兔笼、用具及饲养人员、苍蝇、老鼠传播。本病一年四季均可发生，在南方梅雨季节常呈现发病高峰，在北方以夏、秋季多发。若兔舍温度经常保持在10℃以上时，则随时都可发生球虫病。一般呈地方性流行。断奶、变换饲料、饲养管理与卫生条件不良等均能促使此病的发生和传播。

（三）临诊症状

球虫病的潜伏期一般为2～3天或更长。病兔表现精神沉郁，食欲减退，躺卧不动（图2-13-6），眼鼻分泌物增多，眼结膜苍白或黄染。按球虫寄生部位可分为肝型、肠型和混合型，以混合型居多。

（1）肝型 病兔出现因肝脏肿大而造成腹围增大下垂，触诊肝区有痛感，可视黏膜轻度黄染。严重感染者出现肝功能障碍。患兔精神不振，食欲减退，逐渐消瘦，后期往往出现神经症状，四肢麻痹，最终衰竭而死。

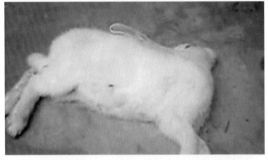

图2-13-6 患球虫病的病兔躺卧不动

（2）肠型 多呈急性经过，死亡快者不表现任何症状突然倒地，四肢抽搐，头往后仰，角弓反张，惨叫一声而死（图2-13-7）。慢性型表现顽固性下痢，有时出现便秘，有时粪中带血，腹部胀满。病兔精神沉郁，食欲减退，伏卧不动，多于10天后死亡。

（3）混合型 临诊上最常见。兼具肝型和肠型两种疾病的症状表现。

图2-13-7 肠型球虫病兔表现突然倒地，四肢抽搐，角弓反张，眼鼻分泌物增多，惨叫一声而死

（四）病理变化

（1）肝型 病兔肝脏肿大，表面和实质有白色或淡黄色结节病灶，呈圆形，粟粒大至豌豆大（图2-13-8，图2-13-9），沿胆管分布。切开病灶可见浓稠的淡黄色液体，胆囊肿大，胆汁浓稠色暗（图2-13-10）。在胆管、胆囊黏膜上取样涂片，能检出卵囊。在慢性肝病中，可发生间质性肝炎，肝管周围和小叶间部分结缔组织增生，使肝细胞萎缩，肝体积缩小，肝硬化。

（2）肠型 病理变化主要在肠道，肠壁血管充血，十二指肠扩张、肥厚，黏膜发生卡他性炎症，小肠内充满气体和大量黏液，黏膜充血，上有溢血点。在慢性病例，肠黏膜呈淡灰色，上有许多小的白色小点或结节（图2-13-11），压片镜检可见大量卵囊，肠黏膜上有时有小的化脓性、坏死性病灶（图2-13-12）。膀胱积黄色混浊尿液，膀胱黏膜脱落。

（3）混合型 各种病变同时存在，而且病变更为严重（图2-13-13）。

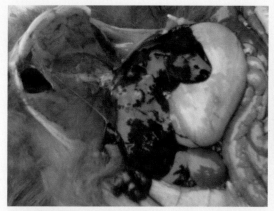

图2-13-8 病兔肝脏肿大，表面和实质上圆形，粟粒大至豌豆大的白色结节病灶

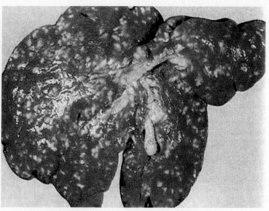

图2-13-9 肝脏上球虫所形成的白色或淡黄色的点状结节病灶

图2-13-10 胆囊肿大，胆汁浓稠色暗

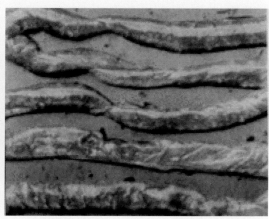

图2-13-11 肠黏膜上小的白色结节

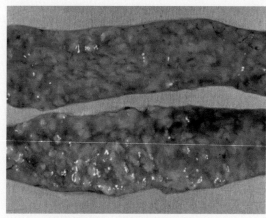

图2-13-12 肠黏膜上小的化脓性、坏死性病灶

图2-13-13 混合型球虫病的肝脏和肠道病变

（五）诊断

根据流行特点、临诊症状和病理变化以及粪便检查发现大量卵囊或肝脏和肠道病变组织内发现大量不同发育阶段的虫体，即可确诊。其方法是：用饱和盐水漂浮法检查粪便中的卵囊，或将肠黏膜刮取物及肝脏病灶刮屑制成涂片，置显微镜下检查裂殖体、裂殖子及卵囊。如果在粪便中发现大量卵囊或在病灶中发现大量不同发育阶段的球虫，即可确诊为球虫病。

（六）类似病症鉴别

1. 与兔病毒性出血病的类症鉴别

（1）相似点　多呈急性经过，死亡快者不表现任何症状突然倒地，抽搐，头往后仰，角弓反张，惨叫一声而死。

（2）不同点　兔病毒性出血病发病初期病死兔较少，之后逐渐增多，并出现明显的发病死亡高峰，个别死亡兔的鼻腔、口腔有出血，死前尖叫挣扎，而且死亡比较突然，有的病兔在采食中突然蹦跳几下即死亡。一般病程较短。剖检可见肺脏有点状、块状出血；肝脏明显肿大、出血、质脆；脾脏淤血、肿大明显，呈紫黑色；肠管病变不太明显。病死兔的血液及肝脏病料的匀浆悬液能快速凝集人O型红细胞为其特征。

2. 与兔大肠杆菌病的类症鉴别

（1）相似点　腹泻、便秘或两者交替出现，粪中带血。解剖可见肠壁血管充血、扩张、肥厚，黏膜发生卡他性炎症，小肠内充满气体和大量黏液。

（2）不同点　兔大肠杆菌病病兔主要表现为排胶冻样粪便，有时也排出成串珠样较细的粪便，表面常带有黏液。大肠杆菌病病兔的肝脏没有结节病灶。肠型球虫病和大肠杆菌病须依靠实验室手段进行鉴别诊断。

（七）防制方法

1. 预防措施

（1）养兔场应建在干燥向阳处，兔舍要保持干燥，兔笼舍应保持清洁和通风。

（2）仔兔、幼兔、成兔分群饲养，新引进兔一定要隔离检疫，发现病兔立即隔离治疗，同时全群紧急药物预防；合理安排母兔的繁殖，使幼兔断奶不在梅雨季节。

（3）加强饲养管理，注意饲料及饮水卫生，及时清扫粪便，将其堆放到固定地方发酵处理，防止兔的粪便污染草料和饮水。最好使用铁丝兔笼，笼底应有网眼，使粪尿流入下面的底盘之中；草架要固定在笼外，要高出兔笼底板，以减少感染球虫卵囊的机会。保证充足的营养供给，提高兔的抗病力。

（4）要定期进行消毒灭菌。对兔笼和食具等可用开水、蒸汽或火焰进行消毒（视频2-13-1）或用20%的新鲜石灰水、3%来苏儿水或5%漂白粉溶液消毒，杀灭球虫卵囊。或将兔笼放在阳光下曝晒以杀死卵囊。

（5）消灭兔场的鼠类、苍蝇及其他昆虫，减少球虫卵囊的传播。

（6）在球虫病的流行季节里，对断奶以后至3月龄的仔兔，可在饲料中拌入药物如地克珠利（0.0001%）、莫能菌素（0.004%）、拉沙菌素（0.009%）或盐霉素（0.005%）等，连喂1～2个月，

视频2-13-1

扫码观看：火焰消毒

进行药物预防。

2. 治疗方法

发生兔的球虫病时，可用下列药物进行治疗：

（1）磺胺间甲氧嘧啶（SMM），按0.01%浓度混入饲料中，连用3～5天，间隔1周后再用1个疗程。

（2）磺胺二甲基嘧啶（SM₂）与三甲氧苄氨嘧啶（TMP）合剂，按5∶1比例混合后，以0.02%浓度混入饲料中，连用3～5天，间隔1周后再用1个疗程。

（3）磺胺二甲氧嘧啶（SDM），按0.02%浓度混入饲料中，连用3～5天，间隔1周后再用1个疗程。

（4）氯苯胍。按每天每千克体重30毫克混入饲料，连用5天，隔3天再用1次。

（5）球痢灵（二硝苯酰胺），将此药与3倍量磷酸钙一同研细，配成25%的混合物，以0.025%～0.033%浓度混饲，连用3～5天。

（6）百球清，按每天每千克体重25毫克混入饮水，连用3天。

（7）克球多（氯羟吡啶），按每天每千克体重250毫克混入饲料，连用3～5天。

（8）复方敌菌净，按每天每千克体重30毫克（首次饲喂时药量加倍）拌料，连喂3～5天。

（9）甲基三嗪酮，主要含甲基三嗪酮，每天饮用药物浓度0.0025%的饮水，连喂2天，间隔5天，再服2天，即可完全控制球虫病。但应注意，若本地区饮水硬度极高和pH值低于8.5的地区，饮水中必须加入碳酸氢钠（小苏打）以使水的pH值调整到8.5～11的范围内。

（10）中药疗法。白头翁、黄柏、大黄、秦皮各5克，黄芩25克，煎汁后拌饲喂；或白僵蚕50克，桃仁5克，白术15克，白茯苓15克，猪苓15克，大黄25克，地鳖虫25克，桂枝15克，泽泻5克，共研末，每天每兔按5克拌料饲喂，连喂2～3天；或黄柏、黄连各10克，大黄7.5克，黄芩25克，甘草15克，共研细末，每天每兔7.5克，连喂3天；或紫花地丁、鸭舌草、蒲公英、车前草、铁苋菜和新鲜苦楝树叶，每天每兔各喂30～50克（苦楝树叶喂量少于30克），隔天喂1次。

对球虫病防制的注意事项：①要早期用药，晚期效果不好；②轮换用药，一般一种药用3～6个月改换其他药，但不能换同一类型的药，如不能从一种磺胺药换成另一种磺胺药；③应注意对症治疗，采取辅助疗法（如补液，补充维生素K、维生素A等）。另外加上维生素B₁、维生素B₁₂和维生素E调节机体神经机能，配以电解质多维葡萄糖补充营养成分，调节机体的酸碱平衡，保护肝脏。

禁止使用含有马杜拉霉素的各种剂型的药物防治兔球虫病，否则易发生中毒。

十四、肝片吸虫病

肝片吸虫病是由肝片吸虫寄生于动物的肝脏胆管中所引起的一种寄生虫病，肝片吸虫也可寄生于人体。本病能引起慢性或急性肝炎和胆管炎，同时伴有全身性中毒现象及营养障碍等症状，危害相当严重。

（一）病原及生活史

肝片形吸虫背腹扁平，外观呈柳叶状，活时棕红色，固定后变为灰白色，大小为（21～24）毫米×（9～14）毫米（图2-14-1）。主体前端为锥状突，呈三角形。口吸盘位于锥状突前端，呈圆形，腹吸盘在其稍后方。雌雄同体，可自体或异体受精。雄性生殖器官具有2个睾丸，前后排列，高度分支，位于虫体中后部；雌性生殖器官具有1个卵巢，呈鹿角状，位于腹吸盘的右侧。虫体呈长卵圆形，黄色或黄褐色。前端较窄，后端较钝，卵壳透明而较薄（图2-14-2）。虫卵内充满着卵黄色的细胞和1个胚细胞。虫卵大小为（133～157）微米×（74～91）微米。

　　成虫寄生于动物的肝脏胆管内，产出虫卵随胆汁进入肠腔，经粪便排出体外。虫卵在适宜的条件下（pH 5～7.5，温度15～30℃）经11～12天孵出毛蚴，毛蚴游动于水中，遇到中间宿主淡水螺，即钻入体内。毛蚴在螺体内，经无性繁殖发育为胞蚴、雷蚴和尾蚴。尾蚴从螺体逸出，游动于水中，约经3～5分钟便脱掉尾部，黏附于水生植物的茎叶上或浮游于水中而形成囊蚴。动物吞食含有囊蚴的水或草而被感染。囊蚴于动物的十二指肠内脱囊而出，童虫穿过肠壁进入腹腔，后经肝包膜钻入肝脏。在肝实质中的童虫，经移行后到达肝脏胆管，发育为成虫。潜隐期约2～3个月。成虫以红细胞为养料，在动物体内可寄生3～5年（图2-14-3）。

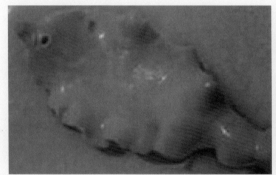

图2-14-1　肝片形吸虫的成虫形态

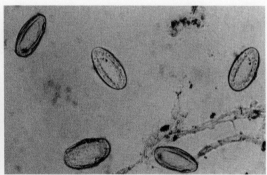

图2-14-2　肝片形吸虫的虫卵形态

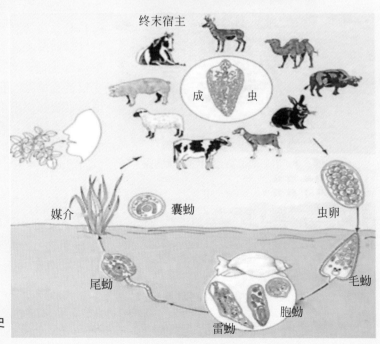

图2-14-3　肝片吸虫的生活史

（二）流行特点

肝片形吸虫呈世界性分布，是我国分布最广泛、危害严重的寄生虫之一。肝片吸虫的宿主范围较广，除兔外，人、猪、反刍兽及马属动物也可感染。本病的流行与中间宿主——淡水螺有着极为密切的关系，呈地方性流行。多发生在低洼地、湖泊、草滩、沼泽地带。干旱年份流行轻，多雨年份流行重。感染多在每年春末夏秋季节，感染季节决定了发病季节，幼虫引起的疾病多在秋末冬初，成虫引起的疾病多见于冬末和春季。

（三）临诊症状

临诊上一般可分为急性和慢性两种病型。

（1）急性型（童虫移行期）　主要由幼虫在肝组织中移行造成的。在短时间内吞食大量囊蚴后2～6周发病。多发生于夏末、秋季及初冬季节。病兔表现为精神沉郁、食欲减退、病初体温升高、喜伏卧、迅速发生贫血、腹痛、腹泻、黄疸、逐渐衰弱、肝区有压痛，并很快死亡。有的因出血性肝炎而死亡。

（2）慢性型（成虫胆管寄生期）　主要由成虫寄生在胆管造成。感染囊蚴后4～5个月时发生，多见于冬末春初季节。病兔运动无力、被毛松乱、无光泽，消瘦，严重贫血，可视黏膜苍白、结膜黄染；后期严重水肿，特别是眼睑、颌下、胸下水肿尤为明显，消化功能紊乱，腹泻及便秘交替出现，逐渐衰竭死亡。

（四）病理变化

（1）急性型　急性死亡的病兔，剖检可见幼虫穿过小肠壁并由腹腔进入肝实质，引起肠壁和肝组织损伤，肝脏肿大，肝脏包膜上纤维沉积、出血、有长数毫米的暗红色的虫道，虫道内有凝固的血液和很小的童虫。幼虫穿行还可引起急性肝炎及内出血，腹腔中有血性液体，出现腹膜炎病变。

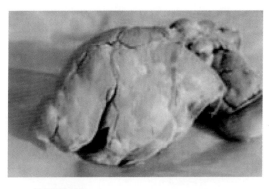

图2-14-4　肝脏表面突出的绳索状胆管

（2）慢性型　慢性死亡的病兔，剖检可见寄生的成虫。兔身体消瘦，皮下、心冠状沟和肠系膜等处水肿，胆管、肝脏发炎和贫血。早期肝脏肿大，后期萎缩硬化。有较多虫体寄生时，可见胆管扩张，胆管壁增厚、变粗甚至堵塞，胆汁郁滞而出现黄疸。胆管呈绳索状并突出于肝脏表面（图2-14-4），管内壁有磷酸钙、磷酸镁等盐类沉积，使胆管内膜变得粗糙，内有虫体及污浊稠厚、棕绿色的液体。

（五）诊断

根据流行特点、临诊症状的资料，粪便检查，发现虫卵和死后剖检发现虫体等，进行综合诊断。粪便检查虫卵，可用水洗沉淀法或锦纶筛集卵法，虫卵易于识别。

（六）类似病症鉴别

1.与兔球虫病的类症鉴别

（1）相似点　有传染性，厌食，消瘦，贫血，黄疸。

（2）不同点　兔球虫病病原为球虫。肠型表现腹胀，腹泻；肝型肝区有压痛，腹水，粪球干小，外包褐色黏液如串珠状。粪检有卵囊。剖检可见肠黏膜有许多白色小结节（内有卵囊），肝脏表面有白色或淡黄色粟粒至豌豆粒大的结节，压片低倍镜检，可见大量裂殖体、裂殖子、配子体。

2.与兔弓形虫病的类症鉴别

（1）相似点　有传染性，表现厌食，消瘦，贫血。

（2）不同点　兔弓形虫病病原为弓形虫。急性病兔，流水样鼻液，嗜睡，运动失调。慢性病兔，多为老龄兔，后驱麻痹，均能突然死亡。心脏、肺脏、肝脏、脾脏、淋巴结均有坏死灶。慢性型肺脏、肝脏有粟粒大结节，盲肠有溃疡。血清凝集反应阳性。

3.与兔栓尾线虫病的类症鉴别

（1）相似点　有传染性，腹泻，消瘦，粪检有虫卵。

（2）不同点　兔栓尾线虫病病原为栓尾线虫。寄生少时不显症状。粪检卵壳薄，一侧扁平。剖检盲肠、结肠黏膜上有虫体。

4.与兔日本血吸虫病的类症鉴别

（1）相似点　腹泻，消瘦，贫血，粪检有虫卵。

（2）不同点　兔日本血吸虫病病原为日本血吸虫。严重的便血。剖检可见肝脏表面有灰白色或灰黄色小结节，肝脏硬化、有腹水，门静脉可找到虫体；直肠黏膜有溃疡或灰黄色坏死灶。

5.与兔豆状囊尾蚴病的类症鉴别

（1）相似点　有传染性，厌食，消瘦，腹泻。

（2）不同点　兔豆状囊尾蚴病兔表现有口渴，腹胀，嗜睡。剖检可见腹腔有囊泡。

（七）防制方法

1.预防措施

根据流行特点，采取综合预防措施。

（1）定期驱虫　驱虫的时间和次数，可根据流行地区的具体情况而定。在我国北方，一般每年两次驱虫，一次在冬季，另一次在春季。急性病例随时驱虫。驱虫后的粪便应堆积发酵以杀灭虫卵。

（2）防控和消灭中间宿主——淡水螺　消灭中间宿主可结合水土改造，以破坏螺的生活条件；流行地区应用药物灭螺时，可选用 1 ∶ 5000 的硫酸铜溶液或 0.00025% 的血防 67 对淡水螺进行浸杀或喷杀。

（3）加强饲养卫生管理　不喂水莎草或沟、塘、河边的草；水生植物最好用发酵的方法杀灭囊蚴后再饲喂家兔；饮水最好用自来水、井水或流动的河水，保持水源清洁；从流行区运来的牧草须经处理后，再喂兔。

2.治疗方法

治疗肝片吸虫病时，不仅要进行驱虫，而且应该注意对症治疗。驱虫的药物较多，各地可根据药源和具体情况加以选用。

（1）硝氯酚（拜耳 9015）　具有疗效高、毒性小、用量少等特点，肌内注射，每千克体重1～2毫克；或口服，每千克体重3～5毫克，3天后再服1次。

（2）三氯苯唑（肝蛭净）　口服，每千克体重每次10～12毫克，对成虫和童虫均有效。对急性肝片吸虫病的治疗，5周后应重复用药一次。为了扩大抗虫谱，可与左旋咪唑、甲噻吩嘧啶联合应用。

（3）阿苯达唑（丙硫苯咪唑、丙硫咪唑、抗蠕敏）　口服，每千克体重20毫克，每天1次，连用3天。该药为广谱驱虫药，也可用于驱除胃肠道线虫和肺线虫及绦虫，剂型一般有片剂、混悬液、瘤胃控释剂和大丸剂等。

（4）双酰胺氧醚10%混悬液　口服，每次每千克体重100毫克。

十五、栓尾线虫病

兔栓尾线虫病又称"兔蛲虫病"，是由兔栓尾线虫寄生于兔的盲肠和结肠内引起的消化道线虫病。本病呈世界性分布，家兔感染率较高，严重者可引起死亡。

（一）病原及生活史

栓尾线虫，雄虫长3～5毫米、宽330微米，有一根长约13微米的弯曲的交合刺。雌虫长8～12毫米、宽550微米，阴门位于前端，肛门后有一细长尾部（图2-15-1，图2-15-2）。虫卵的大小为103微米×43微米，卵壳光滑，一端有卵盖，内含8～16个胚细胞或一条蜷曲的幼虫（图2-15-3）。虫卵排出后不久即达感染期，属直接型。兔吃到感染性虫卵而感染，虫体在盲肠和结肠发育成成虫。自吞入感染性虫卵到发育成为成虫约需56～64天。寿命约为100天。

（二）流行特点

本病分布广泛，是家兔常见的线虫病。獭兔多发，成虫寄生于獭兔的盲肠、结肠。

（三）临诊症状

少量感染时，家兔一般不表现临诊症状。严重感染时，由于幼虫在盲肠黏膜隐窝内发育，并以黏膜为食物，可引起肠黏膜损伤，有时发生溃疡和大肠炎症，表现为食欲降低，精神沉郁，被毛粗乱，贫血，进行性消瘦、下痢，严重者衰竭死亡。因肛门有蛲虫活

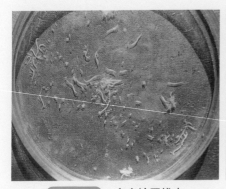

图2-15-1　多个栓尾线虫

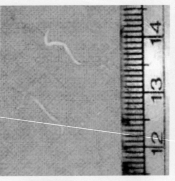

图2-15-2　栓尾线虫的雌虫（上）和雄虫（下）

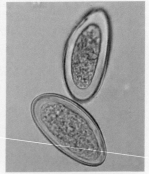

图2-15-3　栓尾线虫的虫卵

动而发痒，病兔常将头弯向肛门部，用嘴舌舔肛门。大量感染后可在患兔的肛门外看到爬出的成虫，也可在排出的粪便中发现虫体（图2-15-4，图2-15-5）。

（四）病理变化

剖检主要可见盲肠和结肠发生溃疡和炎症，大肠内可发现栓尾线虫。

（五）诊断

可根据流行特点、临诊症状，检查病兔粪便，查到虫卵即可确诊。对病兔进行剖检，如果在盲肠及大肠内发现虫体也可确诊。

（六）防制方法

1.预防措施

（1）加强兔笼舍的卫生管理，经常打扫兔舍及兔场，常清洗消毒笼具，并对粪便进行堆积发酵处理。

（2）引进的种兔隔离观察1个月，确认无病方可入群。

（3）定期普查，对流行地区的兔群，每年可用伊维菌素或丙硫苯咪唑进行2次定期驱虫。

2.治疗方法

（1）伊维菌素，剂型有粉剂、胶囊和针剂，根据说明使用。

（2）丙硫苯咪唑（抗蠕敏），口服，每千克体重10毫克，每日1次，连用2天。

（3）左旋咪唑，口服，每千克体重5～10毫克，每日1次，连用2天。

图2-15-4　粪便中的栓尾线虫

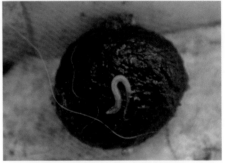

图2-15-5　粪便上的栓尾线虫

十六、发霉饲料中毒

兔发霉饲料中毒是指家兔采食了发霉饲料而引起的中毒性疾病，临诊上以消化障碍和神经机能紊乱为特征。可发生于各种年龄的兔。本病是目前危害养兔生产的一类重要疾病。

（一）发病原因

霉菌广泛分布于自然环境中，作物在生长过程中可能污染多种霉菌，收获后由于加工、运输、保管不当也易污染霉菌。污染饲草、饲料的霉菌在适宜的温度（28℃左右）和湿度（80%～100%）下，就会大量生长繁殖。霉菌在其代谢过程中产生毒素，主要有烟曲霉毒素、黄曲霉毒素、赤霉菌毒素、杂色曲霉毒素、镰刀菌毒素等，家兔采食了被这些霉菌毒素污染的饲草、饲料后，即可引起霉菌毒素中毒。烟曲霉菌的营养菌丝有隔膜，分生孢子梗呈直立状、淡绿色；分生孢子顶囊形状呈倒烧瓶状（图2-16-1），顶囊直径为20～30微米，与分生孢子梗一样带淡绿色（图2-16-2）。分生孢子呈球形或近球形，淡绿色，表面有细刺，直径为2～3微米。在察氏培养基上28℃培养，最初为白色绒毛状菌落，形成孢子时呈蓝绿色，进而变成烟绿色。

（二）临诊症状

因霉菌种类不一，其症状也各不相同。

（1）急性中毒　多表现为急性胃肠炎及神经紊乱，食欲废绝，流涎、呕吐，初便秘后下痢，并附有黏液或血液，有的出现腹痛，后肢无力，精神沉郁或兴奋，肌肉痉挛或麻痹（口唇麻痹等），头颈软垂，前肢趴卧不能支撑，后肢瘫痪不能站立（图2-16-3）。心跳加快，呼吸急促，体温下降，数小时或2～3天内死亡。

（2）慢性中毒　较为多见，由于症状不明显，常不易发觉。表现精神萎靡不振，反应淡漠（图2-16-4），食欲渐减，消化机能紊乱，便秘、腹泻交替出现，逐渐瘦弱，口内不洁，舌苔少光，舌底青黄，结膜黄白不洁。仔兔体弱，死亡率高。妊娠母兔常引起流产或死胎。发情母兔不能受孕，公兔不配种。

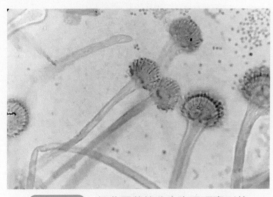

图2-16-1　烟曲霉菌的分生孢子顶囊形状呈倒烧瓶状

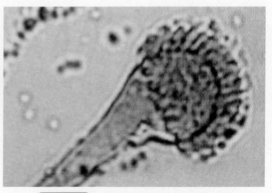

图2-16-2　带淡绿色的分生孢子顶囊

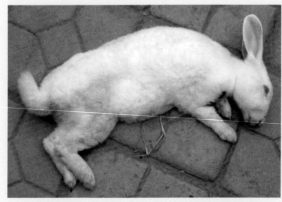

图2-16-3　霉菌毒素急性中毒病兔表现头颈软垂，前肢趴卧不能支撑，后肢瘫痪不能站立

图2-16-4　霉菌毒素慢性中毒病兔表现精神萎靡不振，反应淡漠

（三）病理变化

急性中毒病兔剖检可见，肝脏肿胀，弥漫性出血和坏死（图2-16-5）；肠道黏膜出血（图2-16-6），腿部、胸部肌肉出血（图2-16-7）；肾脏肿大、苍白。慢性中毒，肝脏呈黄色，表面不平，白色点状坏死灶（图2-16-8）。腹腔内有淡黄色积液，皮下有胶冻样物。肺脏充血、出血，肝变，并有散在米粒大灰白色斑点（图2-16-9）。盲肠积有大量硬粪，肠壁菲薄，浆膜有的有出血斑点（图2-16-10）。

图2-16-5　霉菌毒素急性中毒病兔的肝脏肿胀，呈现弥漫性出血和坏死

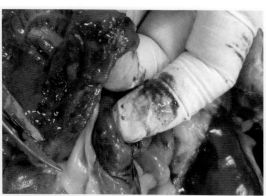

图2-16-6　霉菌毒素急性中毒病兔的肠道黏膜出血

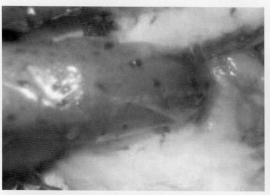

图2-16-7　霉菌毒素急性中毒病兔的腿部肌肉出血

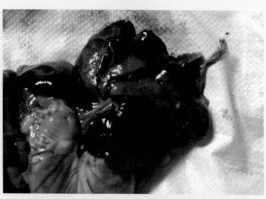

图2-16-8　霉菌毒素慢性中毒的肝脏呈黄色，表面不平，白色点状坏死灶

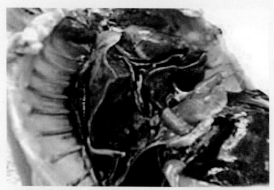

图2-16-9　霉菌毒素中毒的肺脏呈现充血、出血，肝变，并有散在米粒大灰白色斑点

图2-16-10　霉菌毒素中毒病兔的盲肠积有大量硬粪，肠壁菲薄，浆膜有出血斑点

（四）诊断

根据采食发霉饲料饲草的病史，临诊症状有消化障碍、胃肠炎和神经症状，解剖发现肝脏肿大、出血、硬化和变性，肺脏充血、出血，肝变，并有散在米粒大灰白色斑点等病变，实验室真菌培养及毒素检验呈阳性等进行综合诊断。

（五）类似病症鉴别

1.与兔大肠杆菌病的类症鉴别

（1）相似点　腹泻、便秘或两者交替出现，并附有黏液或血液。解剖可见肠黏膜出血。

（2）不同点　兔大肠杆菌病病兔主要表现为胶冻样粪便，有时也排出成串珠样较细的粪便，表面常带有黏液。大肠杆菌病病兔的肺脏没有充血、出血，肝变，有散在米粒大灰白色斑点的病变，肝脏也没有肿胀、弥漫性出血和坏死的变化。兔大肠杆菌病多发生于仔兔和幼兔，而兔发霉饲料中毒病发生于各种日龄兔。

2.与兔传染性水疱口腔炎病的类症鉴别

（1）相似点　食欲废绝，流涎，逐渐瘦弱。

（2）不同点　兔传染性水疱口腔炎病主要侵害1～3月龄的幼兔，而兔发霉饲料中毒病发生于各种日龄兔。兔传染性水疱口腔炎病的病兔剖检可见兔唇、舌和空腔黏膜有水疱糜烂和溃疡；咽和喉头部聚集有多量泡沫样唾液，唾液腺轻度肿大发红，而兔发霉饲料中毒病的病兔则没有。

3.与兔球虫病的类症鉴别

（1）相似点　腹泻、便秘或两者交替出现，并附有血液，有神经紊乱症状。解剖可见肠黏膜出血。

（2）不同点　兔球虫病的肝型病兔出现因肝脏肿大而造成腹围增大下垂，触诊肝区有痛感，而兔发霉饲料中毒病则没有。球虫病肝型病兔肝脏肿大，表面和实质有白色或淡黄色结节病灶，呈圆形，粟粒大至豌豆大，沿胆管分布；球虫病肠型病兔的肠黏膜呈淡灰色，上有许多小的白色小点或结节，压片镜检可见大量卵囊，肠黏膜上有时有小的化脓性、坏死性病灶，而兔发霉饲料中毒病的病兔则没有。兔发霉饲料中毒病病兔的肺脏充血、出血，肝变，并有散在米粒大灰白色斑点，而兔球虫病病兔则没有。

4.与兔有机磷农药中毒病的类症鉴别

（1）相似点　流涎、呕吐，腹痛，下痢，便中带血，心跳加快，呼吸急促。

（2）不同点　有机磷农药中毒病病兔的临诊症状有瞳孔缩小，解剖呈现胃内容物有大蒜味，胃黏膜充血、出血、肿胀易脱落，而发霉饲料中毒病病兔则没有。发霉饲料中毒病病兔解剖有腿部、胸部肌肉出血，肺脏充血、出血，肝变，并有散在米粒大灰白色斑点的病变，而有机磷农药中毒病病兔则没有。

（六）防制方法

1.预防措施

严禁饲喂发霉变质的饲料，是预防本病的根本措施。在饲料收集、采购、加工、保管等环节上要加以监控。对饲喂霉败饲料的危害性要加强宣传教育工作。为减少损失，在利用轻微霉败的饲料饲喂家兔时，应先进行日光下晒干、扬净、蒸煮的加工处理，也可用石灰水或

0.1%漂白粉水浸泡减毒。以上处理过的饲料应与好的饲料掺和，其含量最多不超过10%，最好先给一组家兔试喂，不要用此饲料饲喂泌乳兔、妊娠兔和生长期家兔。发霉稻草可用2%石灰水水泡14小时，然后再用清水冲净即可饲喂。可疑饲料也可加入防霉制剂，如添加丙酸、山梨酸及其盐类、富马酸二甲酯、葡萄糖酸氧化酶等。

2.治疗方法

本病尚无特效解毒方法。疑为中毒时，应立即停喂发霉的饲料，饥饿一天，而后更换饲喂优质的饲料和清洁的饮水，同时采取对症治疗。急性中毒，可用0.1%高锰酸钾溶液或1%～2%碳酸氢钠溶液洗胃、灌肠，然后内服5%硫酸钠溶液50毫升或人工盐2～3克；或稀糖水50毫升，外加维生素C 2毫升；或绿豆汤等；或将大蒜捣烂喂服，每兔每次2克，每日2次。静脉注射5%葡萄糖生理盐水50～100毫升，肝泰乐1～2毫升，每天1～2次。或氯化胆碱70毫克、维生素B$_{12}$ 5毫克、维生素E 10毫克，1次口服。如出现肌肉痉挛或全身痉挛，可肌内注射盐酸氯丙嗪，每千克体重3毫克，或静脉注射5%的水合氯醛溶液，每千克体重1毫升。也可试用制霉菌素、两性霉素B等抗真菌药物治疗。救治无效者，则予以淘汰。

十七、有机磷农药中毒

见第一章"九、有机磷农药中毒"。

十八、胃肠炎

胃肠炎是胃肠表层黏膜及其深层组织炎症过程。不同年龄的兔均可发生，但幼兔发病后死亡率高。

（一）发病原因

原发性胃肠炎主要是在饲养管理不当、饲草不洁的情况下发生。特别是梅雨季节，兔笼舍潮湿，饲草被泥土沾污，饲草水分过多，往往引起胃肠炎的发生。断奶不久的幼兔，往往体质较差，常因贪食过多而引起胃肠炎的发生。此外，采食腐败的饲料、有毒植物、沾有农药的饲草，以及饲草饲料异常分解产物的刺激，在机体抵抗力降低的条件下，加上某些非特异性病原微生物的参与，破坏胃壁肠壁深层组织，出现全身症状和自体中毒现象，引起中毒性胃肠炎。继发性胃肠炎见于胃积食、肠臌气、出血性败血症、沙门氏菌病、大肠杆菌病及球虫病等。

（二）临诊症状

病初，仅表现食欲减退、消化不良及粪便带黏液。随着炎症的加剧，出现胃肠炎的主要症状：腹泻。先便秘，后腹泻，肠音增强，粪便恶臭混有黏液（图2-18-1）、组织碎片及未消化的饲料（图2-18-2），有时混有血液（图2-18-3）。肛门沾有污粪（图2-18-4），尿呈酸性、乳白色。当严重脱水时，病兔被毛逆立无光泽，腹痛、不安，出现全身肌肉抽搐、痉挛或昏迷等神经症状。若不及时治疗则很快死亡。

图2-18-1 胃肠炎病兔排出的混有黏液的恶臭粪便

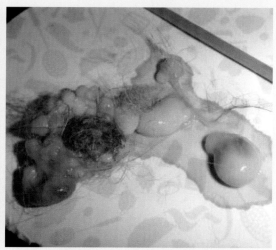

图2-18-2 胃肠炎病兔排出的混有组织碎片及未消化饲料的粪便

图2-18-3 胃肠炎病兔排出的混有血液的粪便

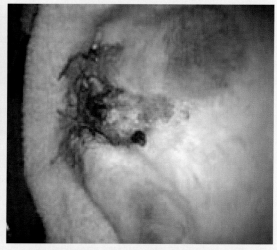

图2-18-4 胃肠炎病兔的肛门沾有粪便

（三）防制方法

1. 预防措施

加强饲养管理，保证供给全价的日粮，严禁饲喂腐败变质的饲料。根据气候情况，合理饲喂青绿饲料，保持兔笼舍清洁干燥。对断奶不久的仔兔，一方面要定时定量给予优质饲料，饲料中添加复合酶等助消化药物，饮水中加入微生态制剂对本病有良好的预防效果。另一方面还可适当给予抗生素等药物对继发的细菌性疾病进行预防。注意抗生素不能与微生态制剂同时应用。

2. 治疗方法

通过口服补液盐（葡萄糖22克，氯化钠3.5克，碳酸氢钠2.5克，氯化钾1.5克，兑温水

1000毫升）补充肠炎引起的脱水。内服链霉素粉（每千克体重10～20毫克）或新霉素（每千克体重25毫克）。投服药用炭悬浮液或内服磺胺脒和小苏打，每次各0.25～1.0克，每日3次。或内服土霉素粉，每次0.1～0.25克，每天3次；或内服黄连素0.05克，每天2次。或大蒜酊剂（制法：是把20克大蒜捣汁浸泡在100毫升酒中，泡7天，服前用4倍水稀释）5毫升，一次内服。严重者，耳静脉注射或腹腔注射糖盐水50～100毫升，并配合四环素0.125克，皮下注射维生素C，增强病兔抵抗力，防止脱水。另外，中药方剂"郁金散"或"白头翁汤"等有较好的治疗效果。使用微生态制剂饮水也有较好效果。

十九、消化不良

消化不良是消化机能障碍的统称，可发生于各年龄段的家兔，是家兔的常见病之一。

（一）发病原因

消化不良常因突然更换适口性强的饲料，一次贪食过量引起。饲草潮湿和饲料品种低劣也可引发本病。仔兔消化功能还不健全，易发生消化不良。妊娠母兔饲养不良，产后缺乏优质饲料，或母兔患有乳腺炎等慢性疾病时，严重影响乳汁的质量和数量，仔兔未能及时吃到初乳，影响仔兔的胃肠黏膜活动。幼兔的饲养管理及护理不当也可引起消化不良。

（二）临诊症状

病兔表现精神不振，消瘦，皮肤干燥，被毛蓬乱，眼球下陷，尾根、肛门部被粪便污染，粪便呈条形（图2-19-1，图2-19-2）或呈锥状（图2-19-3），有难闻的酸臭味。病仔兔不喜运动，腹泻，有时肛门和尾部沾满稀薄粪便，粪中混有未消化的凝乳块或饲料碎片（图2-19-4）。长期消化不良，严重的站立不稳，出现神经症状，最后导致死亡。

（三）防制方法

1.预防措施

饲喂要定时定量，切忌喂给霉变变质饲料和饲草，改善兔舍环境。对妊娠母兔，特别是妊娠后期，应该喂富含蛋白、脂肪、矿物质及维生素的优质饲料。新生仔兔尽早吮食初乳，

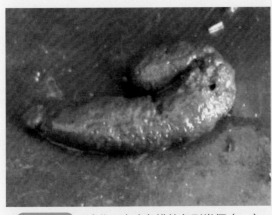

图2-19-1 消化不良病兔排的条形粪便（一）

图2-19-2 消化不良病兔排的条形粪便（二）

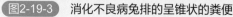

图2-19-3　消化不良病兔排的呈锥状的粪便　　　图2-19-4　消化不良病兔排的混有未消化凝乳
块或饲料碎片的粪便

兔笼舍保持干燥、清洁，定期消毒，防止幼兔感冒，仔兔饲料中添加复合酶等助消化药物可减少消化不良的发生。发现病兔禁食1天，但不限饮水。

2.治疗方法

对病兔先禁食24小时，给予充足饮水。可选用大黄苏打片或龙胆苏打片内服，每次1～1.5片，每天2～3次；或鸡内金半片，每天2～3次。饲料中添加复合酶等助消化药物，也可内服酵母片、麦芽粉等。注意麦芽粉有回乳作用，泌乳母兔慎用。对于幼兔、仔兔，重症者可内服缓泻剂，如芒硝2～3克。饲喂适口性好、提味的饲料。大黄末内服或拌在饲料中。为防止肠内容物发酵，可用磺胺类药和抗生素。防止机体脱水，可静脉注射生理盐水10～15毫升。

二十、腹泻

腹泻不是一种独立性疾病，是泛指临诊上具有腹泻症状的疾病。主要表现是粪便没有形成粪球，稀软呈粥状或水样。

（一）发病原因　引起腹泻的原因很多，主要有以下几种。

（1）以消化障碍为主的疾病　如消化不良、胃肠炎等。

（2）某些传染病　如轮状病毒病、大肠杆菌病、魏氏梭菌病、沙门氏菌病、泰泽氏病、肠结核等。

（3）一些寄生虫病　如球虫病、线虫病等。

（4）中毒性疾病　如有机磷农药中毒等。

后三种情况除腹泻症状之外，还有各自疾病的固有症状。这里只介绍引起腹泻的胃肠道疾病。

与饲料品质不良和饲养管理不当有关的腹泻，归纳起来有以下几个方面：饲料配方不合理，如精料比例过高；饲料不清洁，混有泥沙、污物等，或饲料发霉、腐败变质；饲料含水量过多，或吃了大量的冰冻饲料；饮水不卫生，或夏季不经常清洗饲槽、不及时清理饮水管内污物，不及时清除料槽内残存饲料，以至酸败而致病；突然更换饲料，家兔不适应，特别是断乳的幼兔更易发病。兔笼舍潮湿，温度低，家兔腹部着凉；口腔及牙齿疾病，也可引起消化障碍而发生腹泻。

（二）临诊症状

病兔表现精神不振，常蹲于角落，食欲不振，甚至废绝。粪便较软或稀薄，严重者成稀糊状（图2-20-1）或水样（图2-20-2），有臭味，有的带有气泡及黏液，重者可出现血便（图2-20-3）。有时腹部胀气，腹围增大。随腹泻程度不同出现程度不同的消瘦，被毛粗乱无光泽，可视黏膜发绀或黄染，腹泻严重者出现脱水，眼球下陷，皮肤弹性差，拉起后不易恢复原形，喜饮水，处理不及时还会引起迅速衰竭死亡（图2-20-4）。

（三）防制方法

1.预防措施

加强饲养管理，定时定量饲喂，注意饲料品质，不喂霉变、冰冻饲料，饮水要清洁。变换饲料要逐步进行。兔笼舍要保温、通风、干燥和卫生。做到定期驱虫。及早治疗原发病。

2.治疗方法

发现病兔应及时祛除病因，移至干燥处护理，少喂或停喂，供给充足的清洁温水，必要

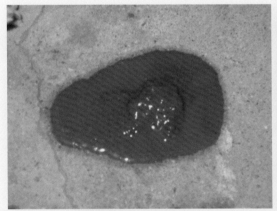

图2-20-1　稀糊状粪便

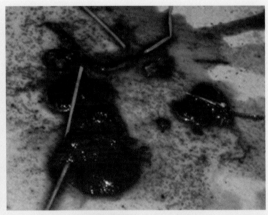

图2-20-2　水样粪便

图2-20-3　混有血液的粪便

图2-20-4　病兔腹泻衰竭死亡

时可饮0.9%生理盐水或5%葡萄糖氯化钠溶液；投喂抗菌药物，如磺胺脒（口服，每千克体重首次量0.3克，维持量0.1～0.2克；或磺胺二甲基嘧啶，每千克体重0.05～0.08克，每天3次，连用3～5天）、环丙沙星（每兔每次1～2克，每天2次，连用3～5天）、链霉素（肌内注射，每千克体重2万单位；内服每只0.1～0.5克，每天2～3次，连用3～5天）等。腹泻严重者，可投服鞣酸蛋白0.25克、小苏打0.5克；脱水严重时，可腹腔注射或静脉注射5%葡萄糖氯化钠注射液或林格氏液及其他支持性药物，或让病兔自由饮用口服补液盐等；恢复期可使用健胃助消化药，如人工盐0.5克、酵母片1～2片、大黄苏打片1片，投服或拌料。幼兔用量可减半。

第三章　以流鼻液为特征的类症鉴别及诊治

一、感冒

感冒是以发热和上呼吸道卡他性炎症为主的一种全身性疾病。易继发气管炎和肺炎，是家兔"吹鼻子"的主要原因。

（一）发病原因

本病多发于早春、晚秋季节及冬季。多因气候骤变、气温突然降低、昼夜温差过大等原因造成。兔笼舍保温不好、潮湿、通风不良、氨气浓度过大、贼风侵袭、过度拥挤、剪毛后受凉易导致发生感冒。

（二）临诊症状

本病以发病急、发热为主要特征。病兔病初表现精神不振，食欲下降或不食，不爱运动，眼半闭，常卧在某一角落，流泪，眼结膜潮红（图3-1-1）。有时咳嗽，打喷嚏，流出水样鼻液（图3-1-2）。严重病例食欲废绝，体弱无力，呼吸迫促，体温明显升高达40℃以上。体质好的家兔3～5天能自愈。若不及时诊治，部分可转化为支气管肺炎等。

（三）防制方法

1.预防措施

加强饲养管理，在气候寒冷和气温变化明显的季节，加强防寒保暖工作。冬季兔笼舍特别注意保暖，防止贼风侵袭。剪毛要选择天气晴朗温和时进行。保持兔笼舍清洁、干燥、通

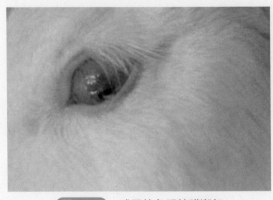

图3-1-1　感冒的兔眼结膜潮红

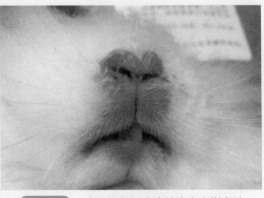

图3-1-2　感冒的兔打喷嚏并流出水样鼻液

风。在感冒流行期间，注意药物预防。

2.治疗方法

对病兔应加强护理与保暖，同时做以下治疗。青霉素、链霉素各10万～20万单位、安痛定注射液1～2毫升，肌内注射，每日2次，连用3天。或柴胡注射液1～2毫升，庆大霉素注射液4万单位，肌内注射，每日2次，连用3天。或庆大霉素注射液4万单位、20%磺胺嘧啶钠注射液2毫升、安痛定注射液1～2毫升，肌内注射，每日1次，连用2～3天。或卡那霉素20万单位，肌内注射，每天2次，连用2～3天。病轻者，可内服阿司匹林片，每日3次，每次成年兔0.5～1片，幼兔酌减；或内服安乃近片，每次半片，每天2次，同时，用药物"滴鼻净"滴鼻。还可选用中药桑菊感冒片或银翘解毒片。如果感冒由病毒引起，带有流感性质，应迅速隔离、消毒，防止蔓延全场，立即采取最佳治疗方案，减少损失。

二、肺炎

肺炎是肺实质的炎症，常伴有细支气管的炎症。临诊上可分为小叶性肺炎（也叫支气管肺炎或卡他性肺炎）、大叶性肺炎（又名"纤维素性肺炎"或"格鲁布性肺炎"）、吸入性肺炎（也叫"异物性肺炎"，严重的称之为"坏疽性肺炎"或"肺坏疽"）和霉菌性肺炎。本病的发生没有年龄限制，常见于老龄兔和幼兔，多发生于早春和晚秋天气骤变时节。

（一）发病原因

本病多由病原菌感染引起，常由于感冒、气管炎或鼻炎继发引起。常见的病原菌有多杀性巴氏杆菌、支气管败血波氏杆菌、金黄色葡萄球菌、溶血性链球菌、肺炎双球菌、铜绿假单胞菌、肺炎克雷伯氏菌和大肠杆菌等。家兔感冒或抵抗力低下时感染，引发肺炎。仔兔吮奶时，奶汁呛入肺内、误咽或灌药时误入气管，可引起异物性肺炎。兔笼舍寒冷、潮湿、光照不足、通风不良，经常蓄积有害的气体（如氨气、硫化氢等），密集管理、兔笼舍过热，受贼风侵袭，导致肺炎发生。采食霉败饲料有时可引起霉菌性肺炎。

（二）临诊症状

急性肺炎病兔常表现为精神萎靡，食欲减退、废绝。结膜充血，后发绀，体温升高，心律不齐。呼吸困难，呈腹式呼吸。病初干咳，后变为湿咳，由于支气管黏膜充血肿胀，分泌增加，使管腔变窄，呼吸极度困难（图3-2-1）。鼻液初期是浆液性的，后变为黏稠脓性（图3-2-2，图3-2-3）。胸部听诊肺部呼吸音强，有干啰音、湿啰音。胸部叩诊呈浊音。常呈败血症经过而突然死亡。慢性肺炎病兔主要表现为连续长时间咳嗽，在运动采食或气温较低时（早、晚、夜）尤其严重。如同时有其他呼吸道疾病存在，则症状复杂而严重。

图3-2-1 肺炎病兔表现极度呼吸困难

（三）病理变化

病理变化主要见于肺的前下部。根据病程及严重程度的不同而表现为肺实变（图3-2-4）、肺膨胀不全、灰白色小结节（图3-2-5）、肺脓肿（图3-2-6）等。肺实质可能出现出血

图3-2-2　肺炎病兔后期变为黏稠脓性鼻液

图3-2-3　肺炎病兔的脓性鼻涕

图3-2-4　肺脏的实变病灶

图3-2-5　肺脏的灰
白色小结节

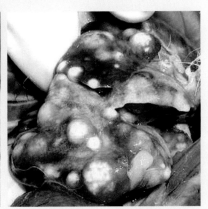

图3-2-6　肺脏的脓肿

性变化，胸膜、肺脏、心包膜上有纤维素絮片（图3-2-7）。也有的病兔胸腔内充满混浊的积液（图3-2-8）。严重时，可见由纤维组织包围的脓肿。病程的后期常表现为脓肿或整个肺叶的空洞。

图3-2-7　肺脏和心包膜上有纤维素絮片

图3-2-8　病兔胸腔内充满混浊的积液

（四）诊断

根据发病原因、临诊症状和病理变化，可以做出初步诊断。具体确定病原菌还需要进一步进行实验室诊断

（五）防制方法

1.预防措施

平时加强兔舍的保暖，在保温的同时要注意通风换气，保持舍内阳光充足，空气清新，防止受寒及贼风侵袭。加强饲养管理，饲喂营养丰富、易消化、适口性好的饲料，增强机体体质和抗病力。灌药时小心，防止发生异物性肺炎。不要饲喂霉败饲料，防止发生霉菌性肺炎。及时防治感冒。

2.治疗方法

可内服阿司匹林片（或复方阿司匹林）或氨基比林片，每日2次，每次成年兔0.5～1片，幼兔酌减。同时配合肌内注射青霉素和链霉素、庆大霉素、卡那霉素或磺胺类药物，用法用量同感冒。或内服磺胺噻唑0.2～0.3克，每天3次，最好与等量小苏打同服。还可用0.1%高锰酸钾溶液或2%～3%硼酸水洗鼻腔。持续咳嗽且分泌物少，可选用镇痛止咳剂，如内服咳必清，每次12～22毫克，每日3次，连用3天。对于特别严重的无治疗价值的淘汰。

三、巴氏杆菌病

见第一章"二、巴氏杆菌病"。

四、兔支气管败血波氏杆菌病

兔支气管败血波氏杆菌病又名"兔波氏杆菌病""兔败血波氏杆菌病"，是由支气管败血波氏杆菌引起兔的一种常见的呼吸道传染病，呈地方性流行。临诊特征主要表现为鼻炎型、支气管肺炎型。哺乳仔兔和断奶仔兔、青年兔多呈急性经过；成年兔呈现慢性经过。

（一）病原

支气管败血波氏杆菌为一种细小球杆菌，散在或成双排列，无芽孢，有鞭毛，无荚膜，需氧性，呈两极染色，革兰氏染色阴性（图3-4-1）。严格需氧菌，在普通琼脂培养基上生长后，形成光滑、湿润、烟灰色、半透明、隆起的中等大菌落（图3-4-2）。病原主要存在兔的上呼吸道黏膜上。本菌抵抗力不强，一般消毒剂均可使其致死。在液体中经58℃作用15分钟即可杀死。

（二）流行特点

支气管败血波氏杆菌是严格寄生菌。豚鼠、兔、狗、猫、马等多种动物都可感染本病，人也可感染。各个品种、不同年龄的兔均有易感性。哺乳仔兔和断奶仔兔、青年兔发病率较高，死亡率高，多为急性经过；成年兔发病较少，常为慢性经过。病兔和带菌兔是本病的传染源。主要经呼吸道传播。本病多发生于气候多变的春、秋两季，秋末、冬初、初春的寒冷

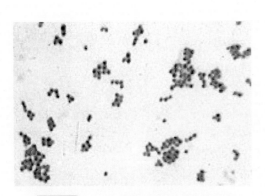

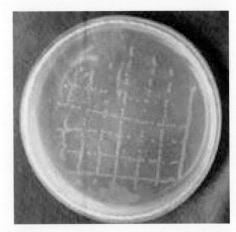

图3-4-1　支气管败血波氏杆菌的形态　　　图3-4-2　支气管败血波氏杆菌在普通琼脂上的菌落

季节为本病的流行期。病菌常寄生在家兔的呼吸道中，故机体因保温措施不当、气候骤变、感冒、寄生虫、强烈刺激性气体或灰尘刺激上呼吸道等降低了兔的机体抵抗力，可诱发本病发生。本病分为鼻炎型和支气管肺炎型，鼻炎型常呈地主流行性，支气管肺炎型多散发。本病也可和巴氏杆菌病或李氏杆菌病并发。

（三）临诊症状

本病潜伏期一般为7 ～ 10天。临诊症状一般分为鼻炎型和支气管肺炎型。

1.鼻炎型

比较多发，病兔表现打喷嚏，咳嗽，鼻孔流出浆液或黏液性分泌物（图3-4-3），通常不呈脓性。鼻腔黏膜潮红，并附有浆液和黏液。发病诱因消除后，症状可很快消失，但常出现鼻中隔萎缩。病程短，一般2 ～ 3天。

2.支气管肺炎型

主要见于成年兔，多由鼻炎型转来，表现为慢性经过；鼻炎症状长期不愈，鼻腔流出黏性至脓性分泌物（图3-4-4）；呼吸加快、张口呼吸，常呈现犬坐姿势，食欲不振，逐渐消瘦，

图3-4-3　鼻炎性病兔表现打喷嚏，咳嗽，鼻孔流出浆液性分泌物

图3-4-4　支气管肺炎型病兔鼻腔流出脓性分泌物

病程一般几天至数月，有的发生死亡。幼兔和青年兔，经常呈现急性经过，初期表现鼻炎症状，呈呼吸困难，迅速死亡，病程2～3天。

（四）病理变化

1.鼻炎型

鼻腔黏膜充血，附有浆液性或黏液性分泌物，鼻甲骨变形。

2.支气管肺炎型

支气管黏膜充血、出血，管腔内充满黏液性或脓性分泌物。肺组织大面积出血、坏死及间质水肿（图3-4-5）；或肺脏表面凹凸不平，有粟粒到乒乓球大小、灰白色、数量不等的脓肿（图3-4-6、图3-4-7，视频3-4-1），外有致密包膜，内积奶油状黏稠脓液（图3-4-8，视频3-4-2）。有些病例在肝脏或肾脏表面上形成脓疱；还有些病例可见化脓性胸膜炎、心包炎（图3-4-9）。

视频3-4-1

扫码观看：兔子肺脏
脓肿灶（1）

视频3-4-2

扫码观看：兔子肺脏
脓肿灶（2）

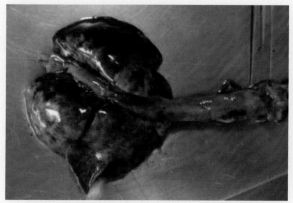

图3-4-5 肺组织大面积出血、坏死及间质水肿

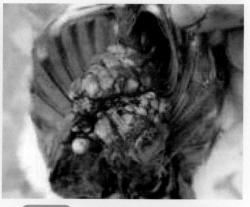

图3-4-6 肺脏表面凹凸不平，粟粒到乒乓球大小、灰白色、数量不等的脓肿

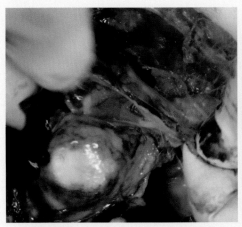

图3-4-7 肺脏表面乒乓球大小的脓肿

图3-4-8 肺脏的脓肿，外有致密包膜，内积奶油状黏稠脓液

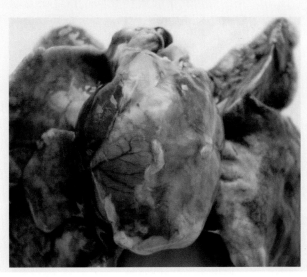

图3-4-9 化脓性心包炎

（五）诊断

（1）显微镜检查　对活兔，用无菌棉拭子，取鼻咽部分泌物。对死兔，无菌采集肺脏、肝脏、脾脏、肾脏或气管分泌物等。将病料直接作涂片，用革兰氏染色或美蓝染色，显微镜观察。革兰氏染色的见到革兰氏阴性、细小球杆菌；美蓝染色的见到两极浓染的球杆菌。

（2）分离培养　挑取病料，分别划线接种于普通营养琼脂培养基或绵羊鲜血琼脂平板或麦康凯琼脂平板上，37℃恒温箱内培养24小时。普通琼脂培养基细菌生长良好，形成圆形、隆起、光滑闪光、边缘整齐的小型菌落（直径约为1毫米），质地如奶油样；绵羊鲜血琼脂平板上形成圆形、显著隆起、光滑、边缘整齐、灰白色的中等大菌落，不溶血；麦康凯琼脂平板上形成光滑、圆形、凸起、半透明、奶油样、直径1毫米左右的菌落（巴氏杆菌不生长）。钩取菌落涂片，革兰氏染色，镜检，见到革兰氏阴性细小球杆菌。

（3）动物接种试验　取纯菌种接种于肉汤培养基内，37℃恒温箱内培养24～48小时后，取0.5毫升肉汤培养物，其菌液浓度约为12亿个菌体/毫升，对小白鼠或豚鼠腹腔接种，24～48小时出现急性腹膜炎而死亡，病变为气管黏膜出血，喉头有泡沫状分泌物，肺脏淤血、出血，肝脏肿大、淤血，腹膜炎等。从死亡小白鼠或豚鼠的肝脏、肺脏等处均回收到接种菌。

（六）类似病症鉴别

1.与兔多杀性巴氏杆菌病的类症鉴别

（1）相似点　症状表现为流鼻液，解剖病变是肺脓肿。

（2）不同点　从本病病料中取脓性分泌物涂片染色镜检为革兰氏阴性、多形态小杆菌；而多杀性巴氏杆菌为大小一致的卵圆形小杆菌。将本病病料接种于改良麦康凯培养基上培养后，可形成不透明、灰白色、不发酵葡萄糖的菌落；而多杀性巴氏杆菌在此培养基上不能生长。

2.与兔葡萄球菌病的类症鉴别

（1）相似点　症状表现为流鼻液，解剖病变是肺脓肿。

（2）不同点　从本病病料中取脓性分泌物涂片染色镜检为革兰氏阴性、多形态小杆菌；而葡萄球菌为革兰氏阳性的球菌。葡萄球菌病肺脓肿较少见，脓肿原发部位常在皮下和肌肉。

3.与兔棒状杆菌病的类症鉴别。

（1）相似点　症状表现为流鼻液，解剖病变是肺脓肿。

（2）不同点　兔棒状杆菌病的肺、肾、皮下有小化脓灶，病原为鼠棒状杆菌和化脓棒状杆菌，革兰氏阳性，一端较粗大。

（七）防制方法

1.预防措施

（1）加强兔的群体饲养管理，做好兔舍通风换气，增强兔的群体抵抗力，减少应激因素，保持圈笼舍及环境卫生，定期进行消毒。

（2）坚持自繁自养，严禁从疫区引种，需引进种兔时，做好检疫工作，隔离观察1个月以上，再与健康家兔混群饲养。

（3）种兔要定期检测，对阳性的兔淘汰处理，建立无波氏杆菌病种兔群；商品家兔要经常检查，及时检出有鼻炎症状可疑兔，给予隔离治疗或淘汰；对已污染的兔群，应立即采取检疫、隔离、消毒、淘汰病兔等措施，防止本病蔓延。

（4）定期用兔的波氏杆菌灭活苗预防注射，皮下或肌内注射，每兔剂量1毫升，免疫期为6个月，每年注射2次；还可用兔的巴氏杆菌、波氏杆菌灭活油佐剂二联苗或兔瘟、兔巴氏杆菌、兔波氏杆菌三联蜂胶灭活苗进行免疫接种；

（5）发生本病时，对于同群假定健康兔，用兔的波氏杆菌灭活苗进行紧急接种预防。对发病兔进行隔离、治疗，做好消毒工作。

（6）对病兔尸体及其排泄物等进行无害化处理。

2.治疗方法

选用具有抑制杀灭败血波氏杆菌的抗菌药物，并结合对症治疗。最好选用药敏试验敏感的药物进行治疗。无条件进行药敏试验的单位，可参考下列方法进行：

（1）硫酸卡那霉素注射液或硫酸庆大霉素注射液。肌内注射，剂量按每千克体重每次1万～2万单位，每天2次，连用3～4天。

（2）青霉素、硫酸链霉素联合使用。肌内注射，剂量按每千克体重每次用青霉素2万～4万单位、链霉素1万～2万单位，每天2次，连用3天。

（3）硫酸新霉素。肌内注射，剂量按每千克体重每次40毫克，每天2次，连用3～4天。

（4）磺胺嘧啶钠注射液。肌内注射，剂量按每千克体重每次0.1～0.2克，每天2次，首次剂量加倍，连用3～5天。

（5）磺胺二甲嘧啶片或磺胺嘧啶片。内服，剂量按每千克体重首次量0.2克，维持量0.1克，配合等量的小苏打片服用，每天2次，连用3～5天。

（6）酞磺胺噻唑。内服，剂量按每千克体重每次0.1～0.3克，每天2次，连用3～5天。

（7）鼻炎病兔的治疗。可采用青霉素、链霉素各按照2万单位/毫升配制滴鼻使用，每天2次，连用5～7天；或庆大霉素注射液配合滴鼻净，滴鼻使用，每天2次，连用3～5天；或青霉素80万单位加蒸馏水5毫升，稀释后，加3%麻黄素1毫升滴鼻，每天3次，连用5天。

五、铜绿假单胞菌病

见第二章"八、铜绿假单胞菌病"。

六、肺炎克雷伯氏菌病

见第二章"九、肺炎克雷伯氏菌病"。

七、李氏杆菌病

李氏杆菌病是由李氏杆菌引起的一种兔的散发性传染病，侵害多种动物和人。由于病兔的单核细胞增多，又称为"单核细胞增多症"。病兔的头常偏向一侧，所以本病也称为"歪头病"。病兔主要表现为突然发病、死亡、流产和脑膜炎。本病呈散发性，发病率低，但死亡率高。

（一）病原

病原菌为产单核细胞李氏杆菌，是一种革兰染色阳性、两端钝圆的短小杆菌，单在，呈Ｖ字或呈丛排列（图3-7-1）；无芽孢、无荚膜。对食盐和热耐受性强，巴氏消毒法不能杀灭，但一般消毒药易使其灭活。本菌对青霉素有抵抗力，对链霉素敏感，但易形成耐药性。对新霉素极为敏感，对四环素和磺胺类药物也很敏感。

（二）流行特点

本病的易感动物极其广泛，已查明有42

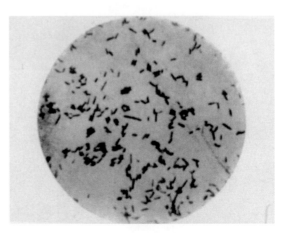

图3-7-1 李氏杆菌的形态（革兰氏染色）

101

种哺乳动物和22种鸟类有易感性，幼兔和妊娠母兔对本病最易感。常为散发性，偶尔呈地方性流行，不广泛传播，发病率较低，但病死率很高。患病动物和带菌动物是主要的传染源。啮齿动物特别是鼠类是本菌的储存宿主。患病动物的粪、尿、乳汁、精液以及眼、鼻、生殖道等的分泌物，均可分离到李氏杆菌。本病可通过消化道、呼吸道、眼结膜、破损的皮肤、交配而感染，吸血昆虫也可传播。污染的水和饲料是主要传播媒介。冬季缺乏青饲料、怀孕、天气骤变、有内寄生虫或沙门氏菌感染时，均可成为本病发生的诱因。

（三）临诊症状

本病潜伏期为2～8天。病兔可表现为以下几种类型。

（1）急性型　多见于幼兔，病兔体温可达40℃以上，精神沉郁，食欲废绝。鼻腔黏膜发炎，流出浆液性、黏液性、脓性分泌物，几个小时或1～2天内死亡。

（2）亚急性型　主要表现为子宫炎和脑膜脑炎。

① 子宫炎。传播迅速，母兔分娩前几日，出现精神不振，拒绝采食，很快消瘦，从阴道内流出暗红色或棕褐色液体（图3-7-2）。分娩前1～2天，孕母兔流产，胎儿皮肤出血（图3-7-3），一般经4～7天死亡。耐过母兔，会造成不孕。

② 脑膜脑炎。病兔作转圈运动，头呈弯曲状，头颈偏向一侧；严重者可一眼向上，一眼向下，运动失调或翻滚（图3-7-4），失去采食或行动能力，逐渐消瘦而死亡，病程一般为4～7天。

（3）慢性型　病兔主要表现为子宫炎。分娩前2～3天发病，病兔精神沉郁，拒食，流产，并从阴道内流出红色或棕褐色分泌物（图3-7-5）。有的出现头颈歪斜等神经症状，流产康复后的母兔长期不孕。病程可达6～8个月之久。

（四）病理变化

（1）急性型和亚急性型　肝脏实质有散在或弥漫性针头大的淡黄色或灰白色的坏死点。心肌、肾脏、脾脏也有相似的病灶。淋巴结尤其是肠系膜淋巴结和颈部淋巴结肿大或水肿。胸腔、腹腔和心包内有多量清亮的渗出液。皮下水肿。肺出血性梗死和水肿。

（2）慢性型　病变和急性型相似。脾脏和淋巴结，尤其是肠系膜淋巴结和腹股沟淋巴结显著肿大。子宫内积有化脓性渗出物或暗红色的液体（图3-7-6）。如母兔死亡，子宫内有变

图3-7-2　母兔分娩前几日从阴道内流出棕褐色液体

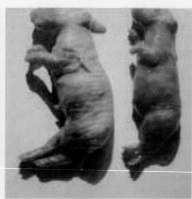

图3-7-3　流产胎儿皮肤出血

图3-7-4　李氏杆菌病病兔作转圈运动，头呈弯曲状，头颈偏向一侧

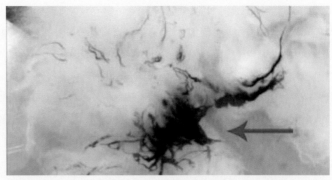

图3-7-5 病兔分娩前2～3天从阴道
内流出红色分泌物

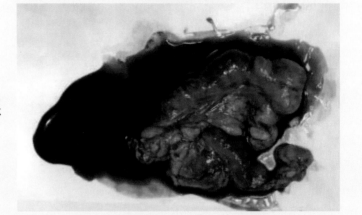

图3-7-6 子宫内积有暗红色的液体

形的胎儿，皮肤出血或有灰白色凝乳块状物，子宫内壁可能有坏死病灶和增厚。有神经症状的病例，脑膜和脑组织充血或水肿。病兔常可见到单核白细胞显著增加，可达白细胞总数的30%～50%。

（五）诊断

本病单纯根据流行特点、临诊症状和病理变化不易做出诊断。如果病兔出现特殊的神经症状、孕兔流产、血液中单核细胞增多，可作为诊断的参考。确诊需做实验室诊断。进行微生物学检查和动物接种试验，在病兔死前采集血液、脑脊液和阴道渗出物，死后从血液、内脏器官和脑采样。

（六）类似病症鉴别

1.与兔巴氏杆菌病的类症鉴别

（1）相似点 鼻腔黏膜发炎，流出浆液性、黏液性、脓性分泌物；颈歪，子宫炎症状。

（2）不同点 巴氏杆菌病病兔无神经症状，仅肝脏有散在性灰白色坏死病灶。另外，巴氏杆菌病病兔还有地方流行性肺炎型、结膜炎型、脓肿型、中耳炎型等多种症状表现。巴氏杆菌病病料涂片革兰氏染色镜检，有革兰氏阴性两极浓染的短杆菌。在鲜血琼脂培养基上，无溶血现象。

2.与兔沙门氏菌病的类症鉴别

（1）相似点 引起败血症和流产。

（2）不同点 沙门氏菌病临诊症状有下痢，但无神经症状。剖检蚓突黏膜有弥漫性淡灰色粟粒大的小结节，母兔子宫发炎肿大，在其黏膜上有一层淡黄色污物，未产的胎儿发育不全或木乃伊化。从病兔的血液及各脏器可分离出沙门氏菌。

3. 与兔野兔热病的类症鉴别

（1）相似点　鼻炎，鼻腔流出黏液性或脓性分泌物，体温升高，发生败血症。

（2）不同点　野兔热病兔一般无神经症状和子宫炎症状。剖检见淋巴结显著肿大，呈深红色并有针尖大的灰白色干酪样坏死病灶。以野兔热病病料涂片染色镜检，为革兰氏阴性的多形态杆菌，呈球形或长丝状。

（七）防制方法

1. 预防措施

（1）严格执行兽医卫生防疫制度，搞好环境卫生，正确处理粪便，消灭老鼠及其他啮齿类动物；管好饲草、饲料、水源，防止污染，饮水用漂白粉消毒；防止野兔及其他畜禽进入兔场；引进兔时，要隔离观察。

（2）发生本病，即全群检疫，病兔隔离治疗或淘汰。笼舍用具及场地用4%火碱水、3%来苏儿、10%漂白粉进行彻底消毒。

（3）病兔肉及其产品应作无害化处理。有关工作人员应注意个人防护特别是儿童和孕妇，不要接触病兔及其污染物，以防感染。

2. 治疗方法

病兔初期治疗有一定效果，一旦出现神经症状，药物就难以奏效了。

（1）10%磺胺嘧啶钠注射液，肌内注射，成年兔2毫升，青年兔1.5毫升，幼兔1毫升，每天2次，连用3天。

（2）增效磺胺嘧啶，肌内注射，每千克体重25毫克，每天2次，连用3天。

（3）新霉素，混于饲料中喂给，每兔每次2万～4万单位，每日3次，连用3天。

（4）四环素，口服，每只兔用0.2克，每日1次，连用3天。

（5）庆大霉素，肌内注射，每千克体重1～2毫克，每日2次，连用3～5天。

（6）链霉素，肌内注射，每兔10万～20万单位，每日2次，连用3～5天。

（7）金银花、栀子根、野菊花、茵陈、钩藤根、车前草各3克，水煎后，灌服。

八、沙门氏菌病

见第一章"七、沙门氏菌病"。

九、弓形虫病

弓形虫病又称"弓形体病""弓浆虫病"，是由龚地弓形虫寄生于人和多种温血脊椎动物引起的人兽共患寄生虫病，呈世界性分布。虫体寄生于宿主的多种有核细胞中，对不同宿主造成不同形式和不同程度的危害，可引发感染动物的急性发病甚至死亡，或导致流产、弱胎、死胎等繁殖障碍，或成为无症状的病原携带者；弓形虫感染人不仅会引起生殖障碍，还可引起脑炎和眼炎。兔弓形体病通常表现浆液性或脓性眼垢和鼻漏、嗜睡或惊厥、后肢麻痹等症状。

（一）病原及生活史

龚地弓形虫隶属于真球虫目、艾美耳亚目、弓形虫科、弓形虫属。龚地弓形虫只有一个种、一个血清类型。但因其在不同地域、不同宿主的分离株的致病性有所不同而分为Ⅰ、Ⅱ、Ⅲ型。

1.形态特征

龚地弓形虫在不同的发育期可表现为5种不同的形态，即滋养体、包囊、裂殖体、配子体和卵囊。

（1）滋养体　是指在中间宿主在核细胞内营分裂繁殖的虫体，又称速殖子。游离的虫体呈香蕉形或月牙形，一端较尖，一端钝圆，平均大小为（4～7）微米×（2～4）微米。经姬氏染剂或瑞氏染剂染色后可见胞浆呈蓝色，胞核呈紫红色（图3-9-1）。主要出现于疾病的急性期，常散在于血液、脑脊液和病理渗出液中（图3-9-2）。

（2）包囊（或称组织囊）　呈圆形或椭圆形，直径5～100微米，具有一层富有弹性的坚韧囊壁。囊内滋养体亦称缓殖子，形态与速殖子相似。可不断增殖，内含数个至数千个虫体（图3-9-3），在一定条件下可破裂，缓殖子重新进入新的细胞形成新的包囊，可长期在组织内生存。包囊可长期存在于慢性病例的脑、骨骼肌、心肌和视网膜等处。

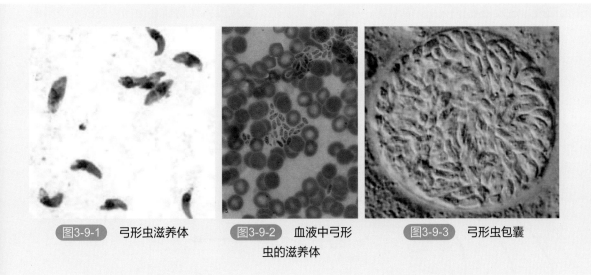

图3-9-1　弓形虫滋养体　　　图3-9-2　血液中弓形虫的滋养体　　　图3-9-3　弓形虫包囊

（3）裂殖体　在终末宿主小肠绒毛上皮细胞内发育增殖，成熟的裂殖体为圆形，内含4～20个裂殖子，以10～15个居多，呈扇状排列，裂殖子形如新月状，前尖后钝，较滋养体小。

（4）配子体　见于终末宿主　裂殖子经过数代裂殖生殖后变为配子体，大配子体形成1个大配子，小配子体形成若干个小配子，大、小配子结合形成合子，最后发育为卵囊。

（5）卵囊　呈圆形或椭圆形，大小为（11～14）微米×（7～11）微米。卵囊未孢子化（图3-9-4），孢子化卵囊含2个孢子囊，每个孢子囊内含4个新月形子孢子（图3-9-5）。见于猫及其他猫科动物等终末宿主的粪便中。

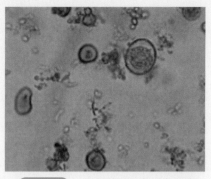

图3-9-4　未孢子化的弓形虫卵囊

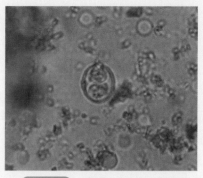

图3-9-5　孢子化的弓形虫卵囊

2. 生活史

弓形虫发育需要两个宿主，需以猫及其他猫科动物为终末宿主，中间宿主为200种哺乳动物（包括人）和禽类。猫既是终末宿主同时也是中间宿主。中间宿主吃下包囊、滋养体或卵囊均可感染，虫体进入宿主有核细胞内进行无性繁殖，急性者在腹水中常可见到游离的滋养体。滋养体（又称速殖子）和包囊存在于中间宿主体内；裂殖子、配子体和卵囊存在于终末宿主（猫）体内。当猫粪内的卵囊或动物肉类中的包囊或假包囊被中间宿主兔等吞食后，在肠管内逸出子孢子、缓殖子或速殖子，随即侵入肠壁，经血或淋巴进入单核吞噬细胞系统寄生，并扩散至全身各组织器官，如脑、淋巴结、肝、心、肺、肌肉等发育繁殖，直至细胞破裂，速殖子重行侵入新的组织、细胞，反复繁殖。猫或猫科动物捕食动物内脏或肉类组织时，将带有弓形虫包囊或假包囊吞入消化道而感染。此外食入或饮入外界被成熟卵囊污染的食物或水也可被感染（图3-9-6）。

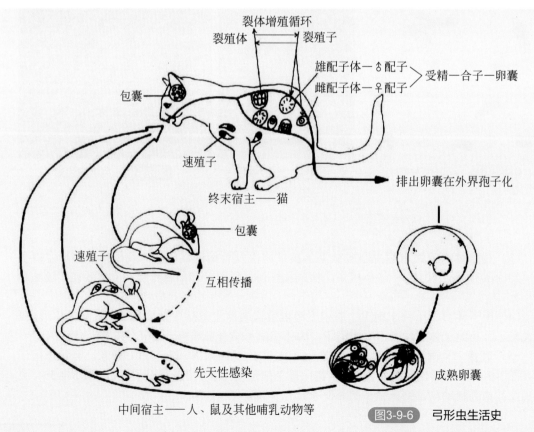

图3-9-6　弓形虫生活史

（二）流行特点

猫是各种易感动物的主要传染源。6月龄以下的猫排出卵囊最多。猫粪便中的卵囊可保持感染力达数月之久。卵囊污染饲料、饮水、蔬菜或其他食品并被动物或人摄食时即造成感染。带有速殖子包囊的肉尸、内脏和血液也是重要的传染源。一般情况下经口感染。孕畜或孕妇感染后可以经胎盘传给后代，哺乳期可通过乳汁感染幼畜，输血和脏器移植也可传播本病。食粪甲虫、蟑螂、蝇和蚯蚓可能机械性地传播卵囊。吸血昆虫和蜱等有可能传播本病。实验动物中，小鼠、豚鼠均易感。在自然界，猫科动物和鼠之间的传播循环是重要的天然疫源。猫及其他猫科动物为终末宿主，中间宿主为200种哺乳动物（包括人）和禽类。在自然条件下均可感染本病，其感染率、发病率和死亡率都有逐年上升的趋势，对健康的危害性严重。弓形体卵囊孵育与气温、湿度有关。故本病常以温暖、潮湿的夏秋季节多发。弓形虫病严重影响畜牧业发展，对猪和羊的危害最大。我国猪弓形虫病发病率可高达60%以上；羊血清抗体阳性率在5%～30%；其他多种动物（牛、犬、猫及多种野生动物等）都有不同程度的感染。

（三）临诊症状

（1）急性型 主要见于仔兔，突然发病，精神不振，减食或停食，体温高，呼吸快，鼻、眼有浆液性或脓性分泌物，嗜睡（图3-9-7），并于几天内出现局部或全身肌肉痉挛的神经症状，有些病例可发生后肢麻痹，通常在发病后2～8天死亡。

（2）慢性型 常见于成年兔或老龄兔，主要表现为减食、消瘦、贫血，病兔出现中枢神经症状，表现为后躯麻痹（图3-9-8），怀孕母兔出现流产，病程长，有的病兔突然死亡，多数病兔可康复。

（3）隐性型 部分家兔感染后不表现临诊症状，但血清学检查呈阳性。

（四）病理变化

（1）急性型 病变以肺脏、淋巴结、脾脏、肝脏、心脏的坏死为特征，有广泛性灰色坏死灶及大小不一的出血点（图3-9-9）。肠黏膜出血，有扁豆大小溃疡（图3-9-10）。胸、腹腔液增多（图3-9-11）。

（2）慢性型 主要表现为内脏器官水肿，有散在的坏死灶。

（3）隐性型 主要表现为中枢神经系统受包囊侵害的病变，可见肉芽肿性脑炎，伴有非化脓性脑膜炎的病变。

图3-9-7 鼻、眼有浆液性或脓性分泌物，嗜睡

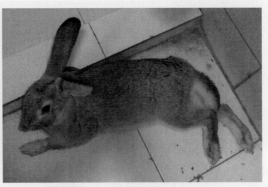

图3-9-8 病兔出现中枢神经症状，表现为后躯麻痹

图3-9-9 弓形虫病急性型死亡病兔的肺脏有广泛性灰色坏死灶及大小不一的出血点

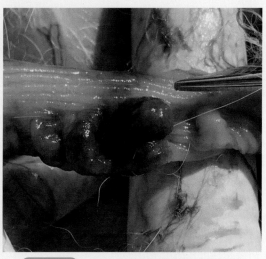

图3-9-10 弓形虫病急性型死亡病兔的肠黏膜出血,有扁豆大小溃疡

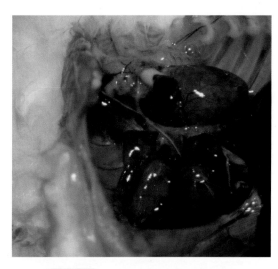

图3-9-11 弓形虫病兔的胸腔液增多

（五）诊断

根据流行特点、临诊表现和病理变化可做出初步诊断,确诊需做涂片镜检、动物接种等实验室检查或血清学诊断。

（六）类似病症鉴别

1.与兔球虫病的类症鉴别

（1）相似点 减食,消瘦,贫血,病兔出现瘫痪、麻痹等神经症状,突然死亡。

（2）不同点 兔球虫病病兔临诊表现有腹泻（肠型）,腹围增大下垂、触诊肝区有痛感且可视黏膜轻度黄染,而兔弓形虫病则没有;球虫病临诊上鼻、眼没有浆液性或脓性分泌物,也不嗜睡。兔球虫病病兔剖检可见肝脏肿大,表面和实质有白色或淡黄色结节病灶,呈圆形,粟粒大至豌豆大;十二指肠扩张、肥厚,有许多小的白色小点或结节。兔球虫病病料压片镜检能检出卵囊。

2.与李氏杆菌病的类症鉴别

（1）相似点 鼻、眼有浆液性或脓性分泌物,怀孕母兔出现流产,出现中枢神经症状,突然死亡。

（2）不同点 李氏杆菌病病兔临诊表现最为突出的是头常偏向一侧,解剖病变典型的是淋巴结尤其是肠系膜淋巴结和颈部淋巴结肿大或水肿。以野兔病病料涂片革兰氏染色镜检,为革兰氏阳性两端钝圆的短小杆菌,单在、呈V字排列或呈丛排列。

（七）防制方法

1.预防措施。预防重于治疗

（1）兔笼舍应经常保持清洁卫生，扑灭兔舍内外的鼠类，严格控制猫及其排泄物对兔笼舍、饲料和饮水等的污染。

（2）定期检查兔群，对流产的胎儿及其一切排泄物，包括流产现场均须严格处置，对死于本病和可疑的畜尸按《畜禽病害肉尸及其产品无害化处理规程》处理，防止污染环境。发病后对兔笼舍、饲养场用1%来苏儿、3%烧碱液或火焰进行消毒。

（3）弓形虫病是重要的人兽共患病，因此，饲养人员在接触病兔、尸体、生肉时要注意自身防护，严格消毒。

（4）肉要充分煮熟后再利用。

2.治疗方法

兔场发生本病时应全面检查，及时确诊。对检出的病兔和隐性感染兔，应隔离治疗。治疗本病普遍采用磺胺类药物。使用磺胺类药物时首次剂量加倍，与抗菌增效剂联合使用效果更好，一般需要连用3～4天。可选用下列磺胺类药物：

（1）磺胺甲氧吡嗪（SMPZ）＋甲氧苄氨嘧啶（TMP）　前者每千克体重30毫克，后者每千克体重10毫克，混合后一次口服，每天1次，连用3天。

（2）12%复方磺胺甲氧吡嗪注射液（SMPZ∶TMP=5∶1）　剂量为每千克体重50～60毫克，肌内注射，每天1次，连用4天。

（3）磺胺六甲氧嘧啶（S毫米，剂量为每千克体重60～100毫克，口服），或配合甲氧苄氨嘧啶（TMP，剂量为每千克体重14毫克）口服，每天1次，连用4天。

（4）磺胺嘧啶（SD）＋甲氧苄氨嘧啶（TMP）　前者每千克体重70毫克，后者每千克体重14毫克，配合后一次口服，每天2次，连用3～4天。磺胺嘧啶也可与乙胺嘧啶（剂量为每千克体重6毫克）合用。

（5）磺胺嘧啶钠注射液　肌内注射，每次0.1克，每天2次，连用3天。

（6）蒿甲醚　肌内注射，每千克体重5～15毫克，每天1次，连用5天，效果较好。

（7）双氢青蒿素片　口服，每千克体重10～15毫克，每天1次，连用5～6天。

十、葡萄球菌病

兔葡萄球菌病是由金黄色葡萄球菌引起的家兔和野兔的一种常见传染病。主要表现致死性脓毒败血症和体内任一器官或组织的化脓性炎症。在幼兔称为"脓毒败血症"，在成年兔称为"转移性脓毒败血症"。可引起成年兔和大体型兔"脚板疮"、外生殖器炎症、哺乳母兔乳腺炎及初生仔兔急性肠炎。本病分布广泛，世界各地都有发生。

（一）病原

金黄色葡萄球菌为革兰氏染色呈阳性的球菌，无鞭毛和芽孢，一般不形成荚膜，直径0.4～1.2微米，常呈葡萄串状排列（图3-10-1），在脓汁或液体培养基中有些呈双球或短链状排列。葡萄球菌需氧或兼性厌氧，在含10%～15%氯化钠的培养基中也能生长。在普通琼脂培养基上形成不透明的、边缘整齐的、光滑湿润的圆形菌落，能产生脂溶性色素，使菌落呈金黄色或土黄色（图3-10-2）。在血液琼脂培养基上产生透明溶血环，且菌落较大，圆

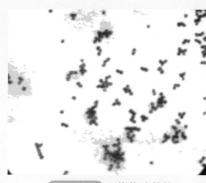

图3-10-1 葡萄球菌的形态

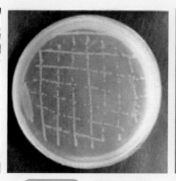

图3-10-2 葡萄球菌在普通琼脂培养基上的菌落

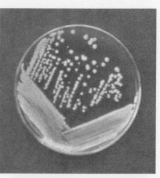

图3-10-3 金黄色葡萄球菌在血液琼脂培养基上的菌落

形、凸起、表面光滑湿润、边缘整齐不透明（图3-10-3）。本菌对外界环境因素如高温、干燥和冷冻等抵抗力较强，但对龙胆紫、结晶紫和石炭酸等消毒药则很敏感。3%～5%石炭酸溶液消毒兔笼、兔舍环境，可获得较好效果。

（二）流行特点

葡萄球菌在自然界分布很广泛，空气、饲料、饮水、土壤、灰尘和各种动物体表都有黏附。金黄色葡萄球菌常存在于兔的鼻腔、皮肤及周围潮湿环境中，在适当条件下通过各种途径使兔感染，如通过飞沫传播，可引起上呼吸道炎症；通过表皮或黏膜的伤口侵入时，可引起转移性脓毒血症；通过脐带感染，可引起仔兔败血症；通过母兔的乳头感染，可引起乳腺炎，仔兔吮乳后也可引起肠炎。病兔（特别是患病母兔）是主要传染源。本病的发生无明显的季节性，与兔的年龄、性别、品种也无关。

（三）临诊症状

潜伏期2～5天，根据病原菌侵入途径和扩散范围不同，表现各种类型。

（1）转移性脓毒败血症　在病兔头、颈、背皮下或肌肉以及内脏器官（如肺脏、肝脏、肾脏、脾脏、心脏等器官）形成一个或几个脓肿，脓肿大小不等，数量不一，小如豌豆，大似鸡蛋（图3-10-4，图3-10-5）。初期呈小的红色硬结，后增大变软，有明显包囊（图3-10-6）。触诊柔软且有弹性。当内脏器官形成脓肿时，其功能相应受到影响，病兔精神和食欲不受影响（视频3-10-1）。皮下脓肿经1～2个月可自行破溃，流出浓稠、乳白色干酪样或乳油样的脓汁（图3-10-7）。破口经久不愈，脓汁流到别处的皮肤上，引起病兔搔抓，造成损伤后又可形成新的脓肿（图3-10-8）。脓肿向体内破溃时，即发生全身感染，呈现败血症状，迅速死亡。

（2）化脓性脚皮炎　绝大多数发生于后肢脚掌心，前肢则较少见。发病初期兔，患部皮肤表皮充血、发红，出现红斑，稍肿胀、部分脱毛（图3-10-9），随后形成经久不愈且易出血的溃疡。病兔不愿移动脚，换脚休息时小心翼翼，跛行。同时食欲减退、消瘦。发生全身性感染时，会迅速出现败血症而死亡。

视频3-10-1

扫码观看：颈部皮下肿胀，但精神和食欲不受影响

图3-10-4　兔头部乒乓球大的脓肿

图3-10-5　兔颈部鸡蛋大的脓肿

图3-10-6　颈部皮下逐渐增大变软且有明显包囊的肿物

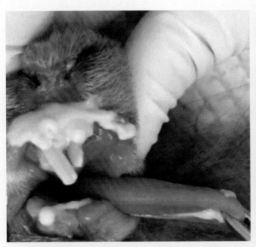

图3-10-7　脓肿自行破溃，流出浓稠、乳白色干酪样的脓汁

图3-10-8　脓肿破溃引起新的脓肿

图3-10-9　化脓性脚皮炎病兔初期，患部皮肤表皮充血、发红，出现红斑，稍肿胀、部分脱毛

（3）乳腺炎　多在母兔分娩后最初几天内出现。多由乳头被仔兔咬破或被尖锐的物体剐伤后，细菌侵入所致。急性时，病兔体温升高、精神沉郁、食欲不振，乳房肿胀、发红（图3-10-10），甚至呈紫红色，乳汁中有脓液、凝乳块或血液。慢性时，乳房皮下或实质形成大小不一、界限明显的坚硬结节，以后结节软化变为脓肿，脓汁呈乳白色或淡黄色油状（图3-10-11）。化脓性乳腺炎也可发展为全身性脓毒败血症。治疗不及时，常导致新旧脓肿反复发生。

图3-10-10　葡萄球菌病急性乳腺炎的病兔，体温升高、精神沉郁、食欲不振，乳房肿胀、发红

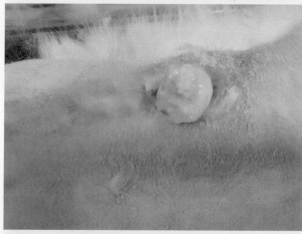

图3-10-11　葡萄球菌病慢性乳腺炎，乳房结节软化变为脓肿，破溃后脓汁呈乳白色

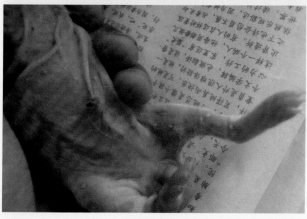

图3-10-12　仔兔脓毒败血症病兔腹部、腿部内侧皮肤上粟粒大的白色脓肿

（4）外生殖器炎症 母兔的阴户周围和阴道溃烂，形成溃疡面，形状如花椰菜样。溃疡面呈深红色，部分呈棕色结痂。有少量淡黄色黏性、黏液脓性分泌物。另一种症状为阴户周围和阴道有大小不一的脓肿，从阴道内可挤出黄白色、黏稠的脓液。患病公兔包皮有小脓肿、溃烂或结痂。

（5）仔兔脓毒败血症 仔兔出生后2～3天，在皮肤（尤其是胸部、腹部、颈、颌下和腿部内侧）先出现炎症，后见有粟粒大的白色脓肿，多数病兔在2～5天内出现败血症而致死亡（图3-10-12）。较大的乳兔（10～21天）可在上述部位皮肤上出现黄豆至蚕豆大白色脓疱，高于表皮，最后消瘦死亡（图3-10-13）。经治疗，脓肿可慢慢吸收，脓疱逐渐变干结痂，自行脱落。

（6）仔兔急性肠炎 又称"仔兔黄尿病"。因仔兔食入患葡萄球菌病母兔的乳汁而引起的急性肠炎，发病急，病死率高，一般是全窝发生。病兔肛门四周被毛及后肢被毛潮湿、腥臭（图3-10-14）。病兔昏睡，全身发软，病程2～3天。

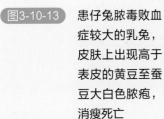
图3-10-13 患仔兔脓毒败血症较大的乳兔，皮肤上出现高于表皮的黄豆至蚕豆大白色脓疱，消瘦死亡

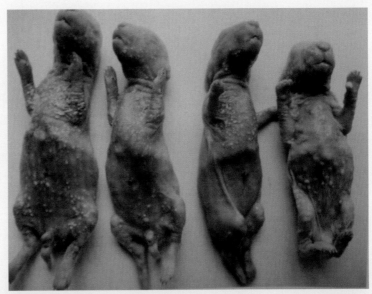

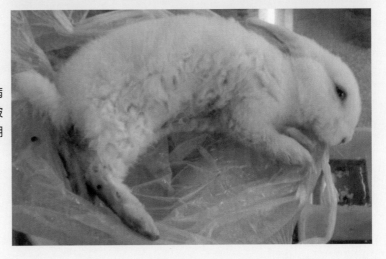
图3-10-14 仔兔急性肠炎病兔的肛门四周被毛及后肢被毛潮湿、腥臭

（7）鼻炎　病兔流出大量黏液性脓性鼻液，鼻孔周围有干痂（图3-10-15），呼吸困难，打喷嚏，常用爪抓鼻部，又引起结膜炎。

图3-10-15　鼻炎型病兔鼻孔流出大量黏液性脓性鼻液，鼻孔周围有干痂

（四）病理变化

（1）转移性脓毒败血症　病兔或死兔皮下、心脏、肺脏、肝脏、脾脏、肾脏及子宫等内脏器官有脓肿（图3-10-16，图3-10-17），脓肿外有结缔组织包膜。有些病例可发生心包炎和胸膜炎、腹膜炎及骨膜炎。

（2）化脓性脚皮炎　患部皮下有较多乳白色乳油状脓液（图3-10-18）。

（3）乳腺炎　全部乳腺呈紫红色结缔组织，质地较硬，无脓性分泌物，乳腺内无乳汁分泌。

（4）外生殖器炎症　脾脏呈草黄色，质脆；肝脏质脆；膀胱内积有多量的脓液，阴道内充血并积有白色黏稠的脓液。

（5）仔兔脓毒败血症　患部的皮肤和皮下出现小脓疱，脓汁呈乳白色乳油状（图3-10-19），多数病例的肺脏和心脏上有很多白色小脓疱。

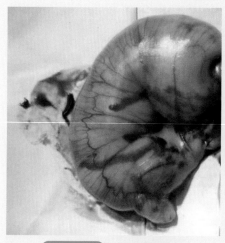

图3-10-16　兔子宫的脓肿

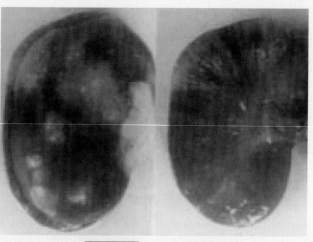

图3-10-17　兔肾脏的脓肿

图3-10-18　化脓性脚皮炎兔患部皮下有较多乳白色乳油状脓液

（6）仔兔急性肠炎　剖检可见肠黏膜（尤其小肠黏膜）充血、出血，肠腔内充满黏液。膀胱极度扩张并充满淡黄色尿液（图3-10-20）。

（7）鼻炎　病兔鼻窦黏膜充血，鼻腔内有大量脓性分泌物，积脓。有些病例有肺脓肿、肺炎和胸膜炎等变化。

图3-10-19　仔兔脓毒败血症病兔的皮肤出现小脓疱，脓汁呈乳白色乳油状

图3-10-20　仔兔急性肠炎病死兔的肠腔内充满黏液，膀胱极度扩张并充满淡黄色尿液

（五）诊断

根据皮肤、乳腺和内脏器官的脓肿及腹泻等症状与病变可做出初步诊断。确诊应进行病原菌分离鉴定。

（六）类似病症鉴别

1.与兔巴氏杆菌病的类症鉴别

（1）相似点　临诊症状出现败血症、鼻炎、脓肿、生殖器官炎症。剖检都有内脏器官（尤其是肺脏）的化脓灶。

（2）不同点　兔巴氏杆菌病兔临诊上还有中耳炎型（斜颈症、歪脖病），能引起家兔脑膜炎的症状，而兔葡萄球菌病则没有。兔巴氏杆菌病从病灶取脓液进行涂片镜检，可检出多杀性巴氏杆菌。将待检病料接种于鲜血琼脂培养基，多杀性巴氏杆菌呈露珠状、淡灰色、不溶血的菌落；而葡萄球菌则呈稍大、凸起、不透明、周围有溶血圈的金黄色菌落。

2.与铜绿假单胞菌病的类症鉴别

（1）相似点　呼吸困难，体温升高，鼻腔内流出少量半透明的分泌物，腹泻。皮肤、肌肉及内脏出现脓肿。

（2）不同点　铜绿假单胞菌病的脓疱膜的颜色和脓液呈黄绿色、蓝绿色或棕色，在普通培养基上的菌落周围也呈上述相同的颜色，脓液涂片镜检可见革兰氏阴性杆菌。

3.与兔支气管败血波氏杆菌病的类症鉴别

（1）相似点　临诊症状有鼻炎型和支气管肺炎型症状。解剖病变是肺脏有脓肿。

（2）不同点　兔支气管败血波氏杆菌病临诊症状没有化脓性脚皮炎、乳腺炎、仔兔急性肠炎和外生殖器炎症，而兔葡萄球菌病却有。从病灶中取脓性分泌物做涂片，支气管败血波氏杆菌为革兰氏阴性、多形态小杆菌，纯培养物接种于葡萄糖发酵管为阴性；而葡萄球菌为革兰氏阳性的球菌，葡萄糖发酵管为阳性反应。

（七）防制方法

1.预防措施

（1）经常保持兔笼、兔舍的卫生整洁，防止兔遭受损伤，兔在笼中不可太拥挤，把喜咬斗的兔分开饲养；防止皮肤受伤，有了外伤要及时处理；疫苗注射部位要严格消毒。

（2）搞好饲养管理，给乳汁不足的母兔适当增喂优质和多汁饲料，仔兔让其他母兔喂养，以免乳头被仔兔咬破。对乳汁过多的母兔，则要减少精饲料及多汁饲草的喂量，以防乳房膨胀，乳头管扩张，使病菌乘虚而入。刚产出的仔兔，脐带用3%碘酒或5%龙胆紫酒精涂搽消毒，以防感染。

（3）被病菌污染的兔笼及病兔粪便要严格消毒，死兔应进行焚烧深埋处理。

（4）发病率高的兔群，要定期注射葡萄球菌疫苗，每只健康兔皮下注射1毫升，每年2次，对本病有一定的预防作用。

（5）药物预防　母兔分娩前3～5天，饲料中加入土霉素粉（每千克体重20～40毫克）或磺胺嘧啶（每千克体重0.1～0.15克）进行预防。

2.治疗方法

（1）局部治疗。有皮肤脓肿时，可用消毒针头将脓肿刺破，用3%碘酊或5%龙胆紫酒精消毒棉擦去脓汁，涂上青霉素软膏或土霉素软膏。对脚皮炎或体表溃疡，可用0.5%雷佛奴尔溶液或0.1%高锰酸钾溶液洗净创口，涂上红霉素软膏，也可用紫药水或3%碘酒涂搽，并配合全身用药。对乳腺炎，轻者用0.1%高锰酸钾液冲洗乳头，涂上鱼石脂软膏，重者可用0.5%普鲁卡因注射液10毫升，稀释10万～20万单位的青霉素，在乳房硬结周围进行封闭，每天1次，连续治疗3～5天。

（2）全身治疗。可选用以下抗生素：青霉素，肌内注射，每千克体重2万～4万单位，每天2次，连用4～5天；或庆大霉素及卡那霉素，肌内注射，每千克体重2万～4万单位，每天2次，连用3～5天；或金霉素，口服，每只兔0.1克，每天1次，连用4天，与甲砜霉素联合应用效果好。此外，也可用红霉素、新霉素等类药物等进行治疗。

（3）中药疗法。对乳腺炎可用中药治疗，当归6克，赤芍6克，皂角刺3克，炮山甲3克，白芷3克，甘草2克，水煎服。或金银花、连翘、蒲公英、地丁各10克，煎水拌料或温敷乳房，每天2～3次，连用3～5天。也可用金银花、野菊花、蒲公英各3克，水煎服，连用3～5剂。

十一、兔痘

见第二章"十二、兔痘"。

第四章　以腹胀为特征的类症鉴别及诊治

一、兔流行性腹胀病

兔流行性腹胀病是以临诊表现腹胀且临诊表现具有传染性为特征的一种新出现的疾病。近年来，本病在兔场发生呈大幅上升的趋势，对养兔业造成严重经济损失。

（一）病因

目前仍不清楚其病因。在临诊上，曾怀疑饲料霉变，但更换饲料不能阻止发病；因怀疑大肠杆菌病，曾用多种抗生素类药如氧氟沙星等添加在饲料中进行预防，也不能产生良好的效果；在死亡兔的肠内容物中，发现有较多的球虫卵囊，但在饲料中添加抗球虫药物进行预防，仍不能起到防治效果。因此有待加强研究，弄清病因或病原，深入研究其发生、发展及控制规律。

（二）流行特点

本病始见于2004年春，首先在山东省某兔场发生，后该省诸多兔场相继发生，继而在全国各地陆续流行，近年全国主要养兔区域，如山东、四川、重庆、河南、河北、江苏、浙江、福建、安徽、黑龙江等相继发生。本病一年四季均可发病，秋后至翌年春天发病率较高。不分品种，毛兔、獭兔、肉兔等均可发病。以断奶后至4月龄幼兔发病为主，特别是2～3月龄幼兔发病率高，成年兔很少发病，断奶前仔兔未见发病。此外，还发现在某个地区流行一段时间后自行消失，暂时不再发生。

（三）临诊症状

发病初期，病兔减食，精神欠佳，腹胀，怕冷，扎堆，渐至不吃料，但仍饮水。粪便起初变化不大，以后粪便渐少，病后期以拉黄色、白色胶冻样黏液为主（图4-1-1）。部分兔死前少量腹泻，摇动兔体，有响水声。腹部触诊，前期较软，后期较硬，部分兔的腹内有硬块。发病期间体温不升高，死亡前体温下降至37℃以下。病程3～5天，发病的兔绝大部分死亡，极少能康复。发病率达50%～70%。死亡率90%以上，一些兔场发病死亡率高达100%。

（四）病理变化

剖检可见尸体脱水、消瘦。肺脏局部出血（图4-1-2）。胃膨胀（图4-1-3），部分胃黏膜有溃疡，胃内容物稀薄。部分小肠出血，肠壁增厚、扩张（图4-1-4）。盲肠内充气（图4-1-5），内容物较多，部分干硬成块状，如马粪（图4-1-6）。部分肠壁出血，部分肠壁水肿增厚。结肠至直肠多数充满胶冻样黏液。剪开肠管，胶冻样物呈半透明状或带黄色。肝脏、脾脏、肾脏等未见明显变化。

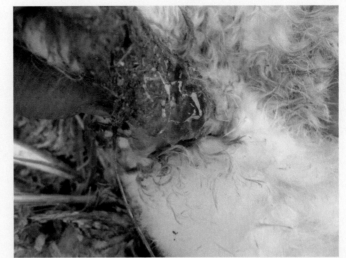

图4-1-1　流行性腹胀病兔排出黄色胶冻样黏液性粪便

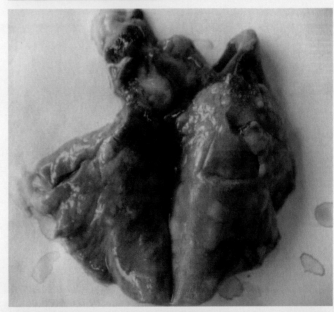

图4-1-2　流行性腹胀病兔肺脏局部出血

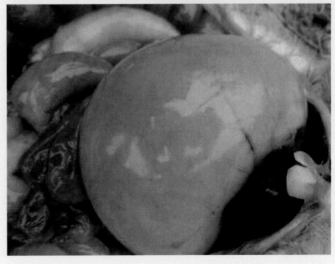

图4-1-3　流行性腹胀病兔胃膨胀

图4-1-4 流行性腹胀病兔部分小肠出血，肠壁增厚扩张

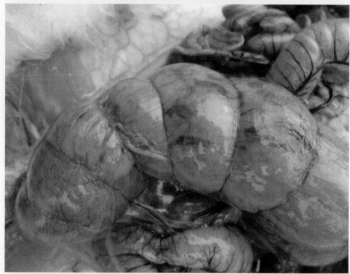

图4-1-5 流行性腹胀病兔盲肠内充气

图4-1-6 流行性腹胀病兔盲肠内容物部分干硬成块状如马粪

（五）诊断

断奶至4月龄幼兔发病，开始少吃料，转而不吃料，腹部臌胀，摇动兔体，有响水声，粪便渐少，或带有胶冻，死亡前部分兔可见拉少量稀粪。剖检时见胃膨胀，部分有溃疡，胃内容物稀薄；盲肠内容物发干，成硬块；结肠内有较多的胶冻样黏液；有时肺有出血。依据以上条件，可以初步做出临诊诊断。

（六）类似病症鉴别

主要与兔胃肠臌胀病进行类症鉴别。

① 相似点　病兔减食，精神欠佳，腹胀。

② 不同点　兔胃肠臌胀病没有传染性，仅是少量个体发病，而兔流行性腹胀病有传染性，兔场内传染，还可从一个兔场传到另一个兔场。

（七）防制方法

1.预防措施

（1）加强饲养管理。饲料配方要合理，注意饲料中粗纤维饲料比例；定时定量饲喂；变换饲料要逐步进行；霉变饲料禁止喂兔；季节交替时保持兔舍温度相对恒定。

（2）定期注射大肠杆菌疫苗、魏氏梭菌疫苗。

（3）饲料中按0.1%（以原药计算）添加复方新诺明，断奶后幼兔连用5～7天，有一定效果；病情严重的，隔1周重复1个疗程。

2.治疗方法

目前无有效方法，将患病兔在隔离场所自由活动，会有部分兔自然康复而存活。

二、胃肠臌胀

见第一章"十四、胃肠臌胀"。

三、胃积食

见第一章"十五、胃积食"。

四、便秘

便秘是由于各种原因引起的肠内容物停滞、变干、变硬，致使排粪困难，严重时可造成肠阻塞的一种腹痛性疾病。它是兔消化道疾病的常见病症之一，以幼兔、老龄兔多见。

（一）发病原因

主要是饲养管理不当所致。喂料过多而又缺乏饮水，缺乏运动，特别是饱食后运动不足，青饲料占比例太少或缺乏，饲草质量低劣或长期饲喂单一的干硬饲料（干如甘薯秧、豆秸、稻草、稻糠等），饲草中含过多泥沙，精料过多及热性病等，都会使胃肠蠕动机能减弱，胃肠分泌液减少，粪便在肠道内停留过久而变得干硬，进而阻塞。此外，慢性肠炎、肠结石、直肠或肛门部疼痛、毛球病等也可引起便秘。

（二）临诊症状

病兔初期表现肠道不完全阻塞，精神稍差，食欲减少，喜欢饮水，排粪困难，粪量少，粪球小、干硬，粪粒两头尖，排出成串（图4-4-1）；中后期发生完全阻塞时，食欲废绝，数天不见排粪，腹痛不安。有的频做排粪姿势，但无粪排出。当阻塞前段肠管产气、积液时，可见腹部臌胀、不安；触诊腹部，在盲肠与结肠部可触到内容物坚硬似腊肠或念珠状坚硬的粪块。

（三）病理变化

剖检死兔可见盲肠和结肠内充满干硬颗粒状粪便（图4-4-2）。

图4-4-1　便秘兔排出的粪球小而干硬，且粪粒两头尖，成串

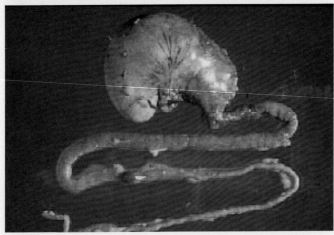

图4-4-2　便秘兔的结肠内充满干硬颗粒状粪便

（四）类似病症鉴别

1.与胃肠臌胀病的类症鉴别

（1）相似点　食欲废绝，不愿动，腹围膨大，不排粪。

（2）不同点　因食入易发酵饲料或带露水、雨水的青草而发生胃肠臌胀病。肠充满气体，鸣叫；叩之呈鼓音。呼吸困难，黏膜发绀。

2.与胃积食病的类症鉴别

（1）相似点　食欲废绝，腹部膨大，叩之鼓音（气胀）。

（2）不同点　多因饥饿后或更换饲料采食过多而发胃积食病。膨大部在前腹部，后腹不膨大，且肠无积粪。

（五）防制方法

1.预防措施

加强饲养管理，合理搭配饲料，定时定量，防止饥饱不均，供给充足的饮水，适当运动，积极治疗原发病的热性病，同时配合饲喂青绿多汁饲料可有效防止本病发生。

2.治疗方法

对病兔治疗期间要绝食，但要给予充足的饮水。为了促使肠管蠕动，排出积滞的内容物，可喂服盐类泻剂。

（1）取神曲25～50克压碎，在200～500毫升温水中浸泡1～2小时，过滤后取滤液，成年兔每只1次灌服30～50毫升，幼兔酌减。一般1次可好转，对病重兔隔4小时再用1次。

（2）成年兔用人工盐10～15克或硫酸钠（硫酸镁）2～8克，加温水适量1次灌服，幼兔可减半灌服。或用液体石蜡或食用油，成年兔10～20毫升，幼兔5～10毫升，加等量温水1次灌服，必要时可用温水或温的口服补液盐（葡萄糖22克，氯化钠3.5克，碳酸氢钠2.5克，氯化钾1.5克，兑温水1000毫升）溶液灌肠，促使粪便排出。操作方法是：先让兔子侧卧，固定好位置，用一根粗细能插入肛门的橡皮管（如人用的导尿管）或软塑料管，前端涂上凡士林或液状石蜡或植物油，缓缓插入肛门5～8厘米，接上盛有口服补液盐的注射器，注入直肠内。也可用温肥皂水30～40毫升灌肠。

（3）蓖麻油，大兔15～20毫升，小兔8～10毫升，加等量温水，灌服。

（4）酚酞1～1.5克，大黄苏打片2～3片，加温水30～40毫升，灌服。

（5）灌泻药后1～1.5小时，用新斯的明0.1～0.25毫克皮下注射，以促进粪便排泄。

五、毛球病

毛球病是家兔一种比较常见的代谢病，多由食入过多的兔毛，兔毛在胃内与胃内容物缠绕形成毛球混合物，毛球滞留在胃肠内，越积越大，阻塞胃肠道而发病。其临诊特征是长期消化不良、便秘、粪便带毛。长毛兔多发。

（一）发病原因

毛球病是由于家兔采食了一定数量的兔毛，在腹内形成毛团，堵塞胃肠道而引起发病。原因有以下几种：梳毛、采毛不及时，形成兔毛脱落，沾在饲槽和饲料上被兔吃了下去；某些体外寄生虫病引起家兔奇痒，相互之间咬食胸部、背部、臀部、尾部等处被毛，造成食毛现象严重；饲养密度过大，兔笼狭小，相邻兔笼隔网孔隙太大、无间距或无隔板等；母兔在分娩后吃胎衣、胎盘时，混吃下褥毛；家兔饲料配比不合理、营养不全，如缺乏粗纤维、矿物质元素（如钙、磷等）及维生素或含硫氨基酸等，运动不足，使兔体内少量的毛不能及时排出，久而久之形成毛团，积存在胃肠中；交配时，公兔咬了母兔的毛而吃了下去，日积月累形成毛球；未能及时清除掉在料盆、水盆中和垫草上的兔毛，被家兔误食；家兔是草食动物，饲喂精料过多，在冬季里大量利用豆腐渣等饲料，缺乏维生素或得不到足够的草料，也容易造成食毛；在家兔偶因生理上的变化，患有啮齿病后，因门齿长得特别长，在啃舔身上的异物时，就会把毛挂在齿上，在吃食时造成吃毛的机会；患有食毛癖。1～3月龄幼兔多发。秋、冬或冬、春季节交替时多发。

（二）临诊症状

病兔初期表现食欲减退，喜饮水，好卧，大便秘结，粪便中带毛（图4-5-1）。如持续吞毛即成食毛癖。如在胃中已形成毛球，并在幽门形成阻塞，则表现饮欲增加，消瘦，常伏卧，胃鼓胀，在前腹部向里向前触摸，可能触摸到毛球，不排便。如毛球较小，粪球大小不一或形成一串一串的粪球，粪便中有兔毛，常在小肠形成阻塞而不排便。病程延长终至衰竭死亡。当兔毛与饲料纤维缠结，毛球过大时，堵塞肠胃，引起肚痛。患兔贫血、消瘦、衰弱。病重时，因毛球摩擦胃壁，形成胃穿孔而死亡。

（三）病理变化

剖检可见胃内容物混有毛（图4-5-2）及异物（图4-5-3）或形成毛球（图4-5-4），有时因毛球阻塞而出现肠内空虚现象，或毛球阻塞肠而发生腹痛和阻塞部位前端臌气。

排出带毛的粪便

毛球便

1   2   3

图4-5-1 毛球病病兔所排出带毛的粪便（1，2，3）

图4-5-2 兔毛球症胃内容物中混有的毛

图4-5-3 兔毛球症胃内容物的异物

（四）诊断

根据病因、临诊症状可做出初步诊断，病理变化可最后确诊。

（五）类似病症鉴别

1.与兔便秘病的类症鉴别

（1）相似点　减食或废食，排便量少或不排便，胃部膨大。

（2）不同点　触摸便秘病兔腹部，可摸到肠内有积粪。

2.与兔胃肠臌气病的类症鉴别

（1）相似点　废食，腹部膨大，胃膨满，伏卧不动。

（2）不同点　多因吃易发酵饲料而发生胃肠臌气病，较急性。前腹部触诊，胃松软而不坚实。

（六）防制方法

1.预防措施

保证供给全价日粮，增加矿物质和富含维生素的青饲料，补充含蛋氨酸、胱氨酸较多的饲料。及时治疗家兔皮肤病，经常清理兔笼或兔舍，及时清理掉在饮水盆和垫草上的兔毛，饲养密度要适当，防止发生拥挤，加密相邻兔笼隔网，用双层网隔开2～3厘米间距或加隔板。对于宠物兔可以定期饲喂一些化毛膏类药物。

2.治疗方法

（1）病情轻者，多喂青绿多汁饲料，多运动即可治愈。

（2）病情重者，可灌服植物油或石蜡油10～20毫升，软化毛球，然后让家兔运动，同时用手按摩胃肠；或口服多酶片，每日1次，每次4片；也可用肥皂水灌肠，每日3次，每次50～100毫升，利于毛球排出。毛球排出后，应给予易消化的饲料，口服健胃药如酵母、大黄苏打片等，促进胃肠功能恢复。此外还可口服阿托品0.1克，同时配合腹外按摩挤压，促使毛团破碎而排泄。

（3）对有食毛症的家兔，还要将食毛兔隔离饲养，其饲料中添加1.5%硫酸钙和0.2%的胱氨酸＋蛋氨酸（或1%的毛发粉）。

（4）手术疗法。上述治疗措施无效者，应立即进行手术取出阻塞物（图4-5-5）或淘汰。

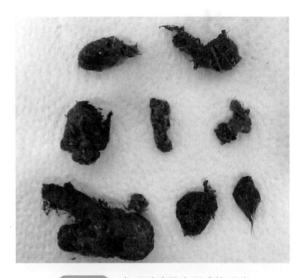

图4-5-4　兔毛球病胃内形成的毛球

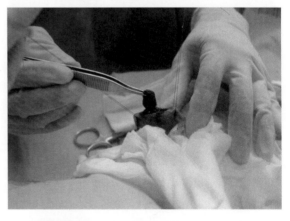

图4-5-5　兔毛球病病兔的手术取出阻塞物

六、豆状囊尾蚴病

兔豆状囊尾蚴病是由豆状带绦虫的中绦期幼虫——豆状囊尾蚴寄生于兔的肝脏、肠系膜和腹腔内引起的一种寄生虫病。本病呈世界性分布，有的地方发病率还很高，本病使兔生长发育缓慢，饲料报酬降低，严重者可引起死亡，对养兔业危害较大。我国兔豆状囊尾蚴病感染很普遍，可达40%～90%。养犬、猫多的地区感染率高，山区、丘陵区感染率高于平原。

（一）病原及生活史

豆状囊尾蚴呈白色的球形，似黄豆或豌豆样水泡，囊壁透明，囊内充满液体，其中有一个白色小头节（图4-6-1），上有4个吸盘和两圈角质钩。豆状带绦虫寄生于肉食兽（如猫、犬等）的小肠内，成熟绦虫排出含卵节片，兔在食入被污染的饲料和水源后，在肠道中，六钩蚴从卵中钻出，进入肠壁血流，随血流到达肝脏开始发育，在肝内穿行15～30天后，再从肝脏钻出，进入腹腔，在肠系膜、胃网膜等处生长发育为豆状囊尾蚴。因此，兔为豆状带绦虫的中间宿主，犬、猫和狐狸等野生动物为终末宿主。

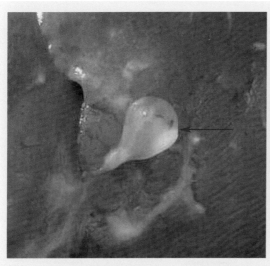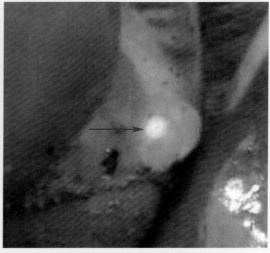

图4-6-1　呈白色的球形、似黄豆或豌豆样水泡、囊壁透明、囊内充满液体的豆状囊尾蚴，其中有一个白色小头节（箭头所指的是囊内白色小头节）

（二）流行特点

成虫寄生于猫、犬、狐狸等肉食兽的小肠中，带有大量虫卵的孕卵节片随其粪便排出体外。家兔主要经消化道感染，即食入了孕节和虫卵污染的饲料和饮水后即可感染本病。卵内的六钩蚴在兔的消化道内孵出，钻入肠壁，随血流至肝脏等部位，经15～30天发育成豆状囊尾蚴，表现出豆状囊尾蚴病的症状。含有豆状囊尾蚴的动物内脏被猫、犬、狐狸等吞食后，囊尾蚴在其体内发育为成虫，动物即出现豆状带绦虫病的症状。兔场内饲养有肉食性动物（如猫、狗等）易感染此病。

（三）临诊症状

家兔轻度感染豆状囊尾蚴病后，一般无明显的症状，仅表现为生长发育缓慢，寄生在肠系膜和腹腔时危害较小。感染严重时（囊尾蚴数目达100～200个），寄生在肝脏时，可导致肝功能严重受损，可因急性肝炎而突然死亡。慢性病例主要表现为食欲下降，消化紊乱，不喜活动等；病情进一步恶化时，表现为腹围增大（在胃大弯侧面附近可触摸到数量不等如豌豆大小的圆粒，有弹性），精神不振，嗜睡，食欲减退，逐渐消瘦，后期病兔耳朵、眼结膜苍白（图4-6-2，图4-6-3），最终因体力衰竭而死亡。豆状囊尾蚴侵入大脑时，可破坏中枢和脑血管，急性发作时可引起病兔突然死亡。

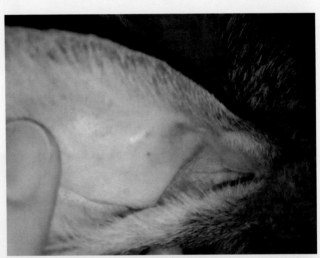

图4-6-2　兔豆状囊尾蚴病后期的病兔耳朵苍白

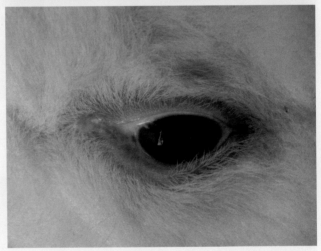

图4-6-3　兔豆状囊尾蚴病后期的病兔眼结膜苍白

（四）病理变化

剖检时常在肠系膜、网膜、肝脏表面及肌肉中见到数量不等、大小不一的灰白色葡萄串状透明的囊泡（图4-6-4～图4-6-7）。肝脏肿大，肝实质有幼虫移行的痕迹（图6-6-8）。急性肝炎病兔，肝表面和切面有黑红色或黄白色条纹状病灶（图6-6-9）。病程较长的病例可转为肝硬变。病兔尸体多消瘦，皮下水肿，有大量的黄色腹水。个别还有寄生于胸腔内的心包膜和肺脏上的豆状囊尾蚴（图4-6-10～图4-6-12）。

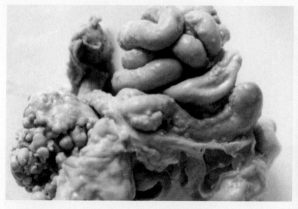

图4-6-4　肠系膜上寄生的豆状囊尾蚴

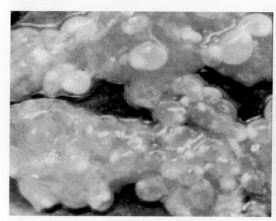
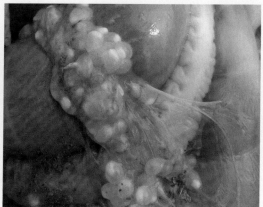

图4-6-5　网膜上大量寄生的豆状囊尾蚴

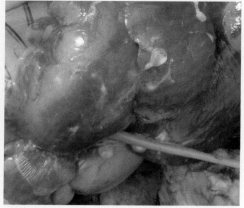

图4-6-6　肝脏表面寄生的豆状囊尾蚴

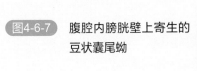 图4-6-7　腹腔内膀胱壁上寄生的豆状囊尾蚴

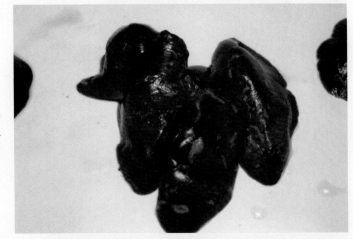

图4-6-8　豆状绦虫蚴病的肝脏肿大，肝实质有幼虫移行的痕迹

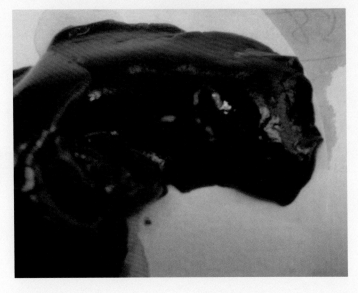

图4-6-9　兔豆状囊尾蚴病急性肝炎病兔的肝表面有黄白色条纹状病灶

图4-6-10 胸腔内心包膜上寄生的豆状囊尾蚴（1）

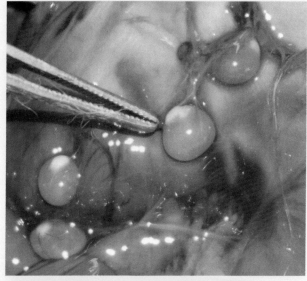

图4-6-11 胸腔内心包膜上寄生的豆状囊尾蚴（2）

图4-6-12 胸腔内肺脏上寄生的豆状囊尾蚴

（五）诊断

剖检发现豆状囊尾蚴即可做出确诊。生前仅以症状难以做出诊断，可用间接血细胞凝集试验诊断。

（六）类似病症鉴别

1.与兔伪结核病的类症鉴别

（1）相似点　慢性病，表现为逐渐消瘦、衰竭、食欲减退。

（2）不同点　兔伪结核病病兔，用手触摸腹部可感到回盲部及圆小囊肿大，蚓突变粗变硬，有时也可以摸到肠系膜淋巴结肿大；而兔豆状囊尾蚴病一般触摸不到。从病死兔的病理解剖上则较容易鉴别，伪结核病在脾脏、肝脏、盲肠和圆小囊等脏器上可见干酪样粟粒大小的结节；而兔豆状囊尾蚴病主要在胃大网膜膜、肠系膜和直肠后部的浆膜上可见到似成串的葡萄样半透明的豆状囊尾蚴。

2.与兔肝片吸虫病的类症鉴别

（1）相似点　逐渐消瘦、衰竭、贫血、食欲减退。

（2）不同点　兔肝片吸虫病的病原是肝片吸虫，便秘与腹泻交替，黄疸，眼睑、颌下、胸腹下出现水肿。剖检可见淋巴结红肿，有白色坏死灶。

（七）防制方法

1.预防措施

（1）兔场内禁止养犬、猫，以防止其粪便污染兔的饲料和饮水。同时也应阻止外来犬、猫等动物等与兔笼舍接触。

（2）对兔肉尸和内脏进行检疫，严禁用含有豆状囊尾蚴的动物脏器和肉喂犬、猫。

（3）对犬、猫定期驱虫，驱虫药可用吡喹酮，用量按动物每千克体重5毫克，口服，驱虫后对其关养2～3天，收集它们的粪便严格消毒或焚烧。

2.治疗方法

（1）吡喹酮，皮下注射或口服，每千克体重25毫克，每天1次，连用5天。

（2）甲苯唑或丙硫苯咪唑，口服，每千克体重35毫克，每天1次，连用3天。

（3）早晨空腹服生南瓜子50克（或炒熟去皮碾成末），2小时后喂服槟榔8～10克煎剂，再经半小时喂服硫酸镁溶液。

（4）党参、牵牛子、木香、大黄各2.5克，槟榔片3.5克。共研面，每次1.5克，糖水灌服，每天2次。

（5）绵马贯众、木香、槟榔、鹤虱、使君子、雷丸各50克。共研末，拌入饲料中喂给，每次5～10克。

七、栎树叶中毒

栎树又叫"柞树""青杠树"，是壳斗科、栎属植物的俗称，为多年生乔木或灌木（图4-7-1）。早春青草缺乏时，栎树叶可用作家兔的饲料。但其有毒，大量采食会引起中毒，多发生于早春季节。

图4-7-1　栎树

图4-7-2　栎树叶

（一）发病原因

栎树叶（图4-7-2）中含有大量的栎单宁，进入胃肠道后进一步水解为毒性更大的多羟基酚类化合物，对动物产生毒害作用。本病发生具有明显的地区性和季节性，只发生于栎树生长地区，3～5月饲草贫乏时，家兔长期或大量采食而中毒。

（二）临诊症状

中毒家兔表现精神极度沉郁，食欲减退，爱吃干草，消化不良，腹痛，便秘，粪便便秘附有褐色血丝。排尿频数，尿量增多，不久尿量减少直至完全尿闭。腹下水肿，腹围增大，最后因肾功能衰竭而死亡。

（三）病理变化

剖检可见皮下水肿，体腔积液，胃肠黏膜充血、出血，肾脏色淡、变性（图4-7-3）。

（四）诊断

根据发病原因、临诊症状和病理变化基本上可以确诊。

（五）防制方法

1.预防措施

在发病地区和发病季节要限制栎树叶的饲喂量，一般不超过日粮的40%，饲喂时间不宜过长，也可将栎树叶用0.1%高锰酸钾溶液浸泡后饲喂。

图4-7-3　栎树叶中毒病兔剖检可见肾脏色淡、变性

2.治疗方法

本病的治疗原则为排出毒物、解毒和对症治疗。发现中毒后，立即停止饲喂栎树叶，中毒家兔静脉注射10%硫代硫酸钠溶液5～10毫升、5%碳酸氢钠溶液2～5毫升，同时进行支持疗法和对症治疗。对出现水肿和腹腔积水的病兔，用利尿剂；为控制炎症可内服或注射抗生素或磺胺类药物。

第五章　以流涎为特征的类症鉴别及诊治

一、口腔炎

口腔炎是口腔黏膜炎症的总称，是口腔黏膜表层和深层组织的炎症，又称"口疮"。临诊上以流涎及口腔黏膜潮红、肿胀、水泡为特征。

（一）发病原因

机械性刺激是口腔炎发生的重要原因。如硬质和棘刺饲料，尖锐牙齿、异物（钉子、铁丝等）都能直接损伤口腔黏膜（图5-1-1），继而引起炎症反应。其次是化学因素，如采食霉败饲料，误食生石灰、氨水等，均可引起口腔炎。另外，口腔炎还可继发于舌伤（图5-1-2）、咽炎、喉炎、急性胃卡他等邻近器官的炎症以及传染性疾病（如兔传染性水疱口腔炎、坏死杆菌病等）。

（二）临诊症状

如果口腔炎是由粗硬饲料损伤所致，则兔群体中有许多只发病。口腔黏膜发炎疼痛，食欲减退。有的家兔虽处于饥饿状态，主动奔向饲料放置处，但当咀嚼出现疼痛时，便立即退缩回去。病兔大量流涎，并常黏附在被毛上（图5-1-3）。口腔黏膜潮红、肿胀（图5-1-4），甚至损伤或溃疡（图5-1-5）。若为水泡性口炎，口腔黏膜可出现散在的细小水泡，水泡破溃后可发生糜烂和坏死，此时流出不洁净并有臭味的唾液（图5-1-6），有时混有血液。

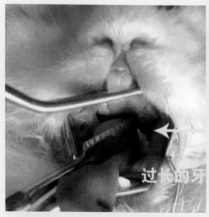

图5-1-1　过长的牙直接损伤口腔黏膜而引起口腔炎

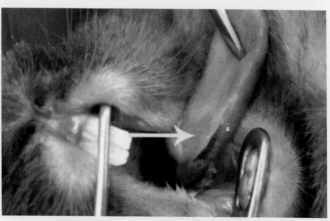

图5-1-2　口腔炎继发于舌伤（箭头所指舌的损伤）

图5-1-3　口腔炎病兔大量流涎，黏附于被毛

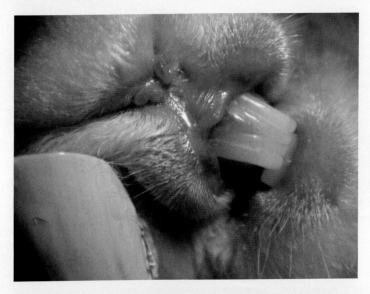

图5-1-4　口腔炎病兔口腔黏膜潮红、肿胀

图5-1-5　口腔炎病兔口腔黏膜溃疡

图5-1-6　患水泡性口炎病兔口中流出不洁净并有臭味的唾液，弄湿口腔周围被毛

（三）类似病症鉴别

1.与兔传染性水疱口腔炎病的类症鉴别

（1）相似点　流涎。

（2）不同点　兔传染性水疱口腔炎病是由水疱性口炎病毒引起的，具有传染性。

2.与兔坏死杆菌病的类症鉴别

（1）相似点　流涎。

（2）不同点　坏死杆菌病的病兔可在口腔部位形成脓肿，同时还可在面、头、颈、四肢关节、脚底发生坏死性炎；肝脏、脾脏、淋巴结涂片镜检，可见坏死杆菌。

（四）防制方法

1.预防措施

【措施1】平时要防止口腔黏膜的机械损伤，禁止饲喂粗硬带刺的或变质的饲料，注意及时清除口腔异物，修整锐齿。

【措施2】经口投药，避免用刺激性的药物，同时还要避免其他化学因素的刺激。

【措施3】加强饲养管理，饲养人员要仔细观察，提高警惕。

2.治疗方法

根据炎症的变化，选用适当的药液冲洗口腔。

【方法1】一般用1%食盐水或2%硼酸溶液或0.1%雷佛奴尔溶液或1%双氧水或5%明矾水或1%的高锰酸钾溶液冲洗，每天冲洗2～3次。冲洗时，兔的头部要放低，便于洗涤药液流出，如果头部抬得过高，冲洗药液容易误入气管，而引起异物性肺炎。

【方法2】口腔黏膜溃烂或溃疡时，口腔洗涤后，溃烂面涂10%磺胺甘油乳剂或1∶9碘甘油，每日2次。

【方法3】出现全身症状的患兔，应及时应用抗生素，如青霉素每千克体重1万单位、链霉素每千克体重2万单位，每8～12小时肌内注射1次。也可采用内服磺胺类药物治疗。

【方法4】中药疗法。可用青黛、黄连、黄檗、薄荷、桔梗、儿茶各等份，磨粉过80目筛后，喷洒于口腔内。

【方法5】给病兔饲喂营养丰富、容易消化的柔软饲料，以减少对口腔的刺激，同时给予清洁的饮水。

【方法6】对传染病合并口腔炎症者，宜隔离消毒治疗。

二、兔传染性水疱口腔炎

兔传染性水疱口腔炎是由水疱性口炎病毒引起的一种急性、热性传染病。其特征是口腔黏膜发生水疱性炎症并伴有大量流涎，故又称"流涎病"。是一种急性、发病率和病死率都比较高的传染病。发病率为65%左右，死亡率常在50%以上。

（一）病原

水疱性口炎病毒属于弹状病毒科、水疱病病毒属。病毒粒子呈子弹状或圆柱状（图5-2-1），有囊膜，大小为176纳米×69纳米，含单股脱氧核糖核酸，对脂溶剂敏感。病毒可在7～13日龄的鸡胚绒毛尿囊膜上及尿囊腔内生长，于24～48小时内使鸡胚死亡。在猪和豚鼠的肾细胞、鸡胚上皮细胞、牛舌细胞、猪胎细胞、羔羊睾丸细胞培养中有致细胞病变作用，并能在肾细胞单层培养上形成蚀斑。病毒在多种细胞中繁殖可以产生血凝素，并在0～4℃、pH6.2的条件下凝集鹅红细胞。病毒存在于病兔水疱液、水疱皮、口腔黏膜坏死组织、唾液和局部淋巴结中。家兔口腔黏膜涂布感染，可引发本病。

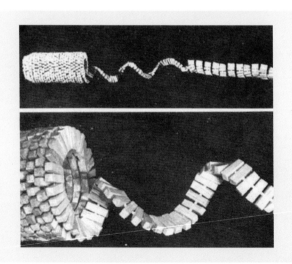

图5-2-1 水疱性口炎病毒的病毒粒子

病毒在4℃条件下能存活30天；在50%甘油生理盐水中保持于4℃冰箱内，能存活3～4个月；在−20℃条件下能长期存活；加热至60℃及在阳光的作用下，病毒很快失去毒力。2%氢氧化钠溶液或1%福尔马林溶液，能在数分钟内杀死病毒。

（二）流行特点

自然情况下，本病主要侵害1～3月龄的幼兔，最常见的是在断乳后1～2周龄的仔兔，成年兔较少发生。病兔是主要传染源，其口腔分泌物及坏死黏膜内含有大量病毒。其传播途径以消化道为主，健康兔在食入被病兔口腔分泌物或坏死黏膜污染的饲料或水，即可感染。肌内注射也可感染。饲喂发霉饲料或口腔黏膜存在损伤等情况时，更易诱发本病。本病不感染其他家畜。一般在春秋两季发病率较高。

（三）临诊症状

本病潜伏期3～7天。被感染的家兔，病初舌、唇和口腔黏膜潮红、充血，继而出现粟粒大至扁豆大的水疱和小脓疱（图5-2-2），其内充满纤维素性清液，不久水疱和脓疱破溃，发生烂斑，形成大面积的溃疡面，同时有大量唾液（口水）沿口角流出（图5-2-3）。使得唇外周围、颌下、颈部、胸部和前爪的被毛湿成一片，局部皮肤常发生炎症和脱毛（图5-2-4、图5-2-5）。常由于细菌的继发感染，引起唇、舌、口腔及其他部位黏膜坏死，并伴有恶臭。病兔不能正常采食，继发消化不良，食欲减退或废绝，精神沉郁，个别兔的体温升高（重者体温可升至41℃左右）并常发生腹泻，日渐消瘦，虚弱。一般病后5～10天衰竭而死亡。

图5-2-2　传染性水疱口腔炎　病兔初期的舌、唇和口腔黏膜出现粟粒大的水疱和小脓疱

口水侵蚀了下颌

图5-2-3　传染性水疱口腔炎病兔大量口水沿口角流出

图5-2-4　传染性水疱口腔炎病兔大量口水沿口角流出唇外，使颌下的被毛湿成一片

图5-2-5　传染性水疱口腔炎病兔唇外周围、颌下的被毛湿成一片，皮肤发生炎症和脱毛

（四）病理变化

剖检可见兔唇、舌和口腔黏膜有水疱、糜烂和溃疡（图5-2-6）；咽和喉头部聚集有多量泡沫样唾液，唾液腺轻度肿大发红；胃扩张，充满黏稠的液体；肠黏膜特别是小肠黏膜有卡他性炎症变化；尸体十分消瘦。

（五）诊断

根据本病大小水疱病变、特征性流涎症状、易发兔的年龄及发病有明显的季节性等流行特点，一般可做出初步诊断。必要时通过实验室检查确诊。

实验室检查：采取患兔的水疱液、水疱皮或口腔分泌物等病料以Hank's液作1∶5稀释，加入抗生素，用6号玻璃滤器过滤，滤液接种于兔肾原代单层细胞或BHK-21细胞株，如有本病毒存在，常于接种后8～12小时发生细胞病变，并可用已知抗体鉴定所分离的病毒，也可应用已知病毒检查康复血清中和抗体浓度，进行诊断。

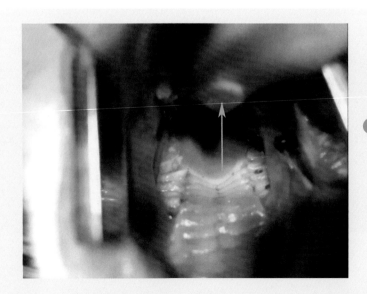

图5-2-6　传染性水疱口腔炎病兔剖检可见兔舌溃疡（箭头所示）

（六）类似病症鉴别

1.与兔口腔炎病（水疱性）的类症鉴别

（1）相似点 流涎。

（2）不同点 兔口腔炎病（水疱性）多因为饲料粗硬或饮水有刺激性而发病，无传染性，发病率和病死率不高，多数能很快治愈。

2.与兔坏死杆菌病的类症鉴别

（1）相似点 流涎，唇部、口腔黏膜、齿龈等处出现烂斑、溃疡。

（2）不同点 坏死杆菌病的病兔还可在面、头、颈、四肢关节、脚底发生坏死性炎；肝脏、脾脏、淋巴结涂片镜检，可见坏死杆菌。

3.与兔痘病的类症鉴别

（1）相似点 口腔周围出现斑点，体温升高、食欲减退或废绝，腹泻。

（2）不同点 兔痘病兔还在眼、耳郭、腹部、背部、阴囊皮肤，肛门和肛门周围出现斑点，然后形成丘疹（绝不变成水疱和脓疱症），同时还能发生在生殖器官上，而兔传染性水疱口腔炎没有这些临诊症状。

（七）防制方法

1.预防措施

【措施1】平时应加强饲养管理，不要饲喂带有芒刺的饲草和霉烂变质的饲料，清除饲草料中的尖锐物，以防尖锐物损伤口腔黏膜。

【措施2】防治引进病兔，引入种兔时，必须隔离饲养观察1个月以上，健康种兔方可混群。

【措施3】春、秋两季更要严格采取卫生防疫措施，定期用2%氢氧化钠溶液或0.5%过氧乙酸溶液或1%福尔马林溶液等消毒剂，对兔舍、兔笼及其他用具进行消毒。

【措施4】兔群体中发现病兔时立即隔离，同时进行消毒，并进行对症治疗和药物预防。

2.治疗方法

本病目前没有特效治疗方法，对病兔可做一些对症治疗，并用抗菌药物控制继发感染。

【方法1】全身治疗。用磺胺二甲基嘧啶治疗，每千克体重0.1克口服，每日1次，连服3天，并用小苏打水作饮水；或用病毒灵1片（0.2克），复方新诺明1/4片（0.125克），维生素B_1、维生素B_2各1片，共研磨，为一只兔1次内服量，每天2次，连服2天；或口服六神丸3粒，1日3次，连服2～3天。

【方法2】局部治疗。可用消毒防腐药液（如2%硼酸溶液、2%明矾溶液、0.1%高锰酸钾溶液、1%盐水等）冲洗口腔，然后涂擦碘甘油，每天1次，连用4天。

【方法3】中药疗法。用大青叶10克、黄连5克、野菊花15克，煎汤内服，此药量为5只兔1次剂量。同时可用青黛散（青黛10克、黄连10克、黄芩10克、儿茶6克、冰片6克、明矾3克研细末即成）涂擦或撒布于病兔口腔，1日2～3次，连用2～3天。中药还可用黄芩粉、冰硼散等，用法同青黛散。

【方法4】药物预防。对病兔群中未发病的兔，可用磺胺二甲基嘧啶预防，每千克精料拌入5克，或每千克体重0.1克口服，每日1次，连用3天。

三、坏死杆菌病

见第二章"十一、坏死杆菌病"。

四、硝酸盐和亚硝酸盐中毒

见第一章"八、硝酸盐和亚硝酸盐中毒"。

五、有机磷农药中毒

见第一章"九、有机磷农药中毒"。

六、氢氰酸中毒

见第一章"十、氢氰酸中毒"。

七、中暑

见第一章"十一、中暑"。

八、发霉饲料中毒

见第二章"十六、发霉饲料中毒"。

九、癫痫

癫痫多突然发生，迅速恢复，反复发作，呈现运动、感觉和意识障碍等临诊症状。

（一）发病原因

原发性癫痫可能由于脑组织代谢障碍，大脑皮层或皮层下中枢受到过度的刺激，以致兴奋与抑制过程间相互关系紊乱而引起。有的和遗传有关。继发性癫痫的病因主要有两个方面：一是脑内因素，如脑炎、脑内寄生虫、脑肿瘤等；另一个是脑外因素，主要见于心血管疾病、代谢性疾病、出血性败血症以及各种化学物质中毒。此外，外周部位受损、肠道寄生虫、过敏性反应等也能反射性地引起癫痫发作。极度兴奋、恐惧、摔倒、饱食、过饮等任何一种强烈的刺激都能促进癫痫的发作。

（二）临诊症状

病兔表现突然倒地，意识丧失，肢体强直性痉挛，瞳孔散大并失去对光的反射（图5-9-1）。牙关紧闭，口鼻吐白沫（图5-9-2），呼吸短暂停止，而后呼吸急促、困难。排尿、排粪失禁。一般持续半分钟或数分钟后，症状自行缓解，病兔可自行站立。本病病程长，发生频率不断增高。发作时间逐渐延长的病例，预后不良。

（三）诊断

根据发病原因和临诊症状，一般可以做出初步诊断。如果确诊还必须进行实验室的多方面的检查工作。

（四）防制方法

1.预防措施

加强饲养管理，保持环境安静，治疗原发病。病兔不宜留作种用。

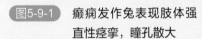
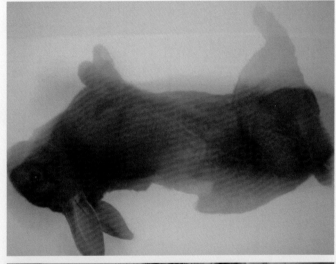

图5-9-1　癫痫发作兔表现肢体强直性痉挛，瞳孔散大

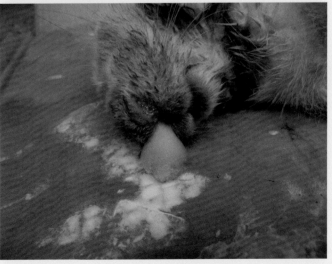

图5-9-2　癫痫发作兔表现牙关紧闭，口鼻吐白沫

2.治疗方法

用巴比妥或三溴合剂（溴化钠、溴化钾、溴化铵）经口或静脉注射。无诊疗价值的应尽早淘汰。

十、菜子饼粕中毒

菜子饼粕中毒是指动物长期或大量摄入含有硫葡萄糖苷的分解产物的油菜子饼粕引起的以急性胃肠炎、肺气肿、肺水肿、肾炎和甲状腺肿大为特征的中毒病。

（一）发病原因

在菜子饼粕中含有芥子苷、芥酸、芥子酶等成分，含毒量多少因品种、油脂加工工艺及土壤含硫量多少而有较大的差异。芥子苷在兔胃内经芥子酶水解，产生多种有毒降解物质，如异硫氰酸酯、噁唑烷硫酮、腈和芥子碱等。这些物质对黏膜具有较强的刺激和损害作用，可引起胃肠炎、肾炎及支气管炎，甚至肺水肿，还可引起甲状腺肿大、新陈代谢紊乱、血斑，并影响肝脏等器官的功能。一般菜子饼粕可占家兔日粮的5%，若采食量过大或未经脱毒处理即可引起中毒。

（二）临诊症状

兔采食后20～24小时发作，表现精神委顿、不食、流涎、缺钙、腹泻、腹痛、粪中带有少许血液。尿频，血尿，排尿痛苦，排出尿液很快凝固（图5-10-1），肾区疼痛，弓背，后躯不能站立，呈现犬坐姿势，体温高达40.3～40.8℃，可视黏膜苍白，轻度感染，心率加快，呼吸增速。有的发生肺气肿，易引起肺水肿，呼吸困难，两侧鼻孔流出泡沫状鼻液。慢性中毒的兔，均可发生甲状腺肿大，体重下降，幼龄兔表现生长缓慢。妊娠母兔表现妊娠期延长，新生仔兔发育不良，甲状腺肿大，病死率升高。

（三）病理变化

剖检可见黏膜苍白、黄染；肺脏轻度淤血、水肿；胃肠黏膜水肿、充血、出血，呈卡他

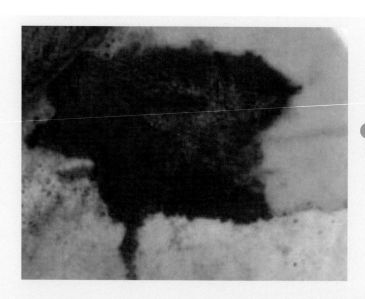

图5-10-1 菜子饼粕中毒病兔表现尿频，血尿，排尿痛苦，排出的尿液很快凝固

性、出血性炎症变化；肝脏淤血、肿大、坏死，表面混浊无光泽，切面结构模糊、湿润；肾脏肿大、暗红色（图5-10-2），切面实质出血，皮质增宽，肾盂内就有血液（图5-10-3）；脾脏轻度淤血，但不见肿大；心脏松软，心腔内积有凝固血液，其他脏器肉眼未见异常变化。

（四）诊断

根据长期采食生菜子饼粕的病史；有不吃、流涎、腹痛、粪中带血、血尿、心跳加快、精神沉郁、体温升高等临诊典型症状；剖检胃肠黏膜水肿、充血、充血，呈卡他性、出血性炎症，肺脏水肿，肝脏淤血、肿大、坏死，肾脏肿大等病理变化，可做出诊断。

（五）防制方法

1.预防措施

近年来，菜子饼粕中毒临诊上较为多见，引起死亡的也不少，故必须加强预防。

【措施1】预防本病的关键是合理使用菜子饼粕的量，并与其他日粮搭配使用，同时增加维生素和微量元素碘的量。

【措施2】对新购的菜子饼粕或含有菜子的配合料，喂后应看是否有不良反应，以利及早

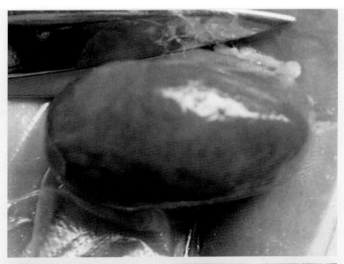

图5-10-2 肾脏肿大、暗红色

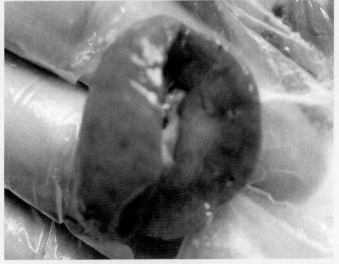

图5-10-3 切面实质出血，皮质增宽，肾盂内就有血液

发现，及时治疗。

【措施3】有条件时，最好对菜子饼粕进行去毒处理，最简便的方法是浸泡煮沸法，即将菜子饼粕粉碎后用热水浸泡12～24小时，弃掉浸泡液再加水煮沸1～2小时，使毒素蒸发掉后再饲喂家兔，也可使用坑埋法、热处理法、化学处理法、微生物降解法和溶剂提取法等。

【措施4】引进和选育双低油菜品种是菜子饼粕去毒和提高其营养价值的根本途径。

2.治疗方法

【方法1】本病无特效疗法，发现中毒后，首先停喂菜子饼粕及添加菜子饼粕的饲料，改变饲料配方，以碘盐替代食盐饲给。

【方法2】为保护胃肠道黏膜，促进毒物的排出，可用滑石粉10～20克，加水适量灌服，加入苏打5～10克或甘草末2克效果更佳。也可服盐类泻剂，如硫酸镁10～15克、苏打5克，加水适量，灌服。也可灌服0.1%高锰酸钾溶液、浓茶水，也可将茵陈30克、茯苓15克、泽泻15克、当归10克、白芍10克、甘草10克煎汁，分2次灌服。

【方法3】采取强心利尿、改善血液循环、稀释毒素、提高肝脏解毒机能、抗菌消炎等对症疗法。

【方法4】对于宠物兔，可在日粮中加10%鲜牛奶和适量鲜青菜，改善饲养管理，增加采食。

【方法5】病重的家兔，可静脉注射10%葡萄糖溶液10～20毫升、维生素C 5毫升。

十一、马杜拉霉素中毒

见第一章"十六、药物中毒"中的（一）马杜拉霉素中毒。

十二、阿维菌素（伊维菌素）中毒

见第一章"十六、药物中毒"中的（三）阿维菌素（伊维菌素）中毒。

十三、牙齿生长异常

养兔生产中家兔门齿及其他牙齿异常生长时有发生，影响采食。

（一）发病原因

牙齿生长异常主要由遗传因素、饲喂粉料、外伤等造成。

（二）临床症状

病兔上、下牙齿都长出口腔之外现象，引起门牙咬合不正（图5-13-1、图5-13-2）（视频5-13-1、视频5-13-2）；牙齿异常会引起舌头、口腔黏膜等受伤或引起周围组织化脓（图5-13-3～图5-13-5）；唾液流下，有时颈下会产生皮肤湿疹。

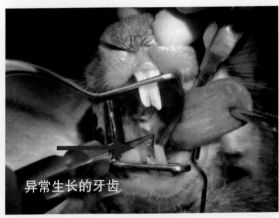

异常生长的牙齿

图5-13-1　病兔下门齿异常生长会引起门牙咬合不正

门齿畸形

图5-13-2　病兔上门齿畸形生长会引起门牙咬合不正

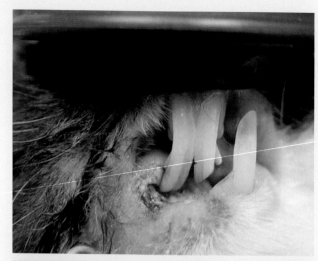

图5-13-3　病兔上门齿异常生长引起口腔黏膜溃疡

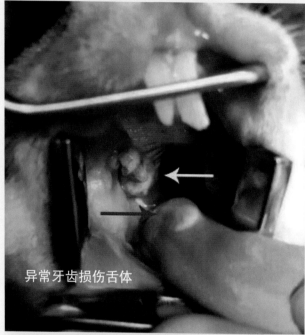

异常牙齿损伤舌体

图5-13-4　病兔异常牙齿引起舌头损伤

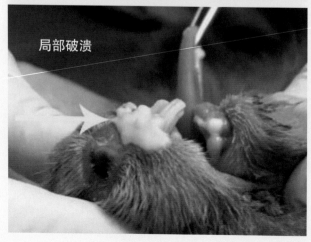

局部破溃

图5-13-5　病兔异常牙齿引起组织化脓而破溃

（三）防制方法

定期检查，早期发现，早期处理。发现兔出现食欲不振或流涎不止的现象时应检查口腔内部。视病情状况，可能需要进行拔牙、切断、研磨等手术治疗。其方法是：一助手用手术镊或注射器等硬物横插进口腔固定，还可以助手直接固定好兔子头部，露出过长门齿，术者持虎头钳或用犬用趾甲钳剪断门齿2/3或1/2（图5-13-6、图5-13-7），再长出，再剪去，就不会再长出了（视频5-13-3～视频5-13-6）。对于宠物兔，也可用人用的剪指甲刀来剪断门齿（图5-13-8）。

视频5-13-3

扫码观看：用老虎钳
修剪过长齿

视频5-13-4

扫码观看：用犬剪趾剪、注
射器修剪兔门齿过长齿

视频5-13-5

扫码观看：门齿剪断后
重新修剪

视频5-13-6

扫码观看：犬剪趾剪修
剪过长齿

图5-13-6　术者持虎头钳剪断门齿2/3

图5-13-7　术者用犬的趾甲钳剪断门齿2/3

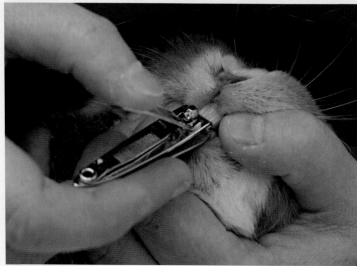

图5-13-8　用人用的剪指甲刀来剪断门齿

第六章　母兔生殖器官和产科疾病的类症鉴别及诊治

一、流产

流产是由于胎儿或母体异常而导致妊娠的生理过程发生扰乱，或它们之间的正常关系受到破坏而使妊娠中断。它可发生在妊娠的各个阶段，但以妊娠的早期较多见。

（一）发病原因

引起流产的原因很多，主要有以下几个方面。

（1）饲养管理不当　饲料单一或供应不足，长期饥饿，母兔过于瘦弱，使胎儿不能得到充足的营养；长期缺乏维生素A、维生素E及微量元素；母兔过于肥胖；饲喂霉变、腐败、有毒的饲料，造成中毒（如妊娠毒血症、发霉饲料中毒、棉酚中毒、有机磷农药中毒、亚硝酸盐中毒等）；夏季缺少防暑降温措施，造成高温气候；公母兔混养、强行配种，以试情法进行妊娠诊断；种兔年龄老化而未淘汰等。

（2）机械性损伤与惊吓　如进行兔的摸胎（图6-1-1）、捕捉、挤压、噪声、动物闯入、陌生人接近、追赶、打架、跳跃、手术等。

（3）用药错误　妊娠期间大量或长期使用药物，如服用泻药、驱虫药、利尿药，误用具有收缩子宫作用的药物（如胆碱类、麦角类、肾上腺皮质激素类药物）或激素（如雌激素、

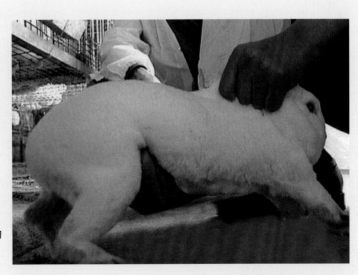

图6-1-1　给兔摸胎检查时，用力不当可造成流产

前列烯醇等）。

（4）胎膜和胚胎发育不良　由于近亲交配或具有致死、半致死基因重合，使精子或卵子发育不良，受精的合子生活力不强，使胚胎早期死亡被吸收。胎水过多、胎膜水肿、胎盘异常，使胎儿的营养供给障碍，引起胎儿死亡。

（5）生殖器官疾病　如子宫内膜炎、阴道炎、先天性子宫发育不全等。

（6）全身性疾病　母兔的心脏、肺脏、肝脏、肾脏及胃肠道疾病（腹泻、肠炎、便秘等）、某些传染病（如结核病、布氏杆菌病、葡萄球菌病、大肠杆菌病、密螺旋体病、李氏杆菌病等）、寄生虫病、中毒病等，均可并发流产。

（二）临诊症状

根据流产的症状不同，可分为隐性流产、小产、早产及延期流产。

（1）隐性流产　往往发生在胚胎在子宫内附植的前后。变性死亡且很小的胚胎被母体吸收，或在母体再次发情时随尿液排出未被发现，子宫内不残留任何痕迹，临诊上也见不到任何症状，故称"隐性流产"。生产中有时发现，母兔配种8～10天摸胎，触诊检查已经妊娠，但时隔数日胚胎已摸不到，或一直未见流产和产仔。

（2）小产　小产是排出死亡未经变化的胎儿。本流产最为常见。胎儿死后，它对母体而言已成为外物，引起子宫收缩反应（胎儿干尸化例外），数天之内将死胎及胎膜排出（图6-1-2）。小产如果胎儿小，排出顺利，预后良好，以后母兔仍能怀孕。否则，胎儿腐败后可引起子宫、阴道的炎症，影响以后受孕，甚至继发败血症。

（3）早产　早产即排出不足月的活胎儿。这类流产的预兆及过程与正常分娩相似，流产的胎儿也是活的，但未足月，生活力低下，如不采取特殊措施，很难成活（图6-1-3）。

（4）延期流产　胎儿死亡后，如果子宫阵缩微弱，子宫颈管不开或开放不大，死胎长期滞留于子宫内的现象称为"延期流产"。依子宫颈是否开放，其结果有以下两种。

① 胎儿干尸化。胎儿死亡后，子宫颈紧闭（黄体持续存在，仍大量分泌孕酮），胎儿未被排出，其胎水及软组织中的水分被母体吸收，变成棕黑色，好像干尸一样，称为"胎儿干尸化"，亦称"木乃伊"。兔部分胎儿干尸化，在临诊上难以诊断，需借助B超扫描等措施。

图6-1-2　母兔小产时排出死胎及胎膜

图6-1-3　死亡的早产胎儿

② 胎儿浸溶。怀孕中断后，死亡胎儿的软组织腐败分解，变为液体流出，而骨骼留在子宫内时，称为"胎儿浸溶"。胎儿浸溶可引起腹膜炎、败血症、脓毒血症等，预后不良。一般引起母体体温升高，不食，精神沉郁，阴门流出难闻的黏稠液体。

（三）防制方法

（1）隐性流产的防制方法　对隐性流产的防治重点在于预防。在母兔繁殖期要改善饲养管理条件，满足对维生素、微量元素及蛋白质的要求，保证优良的环境条件，以提高配子质量，使早期胚胎得以正常发育。

（2）小产的防制方法　对小产母兔的防治，应以尽快排出死胎为原则。死胎若不能自行排出，可用前列烯醇、催产素等药物催产，亦可人工助产，助产后须冲洗子宫及给足抗菌药。同时注意母兔的体温变化和对症治疗。

（3）早产的防制方法　发现母兔早产，应及时查明原因并加以排除。对有流产先兆的病兔，可用药物进行保胎。常用的药物是黄体酮15毫克，肌内注射，同时肌内注射复合维生素B 0.5毫升。对于流产的母兔应加强护理，为防止继发阴道炎和子宫炎而造成不孕，可投喂磺胺类或抗生素类药物，局部可用0.1%高锰酸钾溶液冲洗。让母兔安静休息，补充饲喂高营养饲料，待完全康复后配种。对早产胎儿应特殊护理，如保温、人工协助哺乳。

（4）延期流产的防制方法

① 胎儿干尸化。部分胎儿干尸化，若不影响其他胎儿发育则无需处理。若需处理，则用前列烯醇疗法，或雌二醇结合催产素法，或用地塞米松、促肾上腺皮质激素、雌激素等单用或合用治疗本病。

② 胎儿浸溶。防控胎儿浸溶的措施，先注射雌激素或前列烯醇，待子宫颈开张后，再向子宫内注入0.1%高锰酸钾溶液，再注入适量的润滑剂，在注射催产素或助产拉出胎儿。必要时进行全身疗法。

二、妊娠毒血症

见第一章"十三、妊娠毒血症"。

三、难产

母兔分娩时，在正常时间内不能顺利地将胎儿分娩出来称为难产。

（一）发病原因

分娩是由产力、产道和胎儿三个因素共同作用完成的，其中一个因素出现异常，均可发生难产。如母兔的子宫阵缩无力，母兔过肥或过瘦，配种过早，骨盆狭隘，骨盆骨折变形；胎儿过大，两个胎儿同时进入产道以及胎儿畸形，胎儿发生气肿、胎儿姿势不正常等，都可成为难产的原因。临诊上各种原因引起胎儿死亡后发生难产的情况较为多见。

（二）临诊症状

难产时，母兔有扯毛、做窝和努责、阵缩等分娩的症状，但迟迟不能将胎儿娩出，有时产出部分胎儿后而发生难产。难产时，母兔常表现鸣叫不安，时起时卧，频频排尿，腹部膨

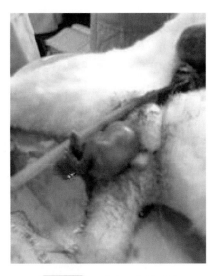

图6-3-1　难产母兔的胎儿后躯露出阴门外

胀，精神高度紧张。有时可见胎儿的部分肢体露出阴门（图6-3-1），严重者可导致母兔死亡。

（三）防制方法

发生难产后，应根据情况选用药物催产、人工助产、手术剖腹产等办法加以救治。

（1）药物催产　催产药物常用催产素（脑垂体后叶激素），每兔肌内注射5～10单位。

（2）手术助产　助产应在确定难产的原因后进行。助产前对局部消毒，产道涂润滑剂，助产外拉胎儿时应在母兔努责时进行，否则容易发生子宫脱出。推拉胎儿应防止损伤母兔产道，注意保护胎儿。为防止产后感染，助产后应用0.1%高锰酸钾溶液或0.1%雷佛奴尔溶液冲洗产道及子宫，排出冲洗液后放入抗生素或磺胺类药物。平时应针对难产发生的原因加强预防。

（3）手术剖腹产　当药物催产和手术助产无效时，就要选择手术剖腹产。剖腹产应尽量做到无菌操作，术后加强护理。

附：兔剖腹产

（1）术前准备　助手将兔右（或左）侧卧保定或仰卧保定。术部除毛、消毒。在预定切开部位用0.5%～1.0%盐酸普鲁卡因溶液6～10毫升做局部浸润麻醉，或肌内注射速眠新溶液（846合剂）0.3～0.8毫升进行全身麻醉。

（2）术式　手术切口选择在腹部触诊胎儿最明显处。右（或左）侧保定时，可在左（或右）侧胁部切开。若仰卧保定时，其切口在耻骨与脐孔之间的腹白线上。术部再次进行消毒，然后铺上创巾，进行隔离。依次切开皮肤、肌肉（或腹白线，仰卧保定时）及腹膜，切口大小以易取出胎儿和污染机会少为原则（大约长5～7厘米）。左手食、中指伸入腹腔，将两侧怀孕子宫角缓慢拉出切口外，在最靠近子宫体的胎儿处的子宫角大弯处切开子宫，进行取胎。最好是先取出一侧子宫角处理完后送回腹腔，再拉出另一次子宫角，以同样方法取胎，应尽量减少子宫角在腹腔外暴露的时间。胎儿取出结束后，将子宫角内的羊水、污血冲洗干净，并注入林可霉素注射液2毫升或其他抗生素，以两层缝合法缝合子宫壁，第一层用全层连续螺旋缝合法，第二层用连续伦勃特氏缝合法或库兴氏缝合法。若母兔因骨盆畸形或骨盆太小而引起的难产，应顺手结扎输卵管或摘除两侧卵巢做绝育手术。胁部切口的缝合，腹膜进行连续螺旋缝合法，肌肉进行结节缝合（腹白线切口的缝合，腹膜与腹白线进行连续螺旋缝合法），皮肤进行结节缝合，涂以2%～3%的碘酊，并做好结系绷带。

（3）术后护理　术后给母兔细心周到的照料，喂给易消化的食物，让其在清洁、干净、暖和、舒适的笼箱内。每天肌内注射青霉素2次，每次15万～20万单位，连用3～5天。也可内服复方新诺明，每天2次，每次1片，连用3～5天。术后7～8天拆线。

四、子宫脱出

子宫脱出是母兔在分娩后很短时间内发生子宫内翻并翻至体外的一种产后疾病。

（一）发病原因

母兔怀孕期间缺乏运动，营养不良，缺钙，衰老，体质虚弱，长期患慢性消耗性疾病，患子宫炎及阴道炎，经产，胎水过多，胎儿头数过多等因素，使子宫过度伸张和子宫肌弛缓；或胎儿过大，母兔强烈努责等原因，都可使子宫脱出。

（二）临诊症状

母兔分娩后很短时间，子宫内翻，从阴门脱出。在阴门外，初期可见到一个不规则的长圆环状物（图6-4-1），随着时间的延长，造成进一步的脱出，形成大小不等的柔软而有弹性的形似肠管的两个子宫角（图6-4-2）。开始色泽鲜红，后呈青紫色或暗红色。时间稍长，黏膜水肿、变厚、极易破裂出血。外面常粘有兔毛、粪渣及草屑，有的部分黏膜发生溃疡和坏死。病情严重者，可见患兔体温升高，精神沉郁，食欲减少和呼吸增快等明显症状。治疗不及时，可导致家兔失去繁殖能力（子宫炎、阴道炎、屡次配种不孕），甚至发生死亡。

（三）类似病症鉴别

1.与脱肛和直肠脱的类症鉴别

（1）相似点　有少部肠管样物突出于体外，站立时可缩回；脱出较多时站立也不能缩

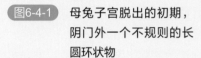

图6-4-1　母兔子宫脱出的初期，阴门外一个不规则的长圆环状物

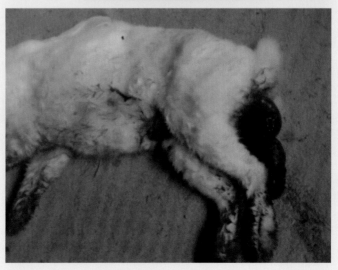

图6-4-2　母兔子宫脱出的柔软而有弹性的形似肠管的两个子宫角

回，不断努责。

（2）不同点　脱肛和直肠脱是脱出于肛门外。

2.与膀胱脱出的类症鉴别

（1）相似点　脱出于阴门。

（2）不同点　膀胱脱出发生于分娩胎儿未产出前，触摸有波动感，用针穿刺可排出尿液。

（四）防制方法

1.预防措施

【措施1】妊娠期间，应满足母兔对蛋白质、钙、磷的需要；要注意适当运动和光照；注意预防寄生虫病和生殖器官疾病。

【措施2】产仔期间，要精心护理母兔，一旦发现子宫脱出，应尽快采取措施。

2.治疗方法

对子宫脱出的病例，必须及早实施手术整复。子宫脱出时间越长，整复起来越困难，所受外界刺激越严重，康复后不孕率也越高。

【方法1】用温的0.1%高锰酸钾溶液，或0.1%新洁尔灭溶液，或3%明矾水溶液等清洗子宫黏膜上的粪便、被毛、褥草及其他污物。若脱出时间较长，子宫严重淤血、肿胀，可用浓盐水清洗，使其脱水，以便整复。然后在子宫黏膜上撒上少量青霉素粉或链霉素粉或涂碘甘油等。助手提起患兔的两后肢，倒立固定病兔，为防止疼痛性休克和顺利整复复位，取2%盐酸普鲁卡因注射液0.5毫升，经消毒后行百会穴注射，再取0.5%的盐酸普鲁卡因液，于两侧外阴门基部各注射1毫升。术者一手轻轻托起脱出的子宫，再用另一只手细心地将脱出的子宫从阴门四周缓慢地推入阴门。再提起后肢将病兔左右摇摆几次，拍击病兔臀部，促使子宫复位。为防止再次脱出，对阴门作1～2针结节缝合。

【方法2】术者用食指或将消毒的钢笔筒涂上润滑剂，顶在子宫脱出部分的尖端，小心地往回送，待送进2/3时，抽出食指或钢笔筒继续推送，子宫全部送入后再抓住兔的后腿轻轻地抖动几下，以利子宫复位。为防止再次脱出，对阴门作1～2针结节缝合。

【方法3】脱出子宫损伤严重、组织失去活性或不能整复时，可作卵巢子宫的全切除术或淘汰。

【方法4】预防复发及护理。促进子宫复位，可肌内注射或皮下注射催产素5～10单位。除局部涂抹抗生素外，全身给予抗生素3～5天，以防感染和败血症的发生。对病兔要注意观察，如发现有努责现象，须检查是否有子宫内翻的情况，如有则立即加以整复。

五、产后瘫痪

产后瘫痪又称为"生产瘫痪""产后麻痹""产后瘫"，也称"乳热症"，是母兔分娩前后突然发生的一种严重的钙代谢障碍性疾病，其特征是由于低血钙而使知觉丧失及四肢瘫痪。

（一）发病原因

饲料中缺钙磷等矿物质、频繁繁殖，产后缺乏阳光、运动不足和应激是致病的主要原因，尤其是母兔产后遭受到贼风的侵袭时最易发生。此外，分娩前后消化功能障碍及雌激素分泌过多，均可引发本病。另外，兔笼舍长期潮湿、受惊吓、饲料中毒、母兔患疾病（如球虫病、梅毒病、子宫炎、肾炎等）等都会引起本病发生。一般发生于产后2～3周，个别母兔发生在临产前2～4天。

（二）临诊症状

突然发病，精神沉郁，坐于角落，惊恐胆小，食欲下降甚至废绝，常常便秘，小便减少或不通。轻者跛行、半蹲行或匍匐行进（图6-5-1），重者四肢向两侧叉开，不能站立。反射迟钝或消失，全身肌肉无力，严重者全身麻痹，卧地不起。有时同时出现阴道脱出（图6-5-2）或子宫脱出，造成流血过多和杂菌污染而死亡。体温正常或偏低，呼吸慢，泌乳减少或停止。

图6-5-1　产后瘫痪的母兔出现匍匐行进

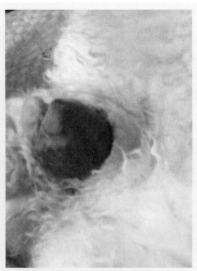

图6-5-2　产后瘫痪母兔伴发阴道脱出

（三）诊断

根据问诊结果（病兔突然产后发病，饲料中钙、磷含量不足或哺育仔兔过多，钙磷丢失严重，四肢无力或后肢麻痹，出现神经机能障碍等典型症状）、治疗性诊断（补钙后症状快速消失等）便可确诊。

（四）类似病症鉴别

本病应注意与截瘫作鉴别。
（1）相似点　后肢麻痹，瘫卧，不能站立，食欲废绝。
（2）不同点　截瘫因捕捉或坠落形成腰椎骨折或脱位，按压腰部有疼痛反应，针刺痛点的后部皮肤无反应，痛点前方针刺反应强烈。

（五）防制方法

1.预防措施
对怀孕后期或哺乳期母兔，应供给钙、磷比例适宜的和维生素D充足的日粮。注意兔笼舍卫生，保持干燥，增强运动。

2.治疗方法

【方法1】补钙疗法。10%葡萄糖酸钙溶液5～10毫升、50%葡萄糖溶液10～20毫升，混合1次静脉注射，每日1次。也可用10%氯化钙溶液5～10毫升与等量10%葡萄糖溶液静脉注射。或用维丁胶性钙注射液1～2毫升，肌内注射。有食欲者饲料中加服糖钙片1片，每日2次，连续3～6天。同时调整日粮鱼粉、骨粉和维生素D含量。

【方法2】对症疗法。对病兔按摩麻痹的后肢，使其经络活通；用直流电疗器电疗，阴极接前脚（拔去脚毛，使金属电线直接接触皮肤），每天电疗2次，每次15～20分钟，连续10天，以后每隔3天进行1次，继续5～6次；每隔2～3小时直肠灌注温热的食糖溶液10～30毫升；内服蜂蜜3～5毫升，每天1次。经久不愈的应尽早淘汰。

六、子宫内膜炎

兔子宫内膜炎是兔子宫黏膜的黏膜性或化脓性炎症，有急性和慢性之分，是造成母兔不孕的主要原因之一。多发生于产后及流产后，病兔常从阴道排出黏液性或脓性渗出物。

（一）发病原因

常因配种、分娩、人工助产或人工授精时微生物侵入所致。也可由阴道炎、子宫颈炎、子宫复旧不全、剖腹产术、子宫脱出、胎衣不下、流产（胎儿腐败分解）、产后感染等引起。也可继发于结核、沙门氏菌病等传染病。此外，公兔生殖器官的炎症和感染，也可通过本交或精液传给母兔而引起发炎。

（二）临诊症状

（1）急性子宫内膜炎　多发生于产后及流产后，全身症状明显。食欲减退，体温升高，弓背，尿频，时常努责，有时随同子宫的努责而从阴门排出较臭、污秽不洁的红褐色黏液或黏液脓性分泌物（图6-6-1）。

（2）慢性子宫内膜炎

① 慢性黏液性子宫内膜炎。其特征是性周期不正常，有时虽有发情，但多次配种而不能受孕。阴道检查，可见黏膜充血，并不断排出透明而带絮状物的黏液。

图6-6-1　急性子宫内膜炎阴门流出黏稠性分泌物

② 慢性化脓性子宫内膜炎。往往表现全身症状，逐渐消瘦，阴唇肿胀，从阴门流出黄白色或黄色的黏液性或脓性分泌物（图6-6-2）。

（三）病理变化

阴道流出黏液或黏液脓性分泌物，子宫内积有脓性渗出物（图6-6-3）或血样暗红色液体，有时子宫内还有死亡或已被吸收的胎儿组织或灰白凝乳块状物，子宫内膜出血，并有坏死或增厚的病灶（图6-6-4）。部分病兔可见子宫内黏稠的干酪样脓肿。

图6-6-2　慢性化脓性子宫内膜炎从阴门流出黄白色脓性分泌物

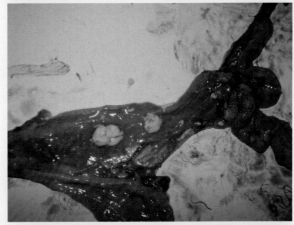

图6-6-3　子宫内的脓性渗出物

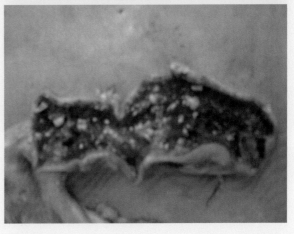

图6-6-4　子宫内膜出血，并有坏死或增厚的病灶

（四）诊断

母兔性周期不正常，屡次配种不孕；从阴门流出黏液性或脓性分泌物以及子宫内膜的炎性变化即可做出诊断。鉴定是何种原因引起的子宫内膜炎，要依据病史资料、发病特点和渗出物的性状进行综合分析，同时作微生物检查。李氏杆菌感染时，子宫渗出物多为暗红色；沙门氏菌感染时，病兔常伴有顽固性腹泻；继发感染病例，有时可见子宫内黏稠干酪样脓肿。

（五）类似病症鉴别

1.与兔阴道炎病的类症鉴别

（1）相似点　阴门排出较多异常的分泌物。

（2）不同点　阴道炎病兔阴门排出的以炎性分泌物为主，阴道内黏膜潮红肿胀。

2.与兔子宫蓄脓病的类症鉴别

（1）相似点　食欲减退，体温升高，阴门内排出脓性分泌物。

（2）不同点　子宫蓄脓病兔表现烦渴、多尿、呼吸加快，一侧或两侧子宫扩张，触诊后腹部有膨大的子宫角。

（六）防制方法

1.预防措施

【措施1】对怀孕母兔应给予营养丰富的饲料，给予适当的运动，增强体质与抗病能力。

【措施2】助产时应规范化进行；在实施人工授精时，要严格消毒，分娩后兔舍要保持清洁、干燥，预防子宫内膜炎的发生。

【措施3】对屡次配种不孕的母兔要及时检查。

【措施4】发现病兔及时隔离治疗，以防交配时相互传播。

2.治疗方法

治疗原则是加强子宫内渗出物的排出，消炎抗菌，促进子宫机能恢复。久治不愈的应尽早淘汰。

【方法1】冲洗子宫及子宫内用药。冲洗时要在子宫颈开张的情况下进行，而且要根据情况采取不同措施。急性、慢性黏液性子宫内膜炎，可用温热的1%氯化钠溶液，反复冲洗，直到排出液透明为止。然后经腹壁按摩子宫，排出冲洗液，放入抗生素或其他消炎药物，每日洗1次，连续2～4次。化脓性子宫内膜炎，可用0.1%高锰酸钾溶液、0.1%雷佛奴尔溶液、0.1%新洁尔灭溶液等冲洗子宫，而后注入5～10毫升青霉素-链霉素溶液（其中青霉素的含量为20000单位/毫升，链霉素的含量为20毫克/毫升）。

【方法2】全身治疗及对症治疗。可应用抗生素疗法及磺胺类药物疗法，同时采取强心、利尿、解毒等对症疗法。

七、无乳、少乳症

母兔产后由于乳腺机能紊乱，泌乳量显著减少或突然无乳。

（一）发病原因

本病多见于初产母兔和老龄母兔。饲料不足，体质瘦弱，全身性疾病（胃肠炎、热性病）、慢性消耗性疾病、疼痛性疾病等均可引起。乳腺发育不全或内分泌机能紊乱，受到惊吓，仔兔死亡，变更饲养场或饲养员等也可导致乳液减少（隐性乳腺炎以乳量减少为明显症状，是引起少乳或无乳的主要疾病）。

（二）临诊症状

临诊症状主要表现在仔兔和母兔两个方面。仔兔吃奶次数增多，但吃不饱，在巢箱内爬动、鸣叫，逐渐消瘦，增重缓慢，发育不良，甚至因饥饿而死亡。母兔不愿哺乳或拒绝哺乳，乳房和乳头松弛、柔软或萎缩变小，乳腺不发达，用手挤不出乳汁或量很少（图6-7-1）。也有产后12～24小时可观察到乳房肿大（图6-7-2），但无乳，造成仔兔吃不到奶而饥饿。

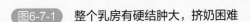

图6-7-1　整个乳房有硬结肿大，挤奶困难

图6-7-2　母兔产后12～24小时乳房肿大，仔兔饥饿

（三）诊断

产后少乳或无乳，乳房肿大有硬结，仔兔饥饿等便可确诊。

（四）防制方法

1.预防措施

【措施1】首先应改善母兔的饲养管理，给予富含蛋白质的精料、青草、多汁饲料及动物性饲料。

【措施2】其次轻易不要改变饲养方式、更换饲养员和饲料，给哺乳母兔创造安静舒适的生活环境，减少各种应激因素。

【措施3】淘汰过老或泌乳性能差的母兔，选育饲养母性好、泌乳充足的母兔留种。

【措施4】积极治疗母兔原发性疾病，同时分娩前后注意协助母兔拉毛催乳。

2.治疗方法

对产后无乳或少乳的母兔应进行催乳。在用药治疗的同时，还应首先增加全价配合精料及青绿多汁饲料的喂量，供足饮水，让母兔适当运动。

【方法1】可用温盐水擦洗乳房，结合按摩1～2次，促进乳腺发育和泌乳。

【方法2】拉毛催奶。在母兔分娩拉毛时，将其拉下的毛取走，母兔发现毛少了，就会继续拉毛，直拉到腹毛光秃。如果初产母兔不会拉毛可人工帮助拉毛，使乳头充分暴露。此法有明显的催奶效果。

【方法3】红糖水催奶。母兔分娩后，立即用开水冲一碗红糖水给母兔喂服，可提高泌乳量。

【方法4】鱼催奶。用鱼50～100克，没有鲜鱼时，干鱼也可（但最好是没有经过盐腌制的），在锅内煮后，取汤或肉拌料喂母兔，连用3～5天，喂食后第二天即见母兔腹部周围隆起。

【方法5】黄豆、豆浆催奶。将黄豆20～30粒用开水浸泡后煮熟拌入饲料中喂兔，也可在豆浆中添加开水，候凉后供母兔饮用，但豆浆要随配随用，喂量不宜过多。

【方法6】豆饼催奶。将豆饼粉碎后，加水浸泡9～12小时，将泡好的水供母兔饮用，剩渣拌入饲料喂兔。

【方法7】蚯蚓催奶。将新鲜蚯蚓用开水泡至发白后，切碎拌红糖喂母兔，每天喂2次，每次喂1～2条。也可将蚯蚓晒干、粉碎后，每天10～15克，连喂4天，可增加泌乳量1.5倍。

【方法8】花生米催奶。将花生米2～3粒，用温水浸泡1～2小时，使其充分泡开，拌入饲料内让母兔自行采食，连用2～3次，母兔泌乳就会十分旺盛。

【方法9】催乳片催奶。内服人用催乳片，对无奶哺乳母兔，可喂催乳片，每天2片，连喂3～4天。试用激素治疗，每兔皮下或肌内注射垂体后叶素10单位，每天1次，连用3～5天。

【方法10】芝麻10克，花生米15克，酵母片5～8片，共捣碎拌精料喂兔，每天1～2次，连用3～5天。

【方法11】王不留行20克，通草、穿山甲、白术各7克，白芍、山楂、陈皮、党参各10克，共研为末，分10次调在饲料中喂给。

【方法12】王不留行、天花粉各30克，漏芦20克，蚕15克，猪蹄1只，水煮后分10次调拌在饲料中喂给。

【方法13】野草催乳。产仔前后多采集一些香菜、桃叶亚葱、王不留行、抱茎苦荬菜、蒲公英、苦菜、山苦荬、苦苣菜、剪刀股、泽漆等野草喂母兔，有促进泌乳和预防生殖系统炎症的作用。

【方法14】口服补液盐（ORS）盐法。氯化钠3.5克、氯化钾1.5克、碳酸氢钠2.5克，葡萄糖20克，加温水1000毫升，溶解供母兔自由饮用，每天1～2次，连用2～3天。

八、乳腺炎

兔乳腺炎是多种因素引起家兔乳腺组织的一种炎症性疾病，是严重危害繁殖母兔的一种常见疾病。多发生于产后5～25天的哺乳母兔。

（一）发病原因

发病原因主要有以下几方面：乳房在受到机械性损伤后伴有细菌的感染，如仔兔啃咬、抓伤、兔笼和产箱进出口的铁丝或其它锐物刺伤等。创口感染的病原菌主要是金黄色葡萄球菌、链球菌等；母兔妊娠末期饲喂大量的精料，使营养过剩，产仔后乳汁分泌多而稠。或因仔兔少或仔兔弱小不能将乳房中的乳汁吸尽，容易使病原菌入侵；兔舍及兔笼卫生条件差，容易诱发本病。

（二）临诊症状

临诊型乳腺炎可分为普通型、化脓型和败血型。

（1）普通型　一般仅局限于一个或多个乳房发炎，患部红肿充血，乳头焦干（图6-8-1），皮肤紧张发亮，有灼热感，触之乳房内有肿块。病兔通常拒绝哺乳。但轻者仍能正常让仔兔吃乳，却哺乳时间较短。

（2）化脓型　多由普通型转化而来。若乳房内肿块治疗不及时，即变为化脓结节，可在乳房周围皮肤下摸到山楂大小的硬块，逐渐形成脓肿；最后，脓肿破溃，脓液流出（图6-8-2），也可提前用手将脓液挤出（图6-8-3）。

（3）败血型　乳房局部红肿、增温、敏感。继而患部皮肤呈蓝紫色甚至乌黑色（又称蓝乳房病）（图6-8-4），并迅速蔓延至所有乳房。病兔拒绝哺乳，神态紧张，弓背不安，从巢箱里跳进跳出，不让乳兔吃奶。病兔精神沉郁，体温升高至40℃以上，食欲下降，饮欲增加，通常在2～3天内死于败血症，是家兔乳腺炎中病症最严重、死亡率最高的一种。患病母兔如继续哺乳，则仔兔常常整窝的发生急性肠炎，造成严重死亡。

（三）诊断

根据发病时间（多发生于产后5～25天）、仔兔相继死亡或患仔兔黄尿病、乳房的特征性症状以及治疗性诊断等进行确诊。

（四）防制方法

1.预防措施

【措施1】母兔产前应控制饲喂料量，产后应根据产仔数、哺乳仔兔的多少及乳汁情况相应供给精料和多汁饲料的饲喂量，以防引起乳汁分泌的异常（过稠过多或过稀过少）和造成乳汁在乳房中蓄积，从而避免发生乳腺炎。

【措施2】保持兔笼和运动场的清洁卫生，清除尖锐

图6-8-1　普通型乳腺炎的乳房红肿充血，乳头焦干

图6-8-2　化脓型乳腺炎的乳区脓肿破溃后流出的脓液

图6-8-3　化脓型乳腺炎提前用手将脓液挤出

图6-8-4　乳房红肿，患部皮肤呈乌黑色

物，特别要保持兔笼和产箱进出口处的光滑（视频6-8-1），以免损伤乳头。

【措施3】刚产出的仔兔，脐带要消毒，以防感染。

【措施4】繁殖母兔皮下注射葡萄球菌疫苗2毫升，每年2次，可减少本病的发生。

2.治疗方法

【方法1】封闭疗法。青霉素10万～20万单位，0.25%普鲁卡因注射液10～20毫升，在乳房患部做周边封闭，每日1次，连用3天。

【方法2】物理疗法。乳腺炎患病初期，把乳汁挤出后，用冷水冷敷一天。24小时后，可用温水（40～45℃）或温10%～25%硫酸镁溶液（或2%硼酸水或花椒水）热敷，每次5～10分钟，每天3～4次。

【方法3】全身疗法。败血型及化脓型病例同时用青霉素、链霉素各20万单位进行肌内注射，每天上、下午各1次，连续3～5天。局部涂抹5%鱼石脂软膏或10%樟脑油膏。

【方法4】手术疗法。已形成脓肿者，应切开排脓，挤出乳房内的乳汁（视频6-8-2，视频6-8-3），再用0.1%高锰酸钾溶液或3%双氧水冲洗（视频6-8-4），对创口要用消毒纱布擦净（图6-8-5），然后涂魏氏流膏或鱼肝油磺胺乳剂等，或在创口内外撒上消炎粉（图6-8-6）。经久不愈的应尽早淘汰。

视频6-8-2

扫码观看：化脓性乳腺炎
手术切开排脓

视频6-8-3

扫码观看：乳腺炎多处
化脓的手术治疗

视频6-8-4

扫码观看：化脓性乳腺炎
切开后，双氧水冲洗

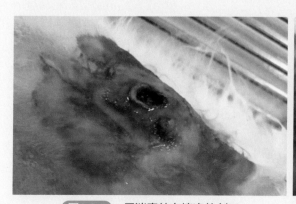

图6-8-5　用消毒纱布擦净的创口

图6-8-6　在创口内外撒上消炎粉

【方法5】中药疗法。地榆20克、白菊花24克、紫花地丁18克、蒲公英20克、野菊花22克，每只兔每天1剂，煎汤分两次服，连服4天。同时将蒲公英5克、紫花地丁5克、菊花5克、金银花5克、芙蓉花5克等五味中药混合均匀捣烂为末，直接涂敷于肿胀的乳房上，每天1次，连用4～5天；或采集金钱草100克，洗净捣烂，放入锅内炒热烹入白酒50克，搅拌后迅速捞出，趁热敷于患处，外用纱布固定，每天1次，轻者一次即愈，重者可连续用药2～3次。

【方法6】水胶涂抹法。对于普通型乳腺炎，初期时，将乳汁挤出，用温水将乳头、乳房洗净，然后将木工用的水胶炒煳压成粉末，并加入食醋，搅拌和成糊状，均匀地涂抹在乳房患处，每天涂抹1次，2天便可痊愈。

九、假孕

假孕也称"伪妊娠"。是母兔常见的现象，是指母兔发情后在未交配或交配后没有受孕的情况下，全身状况和行为出现妊娠所特有的变化是一种综合征。假孕虽然并不会引起生殖道的疾病，但会影响母兔的正常繁殖。

（一）发病原因

造成母兔假孕的原因是排卵后没有受精。如子宫炎、阴道炎、公兔精液不良、配种后短期高温或营养过剩（尤其是高能量），母兔发情后没有及时配种而造成公兔对母兔进行爬跨刺激，母兔间的互相爬跨，以及母兔爬跨仔兔，甚至人对母兔的抚摸、梳理等，都可能引起母兔的排卵。假孕在一些兔场并不少见，个别兔场假孕率可达30%左右，尤以秋季多发。

（二）临诊症状

兔假孕和真怀孕一样，卵巢形成黄体，分泌激素，抑制卵细胞成熟，子宫上皮细胞增殖，子宫增大，乳腺激活，乳房胀大（图6-9-1），不再发情，不接受交配等。在正常妊娠时，妊娠第16天后，黄体得到胎盘分泌的激素支持而继续存在，抑制母兔发情，维持妊娠安全。但假孕时，由于没有胎盘，在16天左右黄体退化，于是母兔假孕结束，表现临产行为，如衔草、拉毛营巢，乳腺甚至分泌出一点乳汁。假孕一般持续16～18天。假孕结束时，配种极易受胎。

（三）防制方法

1.预防措施

【措施1】建立谱系档案。对作繁殖用的种兔，应建立系谱，分组编号。公兔、母兔分别建立繁殖卡片，使交配、产仔有记录，做到近亲不配，未发育成熟不配，换毛高峰期和风雨雪炎热天气不配。

【措施2】配种前消炎。配种前，应检查母兔的生殖系统有无炎症，如有炎症，应及时治疗，可内服

图6-9-1　假孕造成的乳房胀大

抗生素类药；对外部炎症可用0.1%的温新洁尔灭溶液洗涤，待痊愈后再配种。

【措施3】采用二次配种技术。一般种兔场采用重复配种法，即在第1次配种5～6小时后再用同一只种公兔，进行第二次交配。商品兔场可采用双重配种法，即在第1只公兔交配后过15分钟再用另一只种公兔交配1次。若是采用长期没进行交配的种公兔，必须在配种6～8小时内进行复配。

【措施4】加强饲养管理。搞好清洁卫生和消毒工作，对种兔增加运动时间，防止过度肥胖。不要随意捕捉、抚摸母兔。除促使母兔发情外，一般不让试情的公兔随意追逐爬跨母兔。种母兔应分笼饲养，保持1兔1笼，防止有的母兔在发情后而爬跨其他母兔。

【措施5】及时补配。母兔在交配后的10～12天之间进行摸胎检查，发现不孕母兔要及时补配。

2.治疗方法

当发现假孕后，将其立即放进公兔笼内进行配种，一般即可成功妊娠。

十、不育

不育是指动物暂时性或永久性地不能繁殖。一般将雌性动物的不育称为不孕症。雄性动物达到配种年龄不能正常交配，或精液品质不良，不能使雌性动物受孕则称为不育。

（一）母兔不孕症

母兔不孕症是指母兔在体成熟之后，或在分娩之后超过正常时限仍不能发情配种受孕，或虽经过数次发情配种后仍不能怀孕的一种病理状态。

1.发病原因

造成不孕的原因是多方面的。

（1）先天性的不孕　是由于生殖器官发育异常，常见的有幼稚病（即达到配种年龄而生殖器官发育不全，或者缺乏繁殖能力）、两性畸形（即同时具有雌雄两种性腺，或虽具有一种性腺，但其他生殖器官却像另一种性别）、生殖道异常（即生殖道的某一部分异常，如子宫无宫腔、子宫颈闭锁、阴道及阴门过于狭窄或闭锁、缺少子宫角或子宫颈等）。

（2）后天性不孕

① 营养性不孕。即营养缺乏或营养过剩所致，如母兔过于肥胖，卵巢表面脂肪沉积，使卵泡发育受阻或使成熟的卵泡不能破裂排卵，过度肥胖还造成内脏器官蓄积脂肪，输卵管壁增厚，口径变窄，使精卵结合受阻。母兔过瘦，常见的有日粮单调、劣质或缺乏必要氨基酸、无机盐和维生素等。如缺乏维生素A，可引起子宫内膜的上皮细胞、卵细胞及卵泡上皮细胞变性、卵泡闭锁或形成囊肿。缺乏维生素E，可引起妊娠中断、死胎或隐性流产。缺乏维生素B_1，可使子宫收缩机能减弱，卵细胞的生产和排卵遭到破坏，使母兔长期不发情。缺乏维生素D，可引起体内无机盐（特别是钙、磷）代谢紊乱，从而可间接引起不孕。此外，钙、磷、硒、钴、锌等缺乏，亦可导致母兔的不孕。

② 疾病性不孕。即家兔生殖器官和其他器官的疾病或机能异常引起的。如卵巢机能障碍（卵巢囊肿、持久黄体以及卵巢萎缩硬化等），往往由于不正确地使用激素制剂（多是用量过大）或大量食入含有类激素样物质，使体内激素水平失调而导致不孕。生殖器官和其他器官疾病或其他疾病，如卵巢炎、输卵管炎、子宫内膜炎（图6-10-1）、阴道炎、子宫肿瘤、密螺旋体病（图6-10-2）、李氏杆菌病、沙门氏杆菌病等。

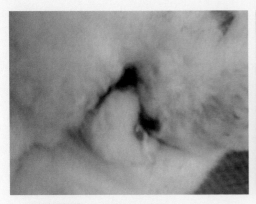

图6-10-1　急性子宫内膜炎阴门流出黏稠性分泌物

图6-10-2　密螺旋体病兔阴门周围的皮肤和黏膜潮红、肿胀

③ 技术性不孕。配种质量不良，配种时机掌握不当，人工授精技术不良，精液处理不当和输精技术不当，滥用药物，衰老及突然改变饲养环境等，也会造成不孕。

2.临诊症状

母兔在性成熟后或分娩后一段时间内不发情或发情不正常（无发情表现、微弱发情、持续性发情等），或母兔经屡次配种或多次人工授精不受胎。

3.防制方法

（1）预防措施　加强饲养管理，供给全价的日粮，保持种兔八成膘情，防止过肥、过瘦。光照充足。掌握发情规律，适时配种。及时治疗或淘汰患生殖器官疾病的种兔。对屡次配种不孕者应检查子宫状况，有针对性地采取相应措施。

（2）治疗方法

① 对于过肥的兔，可通过降低饲料营养水平或控制饲喂量降低膘情；过瘦的种兔，采取增加饲料营养水平或饲喂量，恢复体况。

② 若因卵巢功能降低而不孕，可试用激素治疗。皮下注射或肌内注射促卵泡素（FSH），每次0.6毫克，用4毫升生理盐水溶解，每日2次，连用3天，多于第四天早晨母兔发情后，再在耳静脉注射2.5毫克促黄体素（LH），之后马上配种。注射用量一定要准，量过大反而效果不佳。

（二）公兔不育症

公兔不育症是指公兔无性欲，或交配后精子不能正常与卵子结合的现象。

1.发病原因

造成公兔不育的原因是很复杂的。除了生殖器官异常（如隐睾、小睾、发育不全或畸形）、内分泌失调、营养不良（主要缺乏维生素A、维生素E等）或营养过剩，以及疾病［如睾丸炎（图6-10-3）、尿道炎、密螺旋体病等］之外，环境温度过高是生产中公兔不育的主要原因。当环境温度超过30℃时，公兔睾丸生精上皮受到威胁，将逐渐失去生精能力，其精液品质急剧下降。有的精液的精子活力下降到0.1以下，甚至全部是死精子或出现无精症。而改善环境，重新形成有活力的精子至少需要40～50天，有的长达3个月之久。故在我国南方有"夏季不育"之说。此外，公兔配种过度或长期不配种、年老体弱、滥用药物等，也会

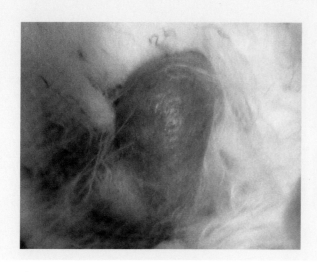

图6-10-3 急性睾丸炎患兔的一侧睾丸肿大

造成不育。

2.临诊症状

公兔的主要表现是无性欲，见发情母兔不能勃起（即阳痿），或勃起后不能射精。检查精液品质不良。

3.防制方法

【方法1】对存在生殖器官疾病和全身性疾病的，要针对原发病进行相应的治疗。

【方法2】生殖器官异常、年老体弱所引起的不育，一般无治疗价值，除非珍贵品种外，一般作淘汰处理。

【方法3】对饲养管理造成的不育，可改善饲养管理，加强运动，供给充足、平衡的食物。

【方法4】对精液品质不良、阳痿等引起的不育，除加强饲养管理和针对病因采取相应措施外，尚可根据病情试用丙酸睾丸素、孕马血清促性腺激素或人绒毛膜促性腺激素等治疗。

【方法5】高温环境引起的应采取降温措施。

十一、兔密螺旋体病

兔密螺旋体病是兔密螺旋体引起的成年家兔的一种慢性传染病。临诊表现为外生殖器、面部、肛门部的皮肤及黏膜发生炎症、结节、溃疡，患部的淋巴结发炎。是家兔的性传播疾病，称为"兔梅毒"，病原不感染其他动物。

（一）病原

兔密螺旋体为螺旋体科、密螺旋体属的细长、两端尖直的螺旋形微生物，有8～14根致密规则的小螺旋。长（6～15）微米、宽（0.1～0.2）微米，在外膜与胞质膜间有3～4根轴丝（内鞭毛）。革兰氏阴性，但着色差。将病部渗出液或淋巴液涂片固定，姬姆萨染色，效果较好，姬姆萨染色呈红色。常用Fontana镀银染色法，染成棕褐色（图6-11-1）。有运动性。有时因动物特异抗体形态异常，折射率高，团块状。在暗视野镜检，可见到旋转运动，不易观察到兔密螺旋体的染色（图6-11-2）。病原菌通过皮肤划痕感染、眼角膜感染均可复制出本病。本菌抵抗力不强，3%来苏儿、1%～2%氢氧化钠溶液均有杀灭作用。

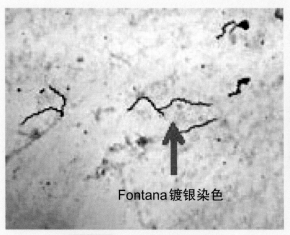

Fontana镀银染色

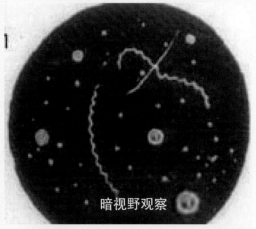

暗视野观察

| 图6-11-1　兔密螺旋体的形态 | 图6-11-2　兔密螺旋体的形态及运动发生 |

（二）流行特点

本病只发生于家兔和野兔，病原体主要存在于病变部组织。病兔是主要的传染源。主要通过交配经生殖道传播，所以发病的绝大多数是成年兔，幼兔极少。此外，被病兔的分泌物和排泄物污染的垫草、饲料、用具等也是传播媒介。兔局部发生损伤可增加感染机会。这种病菌只对家兔和野兔有致病性，对人和其他动物没有致病性。放养和群养兔发病率比笼养兔高。本病发病率高，但病死率低，有时仅引起局部淋巴结感染，外表看似健康，但长期带菌成为危险的传染源。育龄母兔的发病率比公兔高，育龄母兔的发病率为65%，公兔为35%。

（三）临诊症状

本病的潜伏期为2～10周。患病公兔可见龟头、包皮和阴囊肿大。患病母兔先是阴道边缘或阴门周围的皮肤和黏膜潮红、肿胀（图6-11-3），发热，形成粟粒大的结节，随后从阴道流出黏液性、脓性分泌物，结成棕色的痂，轻轻剥下痂皮，可露出溃疡面，创面湿润，稍凹陷，边缘不齐，易出血，周围组织出现水肿。病灶内有大量病菌，可因兔的搔抓而由患部带至鼻、眼睑、唇、爪和其他部位，造成脱毛。慢性感染部位多呈干燥鳞片状，稍有突起（图6-11-4），腹股沟淋巴结或腘淋巴结可肿大。患病公兔不影响性欲，患病母兔的受胎率大大降低。病兔精神、食欲、体温、大小便等无明显变化。

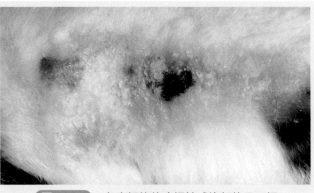

| 图6-11-3　阴门周围的皮肤和黏膜潮红、肿胀 | 图6-11-4　兔密螺旋体病慢性感染部位呈干燥鳞片状并稍有突起 |

167

（四）病理变化

剖检可见皮肤、面部、口腔、上呼吸道及肝脏、脾脏、肺脏等器官出现丘疹结节，周围组织水肿或出血。心脏有炎性损害。肺脏布满灰白色小结节，呈弥漫性肺炎和坏死性灶。肝脏肿大，呈黄色，有许多灰白色结节和小坏死灶。脾脏肿大，有灶性结节和坏死区。睾丸肿大、充血、出血有灰黄色坏死灶（图6-11-5）。子宫布满白色结节，有的发生灶性脓肿。肾上腺、甲状腺、胸腺和唾液腺都有坏死灶。

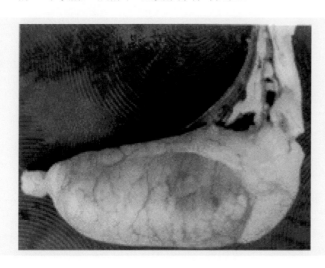

图6-11-5　睾丸肿大、充血、出血有灰黄色坏死灶

（五）诊断

根据病兔多为成年家兔，母兔受胎率低，临诊检查无全身症状，仅在生殖器官等处有病变等临诊表现可做出初步诊断。为了进一步确诊，可采集病变部皮肤压出的淋巴液或局部淋巴结抽出液或包皮洗出液，置于载玻片上，直接在暗视野显微镜下观察，如见有蜿蜒样前进、沿纵轴旋转或前后运动的细长螺旋状菌，即可对本病做出诊断。也可用印度墨汁染色、Fontana镀银染色或姬姆萨染色，观察菌体形态。

（六）类似病症鉴别

有时本病须与金黄色葡萄球菌病和疥螨病区别，结合各病的特点，通过病原微生物检验，极易诊断。

（七）防制方法

1.预防措施

【措施1】兔场应坚持自繁自养和严格检疫，要严防引进病兔。新引进的兔，必须隔离观察1个月，确定无病时方可入群。

【措施2】种兔无论是人工授精，还是自然交配，均要定期检查公、母兔外生殖器，对患兔或可疑兔停止配种，隔离治疗。病重兔淘汰。

【措施3】环境定期消毒。彻底清除污物，用1%～2%火碱溶液或2%～3%的来苏儿溶液消毒兔笼和用具。

2.治疗方法

【方法1】全身治疗。病兔早期，可用新肿凡纳明（九一四）以灭菌蒸馏水或生理盐水配成5%溶液，耳静脉注射（注意：切勿漏出血管外，以防引起坏死），每千克体重40～60毫克，1次不能治愈者，间隔1～2周后重复1次。同时配合青霉素进行治疗，效果更佳。青霉素，肌内注射，每千克体重10万单位，每天2次，连用5天。

【方法2】局部治疗。患部用2%硼酸溶液或0.1%高锰酸钾溶液或肥皂水洗涤干净后，再涂搽碘甘油或青霉素软膏，溃疡面涂搽25%甘汞软膏，可加快愈合。用药后10～14天内可治愈。

【方法2】中药疗法。芫荽（俗称"香菜"）2克，枸杞根3克，洗净切碎，加水煎10分钟，再加少许明矾洗患处，每天1次，12天好转。

十二、维生素K缺乏症

维生素K缺乏症是由于饲料中维生素K缺乏引起的营养代谢性疾病。维生素K缺乏症以出血、血液凝固不良、流产为主要症状。

（一）发病原因

家兔长期笼养而青饲料供应不足会出现原发性病例。条件性缺乏症病例见于下列情况：饲料中含有拮抗维生素K的物质（如霉菌毒素、水杨酸等）；肠道微生物合成维生素K的能力受到抑制（如长期大量使用广谱抗生素）；肠道吸收维生素K的能力下降（如胆汁分泌不足、球虫病、长期服用矿物油等）。

（二）临诊症状

维生素K参与凝血因子Ⅰ、Ⅶ、Ⅸ和Ⅹ的生物合成，维生素K缺乏时，血液中这些凝血因子减少，易发生出血，血液不易凝固（图6-12-1）。皮肤和黏膜出血，血液色淡红墨水样，黏膜苍白，心跳加快。部分妊娠母兔发生流产。

（三）诊断

当饲料中长期缺乏维生素K，临诊出现典型的出血、凝固不良时，可综合诊断为维生素K缺乏症。

图6-12-1　维生素K缺乏引起的兔子发生便血，且血液不易凝固

（四）防制方法

1.预防措施

应注意不间断地保证青绿饲料的供给；控制磺胺和广谱抗生素的使用时间及用量，及时治疗胃肠道及肝脏疾病，对长期伴有消化扰乱的家兔，应在日粮中适当补充维生素K。

2.治疗方法

可应用维生素K_3治疗，剂量为每次1～2毫克，肌内注射，每天2～3次，连用3～5天。或按每千克饲料中添加3～8毫克。当使用维生素K_3治疗时，最好同时给予钙剂。对吸收障碍的病例，可口服维生素K制剂的同时服用胆盐。

第七章　以皮肤发生异常为特征的类症鉴别及诊治

一、螨病

螨病又叫"疥癣"或"癞""疥疮""疥虫病"，是由痒螨（又叫"吸吮疥癣虫"）寄生在动物的皮肤表面或疥螨（又叫"穿孔疥癣虫"）寄生在动物的表皮内而引起的一种接触性传染的慢性皮肤寄生虫病。以剧痒、湿疹性皮炎和脱毛，患部逐渐向周围扩展和具有高度传染性为本病特征。临诊上将螨病分为痒螨病和疥螨病。本病对兔的危害十分严重，患病兔贫血、消瘦，严重者可引起大批死亡。

（一）病原及生活史

寄生于兔的螨较常见的有痒螨科的兔痒螨和兔足螨，疥螨科的兔疥螨和兔背肛螨。兔痒螨为长椭圆形，长 0.5 ～ 0.9 毫米，虫体前端有圆锥状的口器，腹面有 4 对足，前面的两对足粗大，后面的两对足细长，突出身体边缘（图7-1-1）。雄虫腹面后部有两个大的突起，突起上有毛。兔疥螨为圆形，灰白色，长约 0.2 ～ 0.5 毫米，背部隆起，腹面扁平，身体背面有许多细的横纹、鳞片及刚毛，腹面有 4 对粗而短的腿，肛门在虫体背面，距虫体后缘较近（图7-1-2）。

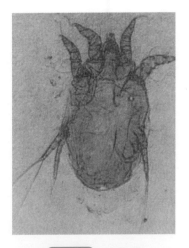

图7-1-1　兔痒螨

疥螨和痒螨的全部发育过程都在兔体上度过，包括卵、幼虫、若虫、成虫四个阶段。疥螨的口器为咀嚼式，在宿主表皮挖凿隧道，在隧道内进行发育和繁殖。雌螨在隧道内产卵后，卵经 3 ～ 8 天孵出幼虫（图7-1-3）。幼虫离开隧道爬到皮肤表面，然后钻入皮内开凿小穴，在其中蜕皮变为若虫，若虫进一步蜕化形成成虫。雌、雄成螨在宿主表皮上交配，交配后的雄螨不久死亡，雌螨寿命约为 4 ～ 5 周。整个发育过程为 8 ～ 22 天，平均 15 天。痒螨口器为刺吸式，寄生于皮肤表面，吸取渗出液为食。雌螨在皮肤上产卵，约经 3 天孵出幼虫，进一步发育蜕化为若虫、成虫。雌、雄成螨在宿主表皮上交配，交配后 1 ～ 2 天即可产卵。痒螨整个发育过程约 10 ～ 12 天。

（二）流行特点

病兔是本病的传染源。本病主要通过健兔和病兔接触而

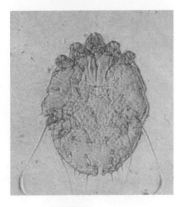

图7-1-2　兔疥螨

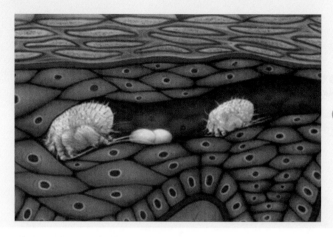

图7-1-3　雌螨在宿主表皮挖凿隧道，在隧道内产卵并孵出幼虫

感染，也可由兔笼、饲槽和其他用具物品间接传播病原，犬及其他动物也能成为传播媒介。日光不足、阴雨潮湿适于螨的生长繁殖和促使本病的发生。幼兔比成兔患病严重。本病也可传染给人，但有一定的局限性，1～2个月后可自愈。本病多发生于晚秋、冬季及初春季节，具有高度传染性。

（三）临诊症状

（1）兔痒螨病　兔痒螨主要侵害耳部，起初耳根红肿（图7-1-4），随后延及外耳道并引起外耳道炎，渗出物干燥成黄色痂皮，如纸卷样塞满耳道内（图7-1-5）。病耳变重下垂、发痒，病兔经常摇头、搔耳，有时病变蔓延至中耳和内耳，甚至达到脑部，引起癫痫样症状，严重时导致死亡。兔足螨常常寄生于头部（图7-1-6）、外耳道和脚掌部的皮肤（图7-1-7），引起炎症。传播较慢，易于治疗。

（2）兔疥螨病　一般先在头部和掌部无毛（图7-1-8）或毛较短的部位（如嘴唇、鼻孔及眼周围）引起病变（图7-1-9～图7-1-11），后蔓延到其他部位（图7-1-12），严重时可感染全身，使兔产生痒感。患部皮肤充血，稍微肿胀，局部脱毛。病兔发痒不安，常用嘴啃咬腿爪或用脚爪搔抓嘴及鼻孔。皮肤被搔伤或咬伤后发生炎症，逐渐形成痂皮。随病情的发展，病兔脚爪出现灰白色的痂皮（图7-1-13）。严重时，病兔会衰竭死亡。

图7-1-4　兔痒螨病　病初耳根红肿

图7-1-5　兔痒螨病随着病程的发展出现渗出物干燥成黄色痂皮，如纸卷样塞满耳道内

图7-1-6 兔头部痒螨病

图7-1-7 兔脚掌部痒螨病

图7-1-8 兔爪部疥螨病

图7-1-9 兔嘴唇部疥螨病

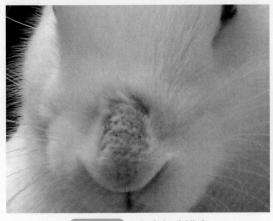

图7-1-10 兔鼻部疥螨病

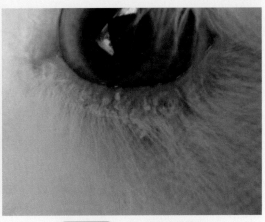

图7-1-11 兔眼周围疥螨病

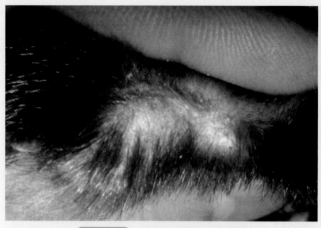

图7-1-12　兔背部皮肤的疥螨病

图7-1-13　疥螨病兔脚爪出现灰白色的痂皮

（四）病理变化

本病病变主要在皮肤。

（1）兔痒螨病　痒螨寄生时，首先局部皮肤奇痒，进而出现粟粒乃至黄豆大的结节，而后变为水泡及脓疱，擦痒而破溃后流黄色渗出液，并形成痂皮（图7-1-14）。严重可引起表皮损伤，被毛脱落。

（2）兔疥螨病　疥螨寄生时，首先在寄生局部出现小结节，后变为小水泡，病变部奇痒而擦痒破溃，皮下渗出液体而形成痂皮，被毛脱落，皮肤增厚，病变逐渐向四周扩张。随着病情的发展，毛囊和汗腺受到侵害，皮肤角质角化过度，患部脱毛，皮肤肥厚，失去弹性而形成皱褶（图7-1-15）。

（五）诊断

根据流行特点、临诊症状和病理变化可做出初诊。在健康与病变皮肤交界处采集病料，显微镜下检查发现虫体即可确诊。

螨虫检查法。在病部与健部皮肤交界处用小刀轻刮（以微出血为止）以获取痂皮。刮

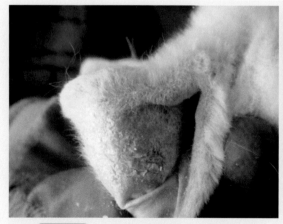

图7-1-14　兔痒螨病皮肤因擦痒造成水泡破溃后流出黄色渗出液后，形成痂皮

图7-1-15　兔疥螨病皮肤出现角质角化过度，脱毛，肥厚，失去弹性而形成皱褶

取物置载玻片上，加1滴50%甘油水溶液或液体石蜡，再加盖玻片后在低倍显微镜下检查虫体。也可将刮取物放入试管中，加10%苛性钠（或苛性钾）溶液，浸泡1～2小时或煮沸1～2分钟，待痂皮等固体有机物溶化，静置20分钟或离心，从试管底部取沉淀物滴于载玻片上镜检。此外，也可将刮取物放在黑纸上稍加热或置于阳光下，用放大镜或肉眼仔细观察，可见到螨虫在黑纸上爬动。

（六）类似病症鉴别

1.与兔湿疹病的类症鉴别

（1）相似点　瘙痒、脱毛、皮炎。

（2）不同点　湿疹多发生于腹下，表现为密集的小红点或红疹块，可有脱毛。局部有痒感，但没有螨病严重，在温暖环境中痒感不加剧。有的湿疹不痒，皮屑内无螨虫。

2.与兔毛癣菌病的类症鉴别

（1）相似点　脱毛、皮炎。

（2）不同点　毛癣菌病为皮肤真菌引起的皮肤病，可在鼻面或耳部出现环形、突起的灰色或黄色痂皮，易剥离，剥离后皮肤光滑，有时也可在爪及躯干部发生，患部无痒感，镜检病料时可见有癣菌芽胞或菌丝。

（七）防制方法

1.预防措施

（1）搞好卫生　兔笼舍应经常保持干燥卫生，通风透光，饲养密度不要过大，勤换垫草，勤除粪便。

（2）把好引种关　从无螨病的种兔场引种。引进种兔时，一定要隔离观察3周以上，严格检查，确认无螨病后方可混群。建立无螨病兔群体是预防本病的关键。

（3）定期消毒　兔舍、兔笼、用具及场地定期消毒（10%～20%石灰乳）。饲养管理人员要时刻注意消毒，以防止通过手、衣服和用具散布病原。

（4）定期检疫　经常注意兔的群体中皮肤有无瘙痒、脱毛现象，一旦发现及时隔离治疗。全群投药预防，兔舍、笼具彻底消毒，尽量缩小传播范围。

2.治疗方法

药物治疗原则：先去掉痂皮再用药，不要多次连续用药，以免中毒；兔笼舍内严禁处理螨病，毛、痂皮等病料应就地烧毁；不宜采用药浴治疗；药物治疗的同时要对笼具等物进行消毒。

（1）伊维菌素（灭虫丁），内服或皮下注射，每千克体重0.3毫克，1周后重复应用1次。

（2）"兔癣一次净"，按说明书使用。

（3）1%～2%敌百虫水溶液擦洗病部，每日1次，连用2天，7～10天后再搽洗1次。或用敌百虫1份、甘油20份、水79份配成擦剂，隔日擦1次，轻者1～2次，重者3～4次，效果良好。对脚螨、耳螨，可采用患部浸泡，每次3～5分钟，治好为止。

（4）用国产50%的杀虫脒配成0.2%溶液，擦洗或浸泡病部2～3分钟，隔日1次，连治3次。

（5）用50%辛硫磷乳油剂配成0.1%或0.05%水溶液，涂搽耳壳内外，治疗兔耳螨病。

（6）20%杀灭菊酯（速灭杀丁）稀释100倍，局部涂搽，7～10天后再用1次。

（7）0.2%蝇毒磷溶液涂于病部，一般1次即愈。严重病例可隔3～5天后再涂1次。

（8）二氯苯醚菊酯乳油（除虫精）1毫升加水2.5～5升，配成2500～5000倍稀释液，涂搽1次。未愈时7天后再治1次。

（9）碘甘油（3%碘酊3份，甘油7份，混合）灌入耳内，每日1次，连用3天。多用于治疗兔的耳痒螨病。

（10）豆油100毫升煮沸，加入硫黄20克，搅拌均匀，待凉后涂搽病部，每日1次，连用2～3天。或灭螨威，先用菜油将1%灭螨威稀释成0.05%浓度，然后患部涂搽。

（11）烟草浸剂，取烟草（连老梗）100克，剪碎加清水1升，浸泡3～5天后，用纱布过滤备用。用浸剂涂擦患部。脚螨可将浸液装在适当容器内，将有螨的脚浸入其中，一般浸泡5分钟左右即可，连洗3次。如还没有彻底好，1周后再治疗1次。

（12）用柴油或煤油擦洗患部，每日1次，连用3次。

（13）碘酊疗法。患部剪毛，用温水或肥皂水洗患部，将痂皮去掉，用2%碘酊擦洗患部，每天2次，连续3天。

二、虱病

兔虱病是由兔虱寄生于兔体表所引起的慢性外寄生虫病。

（一）病原及生活史

舍饲家兔虱病病原一般为兔嗜血虱，成虫长1.2～1毫米，背腹扁平，灰黑色，有3对粗短的足（图7-2-1）。圆筒形的卵黏着在兔根部，经8～10天孵化出幼虫。幼虫在2～3周内经3次蜕皮发育为成虫。雌虫交配后1～2日开始产卵，可持续产卵40天。

（二）流行特点

本病主要通过接触传播，也可通过笼舍和用具传播。在环境卫生工作较差的兔场，一旦兔虱通过病兔或其他途径带入，则会迅速蔓延，尤以秋冬季最易发病。在阴暗、潮湿、污秽的环境中，容易发生兔虱病。营养不良或患其他疾病时，更容易发病。

图7-2-1　兔嗜血虱的形态

（三）临诊症状

每只虱每日可吸血0.2～0.6毫升，大量寄生时，引起兔贫血、消瘦，幼兔发育不良。同时在吸血时，可分泌带有毒素的唾液，刺激兔皮肤的神经末梢，引起瘙痒、不安，影响休息与采食。病兔的啃咬、擦痒造成皮肤损伤，可出现血液和炎性液体溢出，形成硬痂（图7-2-2），因而易脱毛、脱皮、皮肤增厚和发生炎症等。有时可继发细菌感染，引发化脓性皮炎，并降低毛皮质量。其危害十分严重。拨开兔子患部的被毛，检查其皮肤表面和绒毛的下半部，可找到很小的黑色虱（图7-2-3），在兔绒毛的基部可找到淡黄色的虱卵。

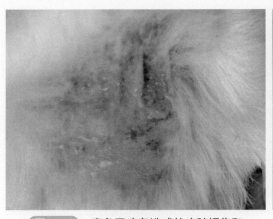

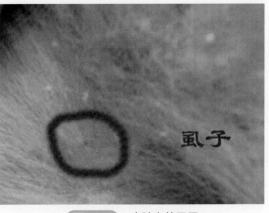

图7-2-2　患兔虱病兔造成的皮肤损伤和
　　　　　形成的硬痂

图7-2-3　皮肤上的虱子

（四）诊断

诊断比较容易，兔有瘙痒症状，检查体表找到虱或虱卵，即可确诊。

（五）防制方法

1.预防措施

引进兔时，务必隔离观察，防止将虱病引入兔场。定期检查，发现病兔立即隔离治疗。兔笼舍要保持清洁卫生和干燥。笼舍每隔一定时间用2%的敌百虫溶液消毒1次，或将苦楝树叶放在笼内，以驱除兔虱。

2.治疗方法

阿维菌素或伊维菌素系列产品，口服或皮下注射，每次每千克体重按有效成分0.2～0.4毫克；重症的可间隔一周重复应用。或取中药百部根1份、水7份，煮沸20分钟，冷却到30℃时用棉花蘸水，在患部涂擦。也可用2%的敌百虫溶液喷洒兔体。或用0.003%蝇毒磷或20%杀灭菊酯溶液作5000倍稀释，涂擦患部。

三、皮肤真菌病（毛癣菌病）

本病是由致病性皮肤癣真菌引起的以皮肤局部脱毛、形成痂皮，甚至溃疡为特征的传染病。本病是兔场严重的传染病之一。

（一）病原

须毛癣菌或石膏样小孢子菌是引起本病最常见的病原体。须毛癣菌的菌丝呈螺旋状、球拍状或结节状，大分生孢子呈棒状或细梭状，有2～6个横隔，小分生孢子呈葡萄串状或棒状。小孢霉菌的菌丝呈结节状或梳状，大分生孢子呈纺锤状，小分生孢子呈卵圆形或棒状。

（二）流行特点

病兔和带菌兔是本病的主要传染源。本病主要是通过健兔与病兔的直接接触，相互抓、舔、吮吸和交配等而传播，也可通过各种用具及饲养人员间接传播。各种品种的兔均能感染，幼龄兔要比成年兔容易感染。本病除感染兔外，也感染各种畜禽、野生动物和人。一年四季均可发生，以春季和秋季换毛季节多发。体外寄生虫，如虱、蚤、蝇、螨等在传播上有重要意义。潮湿、多雨、污秽的环境条件，兔舍及兔笼卫生不好，可促使本病发生。病的发生及其危害的程度，常取决于个体的素质。幼兔和体质较差的兔，其症状明显且严重。病兔康复后，对同种真菌病原菌具有一定的抵抗力，一般在相当长的时间内不再感染。兔群体中一旦有个别兔发病，如果不隔离会迅速蔓延到全群。

（三）临诊症状

病初多发生于兔的头部［如嘴周围（图7-3-1）、鼻部（图7-3-2）、面部（图7-3-3）、眼周围（图7-3-4）］、耳朵（图7-3-5）及颈部（图7-3-6）等皮肤，继而感染肢端（图7-3-7）、腹下（图7-3-8）及其他部位（图7-3-9）。病变皮肤表面呈不规则的块状或圆形、椭圆形脱毛或断毛，覆盖一层灰白色或灰黄色糠麸状痂皮（图7-3-10，图7-3-11），痂皮脱落后出现小的溃疡，造成毛根和毛囊脓肿。若继发细菌感染，常引起毛囊脓肿。患兔剧痒，骚动不安，采食下降，逐渐消瘦，衰竭而死。有些母兔眼观外表皮肤无病变，但当产仔哺乳数天，见乳头周围出现白色糠麸状痂皮，同时哺乳仔兔眼圈、嘴周等部位出现脱毛、红肿、结痂，继而扩散至皮肤其他部位。

图7-3-1　兔嘴周围发生的皮肤真菌病

图7-3-2　兔鼻部发生的皮肤真菌病

图7-3-3　兔面部发生的皮肤真菌病

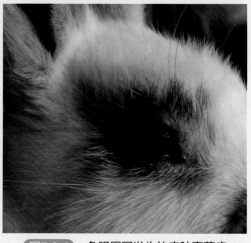

图7-3-4　兔眼周围发生的皮肤真菌病

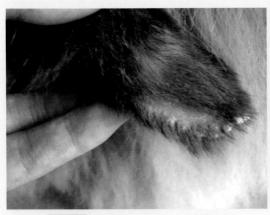

图7-3-5　兔耳朵发生的皮肤真菌病

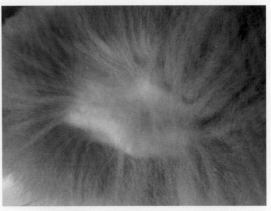

图7-3-6　兔颈部发生的皮肤真菌病

图7-3-7　兔肢端发生的皮肤真菌病

图7-3-8　兔腹下发生的皮肤真菌病

（四）病理变化

患部结痂，痂皮下组织发生炎性反应，有小的溃疡。毛囊出现脓肿。表皮过度角质化。

（五）诊断

根据流行特点、临诊症状和病理变化可作初步诊断，确诊需要刮取病变部皮屑检查，发现真菌孢子和菌丝体即可确诊。

图7-3-9　兔其他部位发生的皮肤真菌病

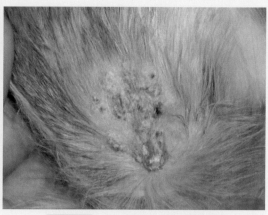

图7-3-10　兔皮肤真菌病皮肤的灰白色
　　　　　糠麸状痂皮

图7-3-11　兔皮肤真菌病皮肤的灰
　　　　　黄色糠麸状痂皮

（六）类似病症鉴别

本病应与兔疥螨病、营养性脱毛、拉毛、换毛、遗传性无毛区别开。

（1）兔疥螨病　由疥螨引起，主要寄生于兔头部和掌部的短毛处，以后蔓延至躯干部。病兔脱毛，奇痒，皮肤发生炎症和龟裂。从深部皮肤刮屑可检出疥螨。

（2）营养性脱毛　多发生于夏、秋季节，呈散发，多见于成年与老年兔。皮肤无异常，断毛较整齐，根部有毛茬，多在1厘米以下。发生部位一般在兔的大腿、肩胛两侧及头部（图7-3-12）。

（3）拉毛　无论母兔自行拉毛还是人工拉毛，无毛区的皮肤无炎症反应。

（4）换毛　部分脱毛（图7-3-13），或全部脱毛（图7-3-14），皮肤正常，无炎症变化。皮肤刮屑检查，真菌和寄生虫均为阴性。

（5）遗传性无毛　部分脱毛，或全部脱毛，皮肤无炎症变化。皮肤刮屑的检查，未发现真菌和寄生虫。

（七）防制方法

1.预防措施

（1）加强饲养管理，供给兔必需氨基酸和各种维生素、矿物质等，以增强兔的抗病能

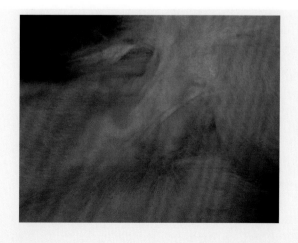

图7-3-12　头部发生的营养性脱毛

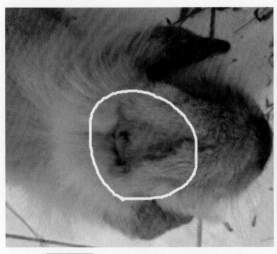

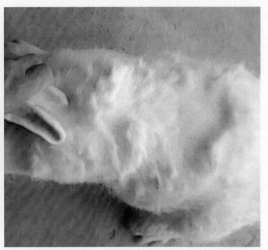

图7-3-13 正常换毛的家兔部分脱毛　　图7-3-14 正常换毛的家兔全部脱毛

力，同时搞好兔笼舍消毒和兔体的卫生。

（2）引种要慎重。对来自种兔场的兔，尤其是仔兔、幼兔要严格调查，确信无本病时方可引种。

（3）一旦在兔的群体中发现有可疑患兔，立即隔离治疗，最好做淘汰处理，并对所在环境进行全面彻底的消毒。

（4）本病可传染给人，尤其是小孩、妇女，因此应注意个人防护工作。

2.治疗方法

由于本病传染快，治疗效果虽然较好，但易复发，对于大型兔场来说，建议以淘汰为主。治疗可采取以下方法。

（1）局部治疗　先用温肥皂水或消毒药水涂擦，以软化痂皮，将痂皮去掉，然后涂擦克霉唑软膏，或咪康唑软膏、益康唑软膏、癣净、10%水杨酸软膏、10%木馏油软膏、制霉菌素软膏、2%福尔马林软膏等，每日涂2次，连涂数日，直至痊愈。

（2）全身治疗　灰黄霉素，口服，每千克体重25～60毫克，每天1次，连用15天，停药15天再用15天。或酮康唑，口服，每千克体重3毫克，每日3次，连用2～8周。

四、溃疡性脚皮炎

兔的溃疡性脚皮炎是指家兔跖骨部的底面以及掌骨指骨部的侧面所发生的损伤性溃疡性皮炎。家兔极易发生。

（一）发病原因

兔笼底板粗糙、高低不平，金属底网铁丝太细、凸凹不平，兔笼舍过度潮湿等均易引发本病。神经过敏、脚毛不丰厚的成年兔、大型兔种较易发病。体重较大兔，脚部在兔笼铁丝网上，因承受的压力太大而造成局部皮肤压迫性坏死，葡萄球菌是主要病原菌。

（二）临诊症状

患兔食欲下降，体重减轻，拱背，呈踩高跷步样，四肢频频交换支持体重，时而卧伏，不愿活动。跖骨部底面或掌骨部侧面皮肤上覆盖干燥的硬痂（图7-4-1）或大小不等的局限性溃疡（图7-4-2）。溃疡部可继发细菌感染，有时在痂皮下发生脓肿（图7-4-3）。

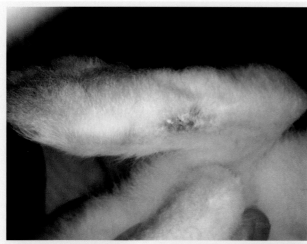

图7-4-1 兔掌骨部侧面皮肤上覆盖干燥的硬痂

图7-4-2 兔跖骨部底面发生局限性溃疡

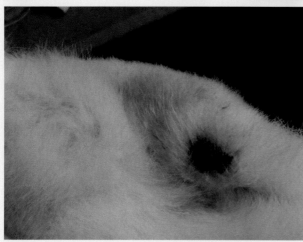

图7-4-3 兔跖骨部底面发生痂皮下脓肿

（三）诊断

根据发病病因和临诊症状即可确诊。

（四）防制方法

1.预防措施

【措施1】兔笼底以竹板、木条制作为好，笼底要平整，竹板、木条上无钉头外露，笼内无锐利物等，防止机械损伤，减少感染机会。

【措施2】保持兔舍、兔笼、产仔箱内的清洁、卫生、干燥，勤换垫草，定期检查和消毒。

【措施3】选择脚底毛丰厚的品种作种兔，淘汰有脚皮炎习惯性倾向的种兔。

2.治疗方法

先将病兔放在铺有干燥、柔软的垫草或木板的笼内。治疗方法有以下几种：

【方法1】用橡皮膏围绕病灶重复缠绕（尽量放松缠绕），然后用手轻握压，压实重叠橡皮膏，20～30天可自愈。但对四肢发病者治愈不良。

【方法2】先用0.2%醋酸铝溶液冲洗患部，清除坏死组织，再涂擦15%氧化锌软膏或土霉素软膏等。当溃疡面开始愈合时，可涂擦5%龙胆紫溶液。

【方法3】如病变部形成脓肿，应按外科手术排脓后用抗生素进行治疗。

【方法4】发病初期，还可用磺胺、大蒜疗法，即用磺胺噻唑软膏2份、大蒜泥1份，混合均匀涂患部。

【方法5】石灰疗法，即用生石灰1份，水2份，混合2小时后，用石灰水涂患部，隔4～5天再涂1次；让病兔脚踏生石灰，也有治疗作用。

五、湿性皮炎

湿性皮炎是家兔常见的皮肤慢性进行性疾病，严重影响兔皮经济价值。

（一）发病原因

本病多因潮湿或有损伤而继发细菌感染所致，水管滴水或尿液长时间浸渍等可引发。本病多见铜绿假单胞菌的感染，坏死杆菌感染也较普遍。

（二）临诊症状

躯体下部的被毛潮湿，或天然孔周围的被毛潮湿，皮肤发炎，局部掉毛（图7-5-1～图7-5-4），甚至发生溃疡和坏死，如有铜绿假单胞菌感染，毛色变绿。

（三）诊断

根据发病病因和临诊症状即可确诊。

图7-5-1　腹部皮肤发炎，被毛脱落

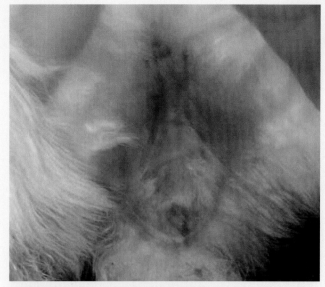

图7-5-2　阴门附近腹部皮肤发炎，被毛脱落

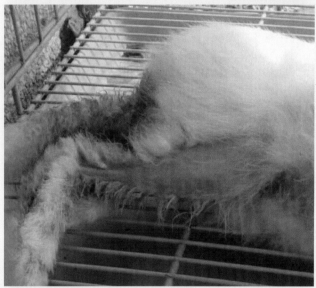

图7-5-3　右后肢外侧的皮肤发炎，被毛脱落

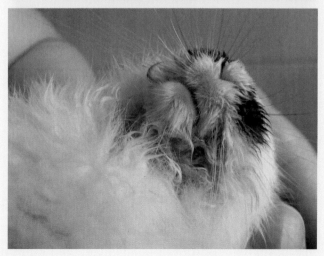

图7-5-4　传染性水疱口腔炎病兔流涎造成口腔周围的湿性皮炎

（四）防制方法

1.预防措施

消除使兔的皮肤潮湿的原因。保持兔舍、兔笼干燥、清洁卫生，经常消毒杀菌，将饮水器安放到家兔蹲卧不到的高度并及时修理漏水的饮水器。

2.治疗方法

先剪去病变部位的被毛，用0.1%高锰酸钾溶液冲洗皮肤，涂擦3%～5%碘酊，每天1次，连用3天。或涂擦抗生素软膏，治疗原发病。

六、微量元素（铁、镁、铜、锌）缺乏症

微量元素缺乏症是指饲料中缺乏铁、镁、铜、锰、锌、碘、硒等微量元素而引起的各种营养性疾病。

（一）发病原因

饲料中某种或多种微量元素添加不足。

（二）临诊症状与病理变化

（1）铁缺乏症　发病兔主要表现为贫血。临诊还表现为生长缓慢、食欲减退、异嗜（图7-6-1）、嗜睡、可视黏膜变白、呼吸频率加快、抗病力弱。

（2）镁缺乏症　发病症状与兔的年龄和饲料中镁含量有关，年龄越小镁含量越少，发病越严重。表现被毛失去光泽，背部、四肢和尾巴脱毛。青年兔表现急躁、心动过速、生长停滞、厌食和惊厥，最后心力衰竭而死亡。母兔镁缺乏仍能交配妊娠，不久胎儿死亡、吸收。剖检变化，有的肾脏上有出血斑，其他脏器基本正常。

（3）铜缺乏症　表现为被毛褪色和脱毛、皮肤病，以及低色素性小红细胞性贫血。心脏和肝脏细胞色素氧化酶活性降低，肝含铁量增多。患兔可发生骨骼断裂，桡骨和耻骨弯曲，长骨骨化中心增厚，骨骼后板粗糙不平。心肌出血广泛性钙化和纤维化。一般饲料中含铜3～6毫克/千克，即能满足生长发育兔的需要。

（4）锌缺乏症　患病妊娠母兔分娩时间延长、胎盘停滞，仔兔多数难以存活。幼兔饲料中缺锌，生长发育停滞，部分被毛脱落，皮肤出现鳞片（图7-6-2）。口周围肿胀、溃疡（图7-6-3）、疼痛，下颌和颈部被毛变湿，被毛黏结（图7-6-4）。幼兔成年后繁殖能力丧失。

（5）锰缺乏症　病兔出现生长发育不良，前肢弯曲，骨骼变脆易折，其重量、密度、长度和灰分含量都减少。

（6）碘缺乏症　缺碘的兔，甲状腺肿大，病兔无行为改变，只是代谢率降低，产热量减少。

图7-6-1　铁缺乏症造成的异食癖

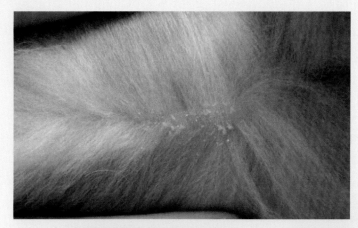

图7-6-2 锌缺乏症造成的皮肤出现鳞片

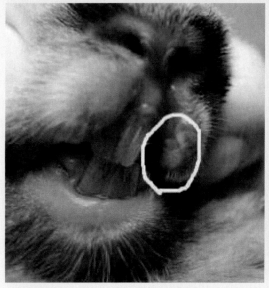

图7-6-3 锌缺乏症兔造成口腔周围肿胀、溃疡

图7-6-4 锌缺乏症造成兔下颌和颈部被毛变湿，被毛黏结

（7）硒缺乏症　生长发育停滞，营养不良，贫血，运动障碍，背腰弓起，四肢僵硬，共济失调，心律不齐，呼吸困难，并伴有消化机能紊乱。剖检可见骨骼肌变性、坏死、肝营养不良，以及心、肝纤维变性为主。幼兔2～5月龄为发病高峰期。我国西北、西南、东北等地区均为缺硒地区，如不注意添加硒，易发生缺硒症。

（三）诊断

根据发病原因、临诊症状和病理变化，并配合测定饲料或动物组织微量元素的含量进行综合诊断。

（四）防制方法

1.预防措施

加强饲养管理，饲喂富含多种维生素和微量元素的饲料。饲料中的糖和蛋白质含量要适宜，过多或过少者会降低微量元素的利用率。防止并及时治疗影响微量元素吸收的消化道疾病。缺硒、锌、锰等地区，在种植饲料地施撒硒、锰、锌等微量元素制剂，以提高饲料的微量元素含量。

2.治疗方法

根据微量元素缺乏的种类不同，有针对性地补充相应的微量元素。发病后要经过确诊后再用药，缺什么及时补充什么。

（1）铁缺乏症　补铁可采用口服铁剂或注射铁剂的方法，可将硫酸亚铁配成0.2%～1%水溶液，口服，肌内注射的铁剂有葡聚糖铁或葡聚糖铁钴注射液等。

（2）镁缺乏时　对病兔可肌内注射10%硫酸镁注射液5～10毫升，或内服5%硫酸镁溶液30～50毫升。

（3）铜缺乏症　一般选用硫酸铜口服，视病情轻重，每周1次，连用3～5周。也可皮下注射甘氨铜。或将硫酸铜按0.5%比例混于食盐中，使病兔舔食。铜与钴合用，效果更好。

（4）锌缺乏症　补锌既可采取调整日粮中含锌量法方法，也可口服硫酸锌或注射碳酸锌制剂。

（5）锰缺乏症　在日粮或饮水中添加锰制剂。可在日粮中补充硫酸锰；或饮水补锰，20升水中加1克高锰酸钾，让其自由饮水。

（6）碘缺乏症，补碘是治疗本病的根本措施。可口服碘化钾、碘化钠，或复碘液（含碘5%、碘化钾10%），亦可用含碘盐。

（7）硒缺乏症，饲料中注意加0.5%的植物油和硒制剂；内服维生素E，每千克体重0.6～1.0毫克，每日1次。

七、食足癖

本病是由于营养失调或其他原因致使病兔经常啃食脚趾皮肉和骨骼的现象。

（一）发病原因

饲料营养不平衡，或患寄生虫病，或内分泌失调。

（二）临诊症状

家兔不断啃食脚趾尤其后脚趾，伤口经久不愈。严重的露出趾节骨（图7-7-1），有的感

图7-7-1　食足癖家兔啃食自己的后脚趾露出趾节骨

染化脓或坏死。

（三）诊断

青年兔、成年兔多发。体内外寄生虫病、内分泌失调的兔易发。病兔不断啃咬脚趾，流血、化脓，长久不能愈合。

（四）防制方法

1. 预防措施

配制合理的饲料，注意矿物质、维生素的添加。及时治疗体内外寄生虫。

2. 治疗方法

目前无有效治疗方法，可对症治疗。发生本病时除改善饲料配合外，可对患部及时进行外科处理。

八、B族维生素缺乏症

B族维生素缺乏症是饲料中的B族维生素不足引起的一种营养代谢病。多见于幼兔。

B族维生素包括维生素B_1（硫胺素）、维生素B_2（核黄素）、维生素B_3（烟酸）、维生素B_5（泛酸）、维生素B_6（吡哆酸）、维生素B_9（叶酸）、维生素B_{12}（钴胺素）、维生素H（生物素）、维生素PP（尼克酰胺）和胆碱等10多种水溶性维生素（临诊上主要有维生素B_1、维生素B_2、维生素B_6和维生素B_{12}等会引起缺乏症）。它们是有着不同结构的化合物，作为酶的辅酶参与动物体内物质代谢。它们协同作用，调节新陈代谢，维持皮肤和肌肉的健康，增进免疫系统和神经系统的功能，促进细胞生长和分裂（包括促进红细胞的产生，预防贫血发生）。一旦缺乏某一种会引起某一种机能发生障碍，发病时常呈综合症状。B族维生素广泛存在于青饲料、酵母、米糠、麸皮以及发芽谷物中。此外，动物肠道中微生物也能合成B族维生素，一般不会缺乏。

（一）发病原因

本病的病因主要是长期单一饲喂缺乏B族维生素的饲料。饲料久贮、霉变，B族维生素受到破坏。天气闷热、应激、磺胺类药物的应用等因素，使B族维生素的消耗过大。胃肠炎、消化障碍、吸收不良，使B族维生素吸收减少；肝脏疾病，则影响转化、造成利用障碍，从而诱发本病。

（二）临诊症状

B族维生素缺乏症的共同症状是消化机能障碍、消瘦、毛乱无光、少毛、脱毛、皮炎、跛脚、神经症状、运动机能失调。

（1）维生素B_1缺乏症　主要表现为厌食和多发神经性症状，如食欲不振、采食量下降、运动失调、软弱瘫痪、惊厥、昏迷，最后死亡。

（2）维生素B_2缺乏症　吃草少，生长慢，腹泻，渐进性消瘦，生产力下降。

（3）维生素B_6缺乏症　耳朵周围出现皮肤增厚和鳞片（图7-8-1），鼻端和爪出现疮痂，眼睛发生结膜炎。严重的全身皮肤也会出现增厚及鳞片（图7-8-2）。患兔骚动不安，瘫痪，最后死亡。甚至引起造血组织血细胞生成减少，轻度贫血，凝血时间延长，尿中黄尿酸量增多。

图7-8-1　维生素B₆缺乏症病兔的耳朵周围出现皮肤增厚和鳞片

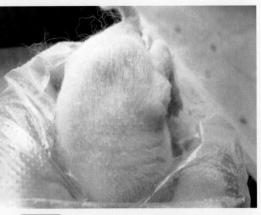

图7-8-2　维生素B₆缺乏症病兔的全身皮肤出现增厚和鳞片

（4）维生素B_{12}缺乏症　厌食，腹泻、贫血、营养不良、肌肉衰弱、生长停止。

（三）诊断

结合发病原因、临诊症状以及饲料检测结果，可进行综合诊断。

（四）防制方法

1.预防措施

除了在饲料添加青饲料、酵母、米糠、麸皮外，在每吨饲料中添加维生素B_1 100～300毫克、维生素B_2 1.5～3克、维生素B_{12} 2～5毫克、烟酸10克、叶酸4毫克，可有效预防本病发生。

2.治疗方法

根据病因不同，有针对性地补充各种维生素，维生素B_1 0.25～0.5毫克/千克；维生素B_2 2～4毫克/千克；维生素B_{12} 1～2微克/千克；维生素PP 20～30毫克/千克；叶酸25～50微克/千克，肌内注射或内服，每日1次，连用7天。

九、兔痘

见第二章"十二、兔痘"。

十、葡萄球菌病

见第三章"十、葡萄球菌病"。

第八章　以痉挛、后躯瘫痪等神经症状为特征的类症鉴别及诊治

一、兔脑炎原虫病

兔脑炎原虫病是由兔脑炎原虫引起，一般为慢性或隐性感染，常无症状。有时见脑炎和肾炎症状。

（一）病原及生活史

兔脑炎原虫在分类上属微孢子虫纲、微孢子虫目、微粒子虫科。成熟的孢子大小为2.5微米×1.5微米，呈杆状，两端钝圆，或呈卵圆形。核致密，形圆或卵圆，偏于虫体一端。在神经细胞、内皮细胞、巨噬细胞和其他组织细胞内，可发现无囊壁虫体假囊（虫体集落），其中可含100个以上的虫体。假囊和虫体也见于细胞外。孢子可用姬姆萨氏、革兰氏、郭氏石炭酸品红染色。

（二）流行特点

本病广泛分布于世界各地。病兔的尿液中含有兔脑炎原虫，消化道是主要感染途径，经胎盘也可传染。发病率为15%～76%。秋、冬季节多发，各年龄兔，均可感染发病。当运输、气候变化或使用免疫抑制剂时，可出现临诊症状。

（三）临诊症状

本病一般为慢性或隐性感染，常无症状，有时见脑炎和肾炎症状，如惊厥、颤抖、斜颈（图8-1-1）、麻痹、昏迷、平衡失调及腹泻、蛋白尿等。病的末期出现腹泻，后肢的被毛经常被污染，引起局部湿疹，在3～5天内死亡。

图8-1-1　兔脑炎原虫病引起的斜颈

（四）病理变化

病变特征为肉芽肿性脑炎和肉芽肿性肾炎。脑上分布有不规则的肉芽肿病灶，中心发生坏死，有多量脑炎原虫，外围是淋巴细胞、浆细胞和胶质细胞。非化脓性脑炎，特别是脑损害相邻区域的非化脓性脑膜炎是本病的特征之一。在肾脏表面密布针尖大的白色小点，或有灰色小凹陷。如肾脏受害严重，则表面呈颗粒状或高低不平（图8-1-2）。组织上主要为间质性肾炎、纤维化和小肉芽肿（由淋巴细胞与浆细胞组成）。肾中的虫体位于髓质部的肾小管上皮细胞内或游离于管腔中。

（五）诊断

由于本病无特征性临诊症状，故只能根据病理变化做出大致诊断。用病理组组学方法，在肾脏发现肉芽肿肾炎和在脑部发现肉芽肿性脑炎，并在病变部位找到虫体，即可确诊为脑炎原虫病。

（六）防制方法

目前尚无有效的治疗药物。有人用烟曲霉素治疗有效。一般采取淘汰病兔、加强防疫和改善卫生条件有利于本病的预防。

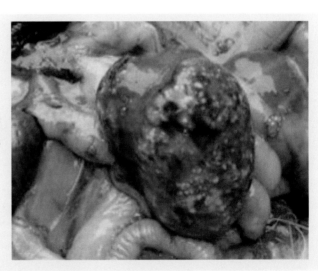

图8-1-2　兔脑炎原虫病兔在肾脏表面密布针尖大的白色小点，灰色小凹陷，表面高低不平

二、维生素A缺乏症

维生素A缺乏症是由维生素A或其前体胡萝卜素缺乏或不足所引起的一种营养代谢疾病，临诊上以生长发育受阻、上皮角化、干眼、夜盲症、繁殖机能障碍以及机体免疫力低下等为特征。

（一）发病原因

（1）原发性（外源性）病因　各种青绿饲料包括发酵的青绿饲料在内，特别是青干草、胡萝卜、南瓜、黄玉米等都含有丰富的维生素A原（能转变成维生素A），如不喂给这些饲料，即易患本病；棉籽、亚麻籽、萝卜、干豆、干谷、马铃薯、甜菜根中，几乎不含维生素

A原，长期饲喂此类饲料，即造成缺乏；饲料中维生素A和红胡萝卜素被破坏，如暴晒、雨淋、发霉变质。生大豆和生豆饼中含的脂氧化酶可使维生素A破坏，即导致缺乏。

（2）继发性（内源性）病因　当幼兔患有慢性胃肠道病、球虫病和肝脏疾病时，均易继发本病；此外，矿物质（无机磷）、维生素（维生素C、维生素E）、矿物质（钴、锰等）的缺乏或者不足，都能影响体内胡萝卜素的转化和维生素A的贮存。

（3）诱发因素　饲养管理不良，兔笼舍污秽不洁、寒冷、潮湿、通风不良，过度拥挤，缺乏运动以及阳光照射不足等因素都可诱导发病。

（二）临诊症状

仔兔、幼兔生长发育缓慢，严重病兔体重减轻。时间拖长的自发运动减少，最后腿不愿运动。有时出现相似于寄生虫性中耳炎的症状：转圈，头转向一侧或两侧来回摇摆。严重病例，头倒向一侧或后仰，病兔本身没有恢复正常姿势的能力，或头颈缩起，四肢麻痹（图8-2-1），偶尔还可看到惊厥。成年兔最早出现眼的病变症状，角膜中央或中央附近出现模糊的白斑或白带（图8-2-2），在上下眼睑之间呈平行走向。角膜混浊、粗糙，并显得干燥。眼睛周围积有干燥的痂皮样眼垢。球结膜的边缘部分可看到色素沉着，随后即发展为弥漫性角膜炎、虹膜晶状体炎（图8-2-3）、眼前房积液（图8-2-4）及永久性盲眼（图8-2-5）。

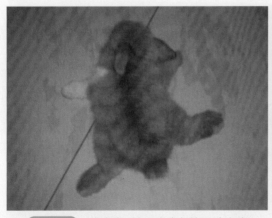

图8-2-1　维生素A缺乏症病兔的四肢麻痹

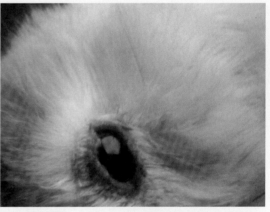

图8-2-2　维生素A缺乏症病兔的角膜出现模糊的白斑

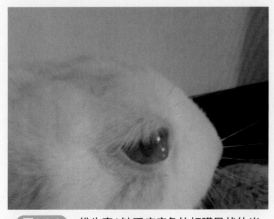

图8-2-3　维生素A缺乏症病兔的虹膜晶状体炎

图8-2-4　维生素A缺乏症病兔的眼前房积液

图8-2-5　维生素A缺乏症造成永久性盲眼的病兔

母兔缺乏维生素A则表现不能受精，繁殖卵子异常，不发生卵裂，在植入前即发生变性，引起繁殖力降低，即使能受精，并植入子宫，也会发生早期胎儿死亡和吸收、流产、死产或产出先天性畸形仔兔。处于维生素A缺乏临界状态的无症状母兔，其所产仔兔在出生时可表现正常，但在产后几周内出现脑积水和维生素A缺乏的其他症状。

（三）诊断

根据饲料中长期缺乏青饲料或维生素A含量不足；有发育、视力、运动、生殖等功能障碍症状；测定血浆中维生素A的含量，低于20～80微克/升的为维生素A缺乏。

（四）类似病症鉴别

1.与产后瘫痪病的类症鉴别

（1）相似点　四肢麻痹，卧地不起。

（2）不同点　产后瘫痪是在产仔后出现跛行，四肢或后躯突然麻痹。而维生素A缺乏症是各年龄兔，包括公兔都可发生，它除有神经麻痹症状外，还可能出现夜盲、干眼、皮肤干燥、被毛粗乱等一系列症状。

2.与妊娠毒血症病的类症鉴别

（1）相似点　共济失调，前后肢向两侧伸展。

（2）不同点　妊娠毒血症的显著特点是顽固拒食，粪便变形，有黏液，恶臭，尿液少而呈黄白色，肝脏、肾脏、心肌颜色苍白。这些是维生素A缺乏症所没有的。

（五）防制方法

1.预防措施

切忌长期饲喂久贮或变质饲料，并应及时控制球虫病。日粮中应经常补充豆科绿叶、绿色蔬菜、南瓜、胡萝卜和黄玉米等含胡萝卜素丰富的饲料，保证每天供给兔维生素A每千克体重30单位。配合颗粒饲料中按营养标准补充维生素A。及时治疗肠道疾病和肝脏疾病。

2.治疗方法

停喂贮存较久和变质的饲料，在正常日粮中添加含胡萝卜素丰富的饲料；维生素A注射液，每千克体重440单位，肌内注射；内服或肌内注射鱼肝油制剂，群体治疗时，可将鱼肝油混入饲料（每千克饲料中添加2毫升）；对症治疗，用麦芽粉、人工盐、陈皮酊等健胃药调整胃肠功能，促进消化吸收；眼有病变的可用3%硼酸溶液洗眼，然后滴入环丙沙星眼药水或涂抹红霉素眼药膏；继发肺炎时应及时治疗。同时还应注意：补充维生素A不可过量，如果摄入量过高会引起中毒。

三、李氏杆菌病

见第三章"七、李氏杆菌病"。

四、佝偻病与软骨症

兔佝偻病是幼龄兔由于维生素D及钙、磷缺乏或饲料中钙、磷比例失调所致的一种骨营养不良性代谢病。兔软骨症是成年兔由于钙磷缺乏及二者的比例不当所引起的骨营养不良症，它包括骨质软化症和骨纤维性营养不良症。

（一）发病原因

本病的病因是长期单一饲喂含钙量高的饲料（谷草、红茅草、长期干旱的饲料）或含磷量高的饲料（麸皮、米糠、豆科种子或秸秆），导致一方含量过高而另一方含量不足，钙磷比例严重失调；或饲料中维生素D缺乏，幼兔断奶后不及时补充钙磷，可导致本病发生。兔笼舍内光照不足，运动减少，饲草日照短，是本病重要的诱发因素。

（二）临诊症状

佝偻病病兔表现精神不振，嗜睡（图8-4-1），肚腹增大，食欲减少，四肢向外侧斜，身体呈匍匐状，凹背，不愿走动（图8-4-2）。四肢弯曲，关节肿大。严重的发展的前肢呈"X"形或"O"形，后肢外展呈"八"字状（图8-4-3），拉起后呈"O"形（图8-4-4），站立困难，以胸着地，前肢呈划水状。肋骨与肋软骨交界处出现"佝偻珠"。死亡率较低；软骨症

图8-4-1　佝偻病病兔表现精神不振，嗜睡

图8-4-2　佝偻病病兔身体呈匍匐状，凹背，不愿走动

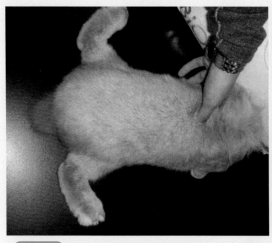 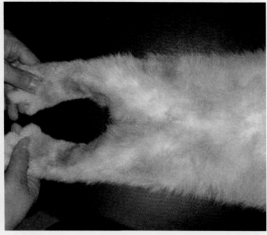

图8-4-3　佝偻病病兔的后肢外展呈"八"字状　　图8-4-4　佝偻病病兔的后肢拉起后呈"O"形

病兔表现食自身被毛，血清钙含量较少，有的发生抽搐。肋骨和肋软骨连接处增大和骨间变宽等。

兔对饲料中高钙和高磷具有一定的耐受性。饲料中含4.54%钙和0.3%磷，将不影响兔生长发育增重或明显改变其繁殖能力。用高磷低钙（Ca ： P=0.5 ： 1）饲料饲喂兔1年半以上，能使兔的甲状旁腺增生肿大，血清中甲状旁腺激素活性升高。

（三）诊断

根据日粮配制不合理或其他诱发因素，出现肚腹增大，进行性嗜睡，四肢向外侧斜，肋骨与肋软骨交界处出现"佝偻珠"；肋骨和肋软骨连接处增大和骨间变宽等典型症状；检测饲料中的钙、磷；治疗性诊断，及补钙剂疗效明显，不难诊断。

（四）防制方法

1.预防措施

在饲料中添加钙0.22%～0.40%，磷0.22%。改善日粮组成，切忌单一饲喂，供给充足的钙、磷，比例要适当。饲料中按营养标准补充维生素D制剂。加强兔笼舍通风换气、温度适宜、干燥，有目的地增加日照时间，促进维生素D、钙的吸收和转化。

2.治疗方法

维生素AD注射液，每次0.5～1毫升，肌内注射，连用3～5天；维生素D_2胶性钙注射液，每次1000～5000单位，肌内注射，连用5～7天；鱼肝油1～2毫升，磷酸钙1克，乳酸钙0.5～2克，骨粉2～3克，内服，连用7～10天；10%葡萄糖酸钙注射液，每次0.5～1.5毫升，每天2次，连用5～7天。

五、维生素D缺乏症

维生素D缺乏症是由于饲料中缺乏维生素D或光照不足引起的，以食欲减退、生长慢、骨发育不良为主要症状的一种营养代谢性疾病。

（一）发病原因

本病多发生在幼龄兔。饲料中维生素D含量不足、兔舍内光照差、饲料中钙磷比例不当，幼兔在快速生长期间对维生素D的需求量急剧增加而供应不足，蛋白质缺乏及胃肠道疾病，维生素D的吸收量减少均可引起本病。

（二）临诊症状

病兔主要表现为食欲和饲料利用率降低，增重缓慢，生产性能下降，后期引起骨营养不良，呈现跛行、运动障碍，站立不稳（图8-5-1），甚至长骨弯曲（图8-5-2），关节肿大（图8-5-3），进一步发展成为佝偻病或软骨病。

图8-5-1　维生素D缺乏症的病兔呈现跛行、运动障碍，站立不稳

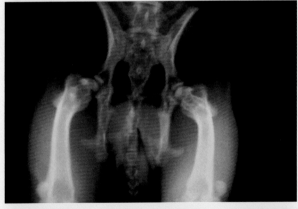

图8-5-2　维生素D缺乏症的病兔长骨弯曲

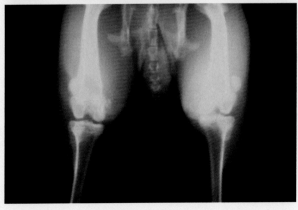

图8-5-3　维生素D缺乏症的病兔关节肿大

（三）诊断

通过病史调查、病因分析，饲料中缺乏维生素D，呈现跛行、运动障碍等典型症状，病理剖检骨变形、变软或变脆等，不难诊断。

（四）防制方法

参见佝偻病与骨软症。

六、产后瘫痪

见第六章"五、产后瘫痪"。

七、中暑

见第一章"十一、中暑"。

八、维生素E缺乏症

维生素E是又称"生育酚"，为脂溶性维生素，是一种抗氧化剂，在体内维持繁殖，抑制体内不饱和脂肪酸的过氧化，参与新陈代谢的调节，影响腺体和肌肉的活动。维生素E缺乏，可导致营养性肌肉萎缩、繁殖障碍，且往往与硒缺乏症并发。

（一）发病原因

饲料本身维生素E含量不足，加之维生素E化学性质极不稳定，易受到矿物质及不饱和脂肪酸的氧化破坏，使维生素E失去活性。因此，长期喂给含高钙、高铜、高锌饲料和不饱和脂肪酸的饲料，容易引起维生素E缺乏症。由于饲料中硒缺乏，使之对维生素E的需要量也相对增高，出现相对的维生素E缺乏症。特别是大量饲喂含硒量少而不饱和脂肪酸含量多的青绿豆科植物时更易出现。饲料中含过量不饱和脂肪酸（如猪油、豆油等）酸败产生过氧化物，促进维生素E的氧化。患肝脏疾病（如肝球虫病）时，由于维生素E贮存减少，而利用和破坏反而增加，也易发生本病。

（二）临诊症状

患兔先是肌肉僵直（图8-8-1），随后进行性肌无力和萎缩，对饲料的消耗减少，体重下降，最后衰竭而死亡。繁殖母兔维生素E缺乏时，受胎率降低、发生流产或死胎增多，或新生仔兔死亡率高。公兔睾丸损伤，精子产生减少。幼兔的临诊过程分为3个时期：第一期表现肌酸尿、采食减少、增重停止；第二期部分病兔表现前肢僵直，头稍回缩（图8-8-2）；有时保持数小时，但有些兔的表现不明显，此时体重急剧下降，食欲逐渐废绝；第三期病兔食欲完全废绝，营养极度不良，全身衰竭。有的病兔死亡前往往垂死挣扎，迅速撑起脚，企图保持竖直姿势，但终因肌肉无力，全身呈松弛状态，持续1～4天后死亡。有的神经系统受损而出现类似中耳炎的症状，转圈、共济失调、伏卧时头弯向一侧，最后衰竭死亡。

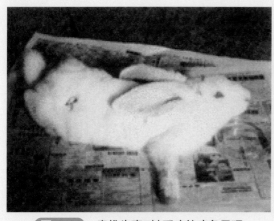

图8-8-1　患维生素E缺乏症的病兔呈现　　　图8-8-2　维生素E缺乏症的第二期病兔表
肌肉僵直　　　　　　　　　　　　现前肢僵直，头稍回缩

（三）病理变化

剖检可见骨骼肌、心肌、椎旁肌群、咬肌和后躯肌肉萎缩并极度苍白，坏死肌纤维有钙化现象。腰肌群可见小的苍白点、出血条纹和黄色坏死斑，心室壁和乳头肌有局限性灰色斑。肝脏坏死，睾丸变性萎缩。

（四）诊断

病兔出现神经症状、运动障碍、生殖功能下降；脑软化、肌肉变性、渗出性素质；调查饲养管理，饲料中缺乏维生素E或缺硒，或长期饲喂腐败变质饲料。根据上述结果综合诊断为维生素E缺乏症。

（五）防制方法

1.预防措施

（1）经常给兔饲喂如大麦芽、苜蓿、胡萝卜等青绿多汁饲料，或补充维生素E添加剂。

（2）避免喂给含不饱和脂肪酸酸败的饲料；对含高矿物质和高不饱和脂肪酸的饲料，要提高维生素E的添加量。

（3）及时治疗兔的肝脏疾病，如兔肝球虫病等。

（4）饲料不能长久贮藏，也是预防本病的有效措施。

2.治疗方法

对已发生维生素E缺乏症的家兔，按每天每千克体重0.32～1.4毫克在饲料中补加维生素E，自由采食。严重病例，肌内注射维生素E制剂，每次1000单位，每天2次，连用2～3天。另外，饲料中添加含硒微量元素添加剂，有辅助治疗作用。

九、发霉饲料中毒

见第二章"十六、发霉饲料中毒"。

十、有机磷农药中毒

见第二章"十七、有机磷农药中毒"。

十一、棉籽与棉籽饼粕中毒

棉籽与棉籽饼粕中毒是指动物长期或大量摄入含游离棉酚的棉籽或棉籽饼粕引起以出血性胃肠炎、全身水肿、血红蛋白尿和实质器官变性为特征的一种中毒病。

（一）发病原因

棉籽与棉籽饼粕中含有有毒物质游离棉酚，游离棉酚的含量与棉籽品种、产地、棉籽加工工艺有很大关系，以冷轧取油后的棉籽饼粕含毒量大。家兔采食含游离棉酚的棉籽与棉籽饼粕，即可发生慢性中毒。生长发育快的青年兔和怀孕兔需要蛋白质量大，吸收毒蛋白质多，因而中毒的机会也多。

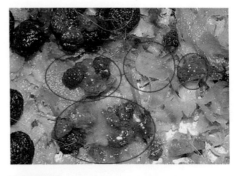

图8-11-1　病兔的粪便中常混有黏液或血液

（二）临诊症状

病初表现精神沉郁，食欲减退，有轻度的震颤。继而出现明显的胃肠功能紊乱，病兔食欲废绝，先便秘后下痢，粪便中常混有黏液或血液（图8-11-1）。可视黏膜发黄以致失明，体温正常或略升高。脉搏疾速，呼吸迫促，尿频，有时排尿表现疼痛，尿液呈红色（图8-11-2）。严重者，呻吟，磨牙，抽搐，以头撞地，尖叫（图8-11-3），心力衰竭而死亡。母兔表现为屡次配种不孕，流产，胎儿水肿、出血、颤抖，先天性畸形（歪嘴、瞎眼、缺肢等）。公兔精子活力降低。

图8-11-2　病兔的尿呈红色

（三）病理变化

剖检可见胃肠道呈出血性炎症，胃黏膜严重脱落（图8-11-4）。肝脏花斑状肿大。肾脏肿大、水肿，皮质有点状出血。膀胱积尿（图8-11-5）。肺脏有出血点。胸腔、腹腔、心包积液（图8-11-6）。实验室检查，尿蛋白阳性，尿沉渣中可见肾上皮细胞及各种管型。

图8-11-3　棉籽与棉籽饼粕中毒病兔以头撞地，尖叫

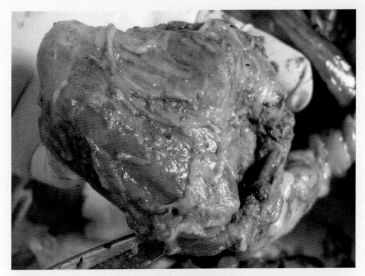

图8-11-4 棉籽与棉籽饼粕中毒病兔胃黏膜严重脱落

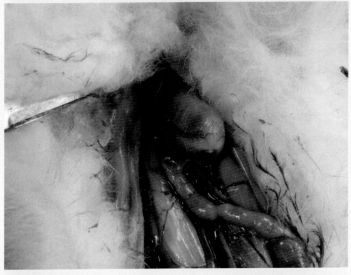

图8-11-5 棉籽与棉籽饼粕中毒病兔膀胱积尿

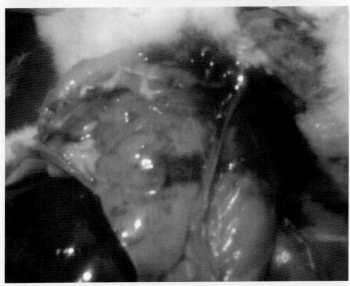

图8-11-6 棉籽与棉籽饼粕中毒病兔肺脏有出血点，胸腔积液

（四）诊断

根据长期采食棉籽或棉籽饼粕的病史；出血性肠炎、呼吸迫促、尿液呈红色及神经症状的临诊表现；剖检可见实质器官肿大、结缔组织水肿、体腔积液等病理变化，可做出诊断。

（五）防制方法

1.预防措施

（1）平时应严格限量饲喂棉籽与棉籽饼粕，一般不超过饲料总量的4%，孕兔、幼兔不用。

（2）有条件时最好进行脱毒处理，可将生棉籽或棉籽饼粕加热（炒、蒸、煮），使棉酚变性失去毒性，也可用0.1%硫酸亚铁溶液浸泡24小时，用清水冲洗干净后再喂。

（3）喂全价饲料，当日粮营养全面时，动物对棉酚的耐受力增大，要注意蛋白质、矿物质和维生素的补充，棉籽饼粕最好与豆粕、鱼粉等其他蛋白饲料混合应用，以防中毒。

2.治疗方法

治疗应遵循解除病因，排出毒物，补液利尿，防止继发感染的原则。

【方法1】发生中毒时，应立即停喂含有未脱毒的棉籽或棉籽饼粕，改喂其他易消化的优质饲料。

【方法2】尚有食欲者，可口服硫酸钠2～6克，鞣酸蛋白0.3～0.5克，饮用多维电解质或口服补液盐溶液。无食欲者，可用0.1%高锰酸钾液或3%碳酸氢钠液洗胃，然后灌服硫酸亚铁2～3克。

【方法3】抗菌消炎，保护胃肠黏膜，2%环丙沙星注射液，每千克体重0.1毫升，肌内注射，每天2次。

【方法4】补液利尿，经口内服人工盐15～20毫升，利尿可用双氢氯噻唑，每兔每次0.01～0.02克，内服，每天2次。

【方法5】病情严重者，可静脉注射10%葡萄糖溶液20毫升，维生素C 5毫升，安钠咖0.2克；或维生素A 10万单位、维生素D 20万单位，隔日肌内注射，每天2次。

十二、疯草中毒

"疯草"是棘豆属和黄芪属中有毒植物的统称，主要有黄花棘豆（图8-12-1）、甘肃棘豆（图8-12-2）、小花棘豆、密花棘豆、急弯棘豆和茎直黄芪（图8-12-3）、变异黄芪等。动物长期采食能引起中毒。临诊症状以头部震颤，后肢麻痹等神经症状为主。由疯草引起的动物中毒统称为"疯草病"，或称"疯草中毒"。

图8-12-1 黄花棘豆的植株与花序

图8-12-2　甘肃生长的甘肃棘豆

图8-12-3　西藏地区密生的茎直黄芪

（一）发病病因

疯草中毒多因采食含有有毒成分苦马豆素的疯草。疯草的采食数量与发病有关，大量采食疯草才能表现临诊症状。夏秋季节多发。

（二）临诊症状

一般多为慢性，要采食一定时间后才出现症状，有的秋季采食冬季才出现病状。中毒兔表现精神迟钝，甚至痴呆，腰腿无力，对声音反应淡漠，有的出现神经症状，表现兴奋或沉郁。两耳耷拉、发紫（图8-12-4），有的视觉障碍，后肢强直、行走不便，死亡。

（三）病理变化

剖检可见皮下水肿，水肿液和皮下脂肪呈黄色胶冻样。胸腹腔及心包中均有多量黄色透明液体。胃肠浆膜呈黄色（图8-12-5），黏膜有出血点和坏死灶，肠系膜淋巴结水肿。肝脏肿大、质硬，表面呈棕黄色。肾脏有充血（图8-12-6），切面呈现红色，有的表面有黄色条纹，有的肾脏呈土黄色。心脏冠状沟脂肪呈黄色胶状。

（四）诊断

主要依据疯草中毒特有的临诊症状，如后躯腰腿无力、行走不便、视觉障碍等，结合采食疯草的病史，即可做出诊断。疯草中毒可根据采食疯草的病史，结合运动障碍为特征的神经症状，不难做出诊断。

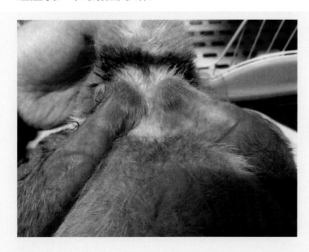

图8-12-4　疯草中毒病兔表现两耳耷拉、发紫

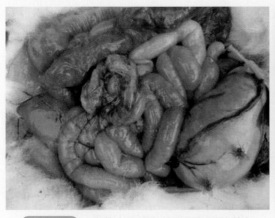

图8-12-5　疯草中毒病兔的胃肠浆膜呈黄色

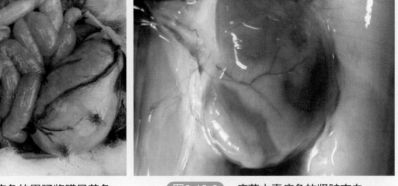

图8-12-6　疯草中毒病兔的肾脏充血

（五）防制方法

1.预防措施

防止家兔大量或长期采食疯草。

2.治疗方法

发现中毒病兔应立即停喂。对轻度中毒的病兔，及时转移到无疯草的场地饲喂易消化的优质饲草，适当补饲，一般可不药而愈。中毒较重的兔，按每千克体重静脉注射10%硫代硫酸钠1毫升，葡萄糖盐水50～100毫升，同时配合对症治疗。严重中毒的病兔，目前尚无有效治疗方法。

十三、中耳炎

中耳炎是指鼓室及耳咽管的炎症。各种动物均可发生，但以猪、犬和兔多发。

（一）发病原因

常继发于上呼吸道感染，如流行性感冒、一般感冒、传染性鼻炎和化脓性结膜炎等，其炎症蔓延至耳咽管，再蔓延至中耳而引起。此外，外耳炎、鼓膜穿孔也可引起中耳炎。多杀性巴氏杆菌、链球菌和葡萄球菌是中耳炎常见的病原菌，其他病原如假单胞菌、变形杆菌、马拉色霉菌、念珠菌也可引起。有报道认为血源性扩散如败血症也可引起。多发生于青年兔及成年兔，仔兔少见。

（二）临诊症状

单侧性中耳炎时，病兔将头颈倾向患侧，使患耳朝下，有时出现回转、滚转运动，故又称"斜颈病"（图8-13-1）。两侧性中耳炎时，病兔低头伸颈，以鼻触地。化脓性中耳炎时，病兔体温升高，食欲不振，精神沉郁，有时横卧（图8-13-2）或出现阵发性痉挛等症状。炎症蔓延至内耳时，病兔表现耳聋和平衡失调、转圈、头颈倾斜而倒地，鼓室内壁充血变红，积有奶油状的白色脓性渗出物，若鼓膜破裂，脓性渗出物可流出外耳道（图8-13-3）。中耳炎症侵害面神经和副交感神经时，则引起面部麻痹、角膜和鼻腔黏膜干燥、张口疼痛等。若炎症继续发展，波及脑膜，则出现脑膜炎，或引起小脑脓肿而死亡。本病的病程多取慢性经过，可长达1年以上。

（三）诊断

根据典型临诊症状，基本可以做出诊断。但要确定具体病原必须进行实验室诊断。

图8-13-1 单侧性中耳炎病兔头颈倾向患侧，患耳朝下，出现滚转运动

图8-13-2 化脓性中耳炎病兔体温升高，精神沉郁，横卧于地

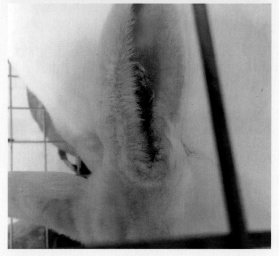

图8-13-3 单侧中耳炎病兔炎症蔓延至内耳，鼓膜破裂，脓性渗出物流出外耳道结痂

（四）防制方法

1.预防措施

加强饲养管理，增强机体抵抗力，减少或及时治疗原发性疾病，如流感、鼻炎、结膜炎等；及时治疗外耳道的炎症；建立无多杀性巴氏杆菌病的兔群。

2.治疗方法

首先用消毒剂充分清洗外耳，并用干棉球擦干，然后滴入抗生素药水，并配合全身应用抗生素，以使药物进入中耳腔。用药前，应对耳分泌物作细菌培养和药敏试验，抗生素治疗至少连用7～10天。对重症顽固难治的病兔应淘汰，以减少巴氏杆菌的传播机会。

十四、瘫软症

家兔瘫软症多发生于高温高湿的夏季，以泌乳母兔为主要发病对象，以浑身瘫软为主要症状。

（一）发病原因

高温高湿季节，霉菌和真菌易于繁殖和生长，大量的霉菌菌丝会产生一种称为真菌毒素的小分子量天然有机化合物。当家兔食用这种霉变饲料时，极易发病，出现瘫软症，尤以泌乳期母兔最敏感。

（二）临诊症状

病兔大多表现食欲减退或废绝，粪便不正常，有时便秘，有时腹泻，有的粪球外表沾有黏液，有的走路蹒跚，浑身颤抖，往前冲撞至倒下。此后四肢无力（图8-14-1），浑身瘫软如泥，头下垂不能抬起（图8-14-2），口触地，鼻孔和嘴端潮湿（图8-14-3），但多数病兔两眼圆瞪。有的耳壳或其他皮下有出血点。病兔体温升高，呼吸急促，心跳加快，心律不齐。一般2～4天渐进性死亡。有死前挣扎、四肢划动等动作。

图8-14-1 瘫软症病兔表现四肢无力

图8-14-2　瘫软症病兔表现瘫软如泥，头不能抬起

图8-14-3　瘫软症病兔表现口触地，鼻孔和嘴端潮湿

（三）病理变化

剖检可见肝脏肿大，质脆易破（图8-14-4），有多处灰褐色坏死灶，胆囊充盈。肾脏有多处坏死点（图8-14-5）。多数腹腔和胸腔积液，膀胱积尿，尿液混浊，呈茶褐色或淡红色。心包积液，心肌出血（图8-14-6）。气管环和喉头淤血或出血（图8-14-7）。胃肠黏膜脱落（图8-14-8），胃和肠道有出血斑或出血点。肺脏有出血点，肺部出现黄白色、粟粒状或较大的小结节，质地柔软有弹性（图8-14-9）。

（四）防制方法

1.预防措施

（1）严格饲养管理，禁用发霉饲料。

（2）科学贮藏，防止饲料发霉。

（3）在高温高湿季节，饲料中添加防霉剂，如丙酸及其盐类化合物（丙酸，每吨饲料中添加0.5～4.0千克；丙酸钙或丙酸钠，每吨饲料中添加0.65～5.0千克）、山梨酸（添加量为0.05%～0.15%）、苯甲酸（添加量为0.05%～0.10%）、苯甲酸钠（添加量为0.1%～0.3%）和柠檬酸、乳酸、乳酸钙等，均有较好的防霉效果。

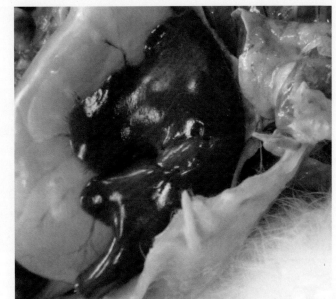

图8-14-4 瘫软症病兔的肝脏肿大，
质脆易破

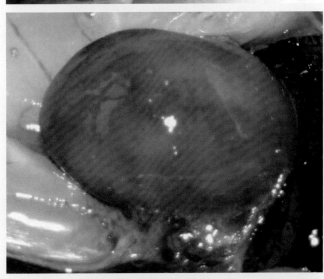

图8-14-5 瘫软症病兔的肾脏有多处
坏死点

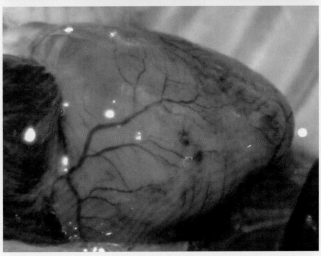

图8-14-6 瘫软症病兔的心肌出血

图8-14-7 瘫软症病兔的气管环和喉头淤血或出血

图8-14-8 瘫软症病兔的胃黏膜脱落

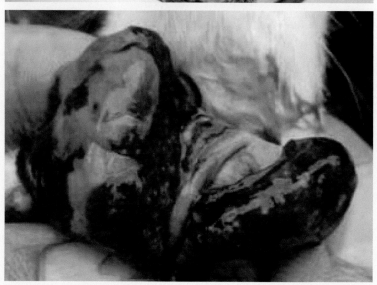

图8-14-9 瘫软症病兔的肺脏有出血点，有黄白色、粟粒状或较大的小结节，质地柔软有弹性

2.治疗方法

对价值高的种兔，可静脉注射25%葡萄糖注射液20～40毫升，每天2次，直至痊愈。也可经口灌服10%的糖水50～60毫升。皮下注射安钠咖注射液0.5～1毫升，以增强心脏功能。可用淀粉20克，加水煮成糊状，加硫酸钠5～6克灌服，以保护肠黏膜，减少毒物的吸收、增加排出。注射维生素C，配合一定的保肝药，如肝泰乐（葡萄糖醛酸内酯）、三磷酸腺苷、辅酶A等。投喂制霉菌素、克霉素、大蒜素、两性霉素B等。

十五、骨折

骨的完整性或连续性因外力作用遭受部分中断或完全破坏时称为骨折。骨折的同时常伴有周围软组织不同程度的损失。各种动物均可发生，以四肢长骨发生较为常见。

（一）发病原因

家兔受外伤打击、砸压、笼门夹挤、笼网或底板网孔或夹缝的夹扭，以及粗暴的捕捉和保定等，都有可能使骨骼折断，特别是腿部长骨最易发生。受惊乱窜或从高处跌落等也可造成骨折。患佝偻病的病兔也易发生骨折，运输途中过度拥挤也能引起骨折。

（二）临诊症状

病兔有受伤的经过，且骨折部位成假关节样（图8-15-1），出现功能障碍，肿胀明显，触之剧痛，有骨摩擦音，可触到骨骼断端或碎骨片。四肢骨折时远心端游动，出现跛行或拖曳前进（图8-15-2）。非开放性骨折，在骨折部位皮肤无破口，软组织损伤较轻；开放性骨折伴有皮肤的破伤与出血，或患部骨折断端外露，创口内有血块、碎骨片或异物等，软组织损伤严重（图8-15-3，图8-15-4）。脊椎骨骨折，可出现后躯完全或部分麻痹，皮肤和肌肉感觉消失（图8-15-5），病兔拖着后肢行走。如果同时脊髓受损严重，肛门和膀胱括约肌失控，大小便失禁，臀部被粪尿污染。骨折程度较轻，脊髓轻微受损，仅骨折部位出现肿胀，暂时不能站立，随着运动机能的恢复，患兔也可于较短期内恢复。

（三）诊断

确诊骨折损伤的具体程度，需要进行X射线检查（图8-15-6、图8-15-7）。

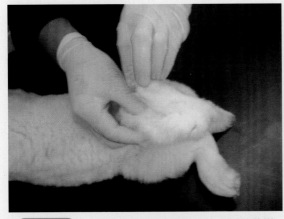

图8-15-1　兔的左后肢胫骨骨折部位成假关节样

图8-15-2　骨折病兔呈拖曳前进

图8-15-3 新鲜开放性骨折骨断端穿破皮肤露出，周围软组织损伤

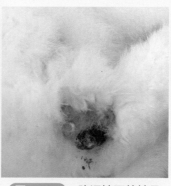

图8-15-4 陈旧性开放性骨折骨头断端外露

图8-15-5 脊椎骨骨折病兔，后躯完全麻痹，皮肤和肌肉感觉消失

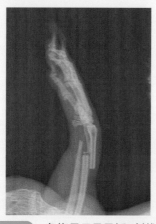

图8-15-6 兔桡骨尺骨骨折X射线照片

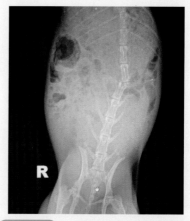

图8-15-7 兔腰椎横断的X射线照片

（四）防制方法

1.预防措施

（1）兔笼设计要合理，下面要装底板，笼底板应光滑，笼底板条缝隙或网眼大小要适当，以不使兔的腿陷落而又能使粪球掉下为宜。一般每片宽度在2～2.5厘米，每片间空隙在1～1.1厘米。

（2）捕捉方法要正确，切忌抓腰部或提后肢，避免在捕捉或保定时家兔挣扎而致骨折或脊椎损伤。

（3）开关笼门要小心，防止兔掉下。避免外力打击。

（4）保持舍内安静，防止生人、其他动物（如犬、猫等）进入兔舍。

（5）加强饲养管理，防止佝偻病的发生；运输车辆装载密度要合适，防止过度挤压。

2.治疗方法

（1）长骨非开放性骨折　首先应复位后固定。用消毒液洗净受伤部位周围的皮肤，涂以碘酒，以防细菌感染。整复骨折部分，使断端接合良好。用纱布棉花衬垫于骨折处的上下关节包裹，然后用小木（竹）条（或板）或用硬纸剪成长条，宽度根据骨折部的粗细，在腿的四面（前、后、内、外）各放一条，然后用绷带紧紧缠住包扎固定，经3～4周后拆除，一般预防良好。

（2）长骨开放性骨折　如果皮肤创口较小，肿胀轻，易恢复，可及时清创，除去异物，用0.1%新洁尔灭溶液，对创口内、外进行消毒，伤口敷以抗生素等外科常规处理后，再对骨折部位进行整复固定，并结合全身应用抗生素3～5天，以防感染。

（3）对较大而严重的开放性骨折不易恢复时，可根据兔只自身的经济价值，进行截肢术或淘汰；对已感染化脓的则应予以淘汰；脊椎骨骨折造成脊髓严重损伤的予以淘汰。

（4）因佝偻病等引起骨质疏松的长骨骨折，经上述处理后，并给予富含钙、磷和维生素A、维生素D的饲料；或者肌内注射维生素A、D注射液或维生素D_2胶性钙注射液，内服磷酸钙1克、乳酸钙0.5～2.0克或骨粉2～3克。

十六、癫痫

见第五章"九、癫痫"。

第九章 以体表形态异常及皮肤创伤肿瘤等为特征的类症鉴别及诊治

一、兔黏液瘤病

兔黏液瘤病是由兔黏液瘤病毒引起的一种高度接触传染性和高度致死性传染病，以全身皮肤，尤其是面部和天然孔周围发生黏液瘤样肿胀为特征。因切开黏液瘤时从切面流出黏液蛋白样渗出物而得名。本病被OIE列为B类疫病，我国将其列为输入的疾病。本病为一种自然疫源性疾病，最早于1896年发现于乌拉圭。目前全球已有56个国家和地区发生本病，随着国外种兔的进口，本病传入我国的危险性甚大，应予高度警惕。

（一）病原

兔黏液瘤病毒属痘病毒科兔痘病毒属成员。病毒粒子呈砖形，大小280纳米×230纳米×75纳米（图9-1-1）。在抗原上与兔纤维瘤病毒有亲缘关系，血清学上存在交互反应，且可与纤维瘤病毒发生遗传复活现象，即将本病毒75℃加热或用乙醚处理灭活后，加入活的松鼠纤维瘤病毒，混合后接种家兔，可因黏液瘤病毒复活而使家兔发生典型的黏液瘤。本病毒包括几个不同毒株，具有代表性的是南美毒株和美国加州毒株。各毒株间的毒力和抗原性互有差异，这与病毒基因组的大小有关。本病毒易在鸡胚绒毛尿囊膜上生长繁殖，并形成特殊痘斑。病毒还可在鸡胚成纤维细胞、兔的肾细胞和睾丸细胞培养中繁殖，产生典型的痘病毒细胞病变，即胞浆包涵体和核内空泡。本病毒存在于病兔全身体液和脏器中，尤以眼垢和病变部的皮肤渗出液中含量最高。病毒抵抗力低于大多数其他痘病毒。病毒不耐pH4.6以下的酸性环境。对热敏感，55℃10分钟、60℃数分钟内被灭活。但病变部皮肤中的病毒可在常温下活好几个月，如置50%甘油盐水中，更可长期保持其活力。本病毒对干燥的抵抗力相当强，在干燥的黏液瘤结节中可保持毒力达3周之久。对石炭酸、硼酸、升汞和高锰酸钾有较强的抵抗力，但对福尔马林则较敏感，0.5%～2%福尔马林液1小时使之致死。对乙醚敏感但能抵抗去氧胆酸盐和胰蛋白酶，这是本病毒的特有性质。

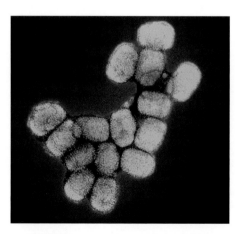

图9-1-1 兔黏液瘤病毒粒子呈砖形

（二）流行特点

本病只侵害家兔和野兔，人和其他动物无易感性。在野兔中易感性差异很大，家兔和欧洲野兔最为易感，可引起全身症状，病死率很高。棉尾兔和田兔有抵抗力，北美野兔仅引起局部良性的纤维瘤。

病兔和带毒兔是传染源，以病兔眼垢和病变部的皮肤渗出液中含毒量最高。本病的主要传染方式是与病兔或带毒兔的直接接触，或与其污染物的间接接触而传染。可经呼吸道飞沫传播，在自然界中最主要的传播方式是通过节肢动物媒介叮咬传播。最常见的是蚊子和兔蚤，病毒在媒介昆虫体内并不繁殖，仅起单纯的机械传播作用。伊蚊、库蚊、按蚊、兔蚤、刺蝇、蜱、螨和蚋等昆虫甚至秃鹰和乌鸦等鸟类都可传播病毒。

本病发生有明显季节性，夏秋季为发病高峰季节。在蚊虫大量滋生的季节，尤其是低洼潮湿地带发病最多。冬季蚤类是主要的传播媒介。黏液瘤病毒在蚊体内可越冬，在兔蚤体内能存活105天以上，在蚊体内可存活达7个月之久。本病还有周期性趋向，每8～10年流行1次。

（三）临诊症状

潜伏期4～11天，平均约5天，由于毒株间毒力差异较大和兔的不同品种及品系间对病毒的易感性高低不同，所以本病的临诊症状比较复杂。

（1）感染强毒力南美毒株的病兔症状　感染3～4天即可看到最早的肿瘤，但要第6天、7天才出现全身性肿瘤。病兔眼睑水肿，黏稠脓性结膜炎和鼻漏（图9-1-2），头部肿胀呈"狮子头"状。耳根、会阴、外生殖器和上下唇显著水肿。身体的大部分、头部和两耳，偶在腿部出现肿块。初期发硬而凸起，边界不清楚，进而充血，破溃流出淡黄色的浆液。病兔直到死前不久仍保持食欲。病程一般8～15天，死前可能出现神经症状，病死率几乎达100%。

（2）感染毒力较弱的南美毒株或澳大利亚毒株的病兔症状　病兔仅表现轻度水肿，有少量鼻漏和眼垢，以及界限明显的肿瘤结节，病死率低。

（3）呼吸型症状　近年来，在一些集约化养兔业较发达的疫区，还表现为呼吸型。潜伏期长达20～28天，接触传染，无媒介昆虫参与，一年四季都可发生。初期为卡他性鼻炎，继而呈现为脓性鼻炎和结膜炎（图9-1-3）。皮肤病损轻微，仅在耳部和外生殖器的皮肤上见有炎症斑点，少数病例的背部皮肤有散在性肿瘤结节。

痊愈的兔子可获得18个月的特异性抗病力。

（四）病理变化

特征性的眼观病变是皮肤肿瘤结节（图9-1-4）、皮肤和皮下组织显著水肿，尤其是颜面

图9-1-2　病兔眼睑水肿，黏稠脓性结膜炎和鼻漏

图9-1-3　病兔表现脓性鼻炎和结膜炎

图9-1-4　皮肤肿瘤结节

图9-1-5 **肠浆膜的出血点**

和身体天然孔周围的皮下组织充血、水肿，皮下切开见有黄色胶冻液体聚集。液体中含有处于分裂期的黏液瘤细胞和白细胞。皮肤可见出血。胃肠浆膜和黏膜下有出血斑点（图9-1-5）。心内外膜可见出血点，有时脾肿大，淋巴结水肿或出血。

皮肤肿瘤切片检查，可见许多大型的星状细胞-未分化的间质细胞、上皮细胞肿胀和空泡化。在上皮细胞胞浆内含有嗜酸性包涵体，包涵体内有染蓝的球菌样小颗粒即原生小体。

（五）诊断

1.初步诊断

根据本病的特征性临诊症状和病理变化，结合流行特点不难做出诊断。但在新疫区或毒力较弱的毒株所致的非典型病例或因兔抵抗力较高，症状和病变不明显时，则诊断比较困难。确诊需进行实验室诊断。

2.实验室诊断

在国际贸易中，尚无指定诊断方法，替代诊断方法有琼脂凝胶免疫扩散试验（AGID）、补体结合试验（CF）、间接荧光抗体试验（IFA）。取病变组织，将表皮与真皮分开，磷酸盐缓冲液洗涤后备用。

（1）病理组织检查 将病变组织做切片或涂片，检查黏液瘤细胞和嗜酸性包涵体。

（2）动物试验 取新鲜病料磨碎后，经皮下接种幼兔，2～5天内接种部位出现病灶，并可用血清学方法检查存活的兔。

（3）病原分离鉴定 将病料在11～13日龄的鸡胚绒毛尿囊膜上接种，孵育4～6天，观察绒毛尿囊膜上的灶性痘斑。或用鸡胚成纤维细胞、兔的肾细胞、兔睾丸细胞等原代细胞、RK13传代细胞分离病毒。病毒鉴定可用电镜和病原检测技术。

（4）电镜观察 用电镜检查病变的渗出物或涂片，可观察病毒特征性形态。

（5）血清学方法 可用琼脂双扩散试验、ELISA、Dot-ELISA、IFA、病毒中和试验及补体结合试验等方法，可用于诊断和监测。

（六）类似病症鉴别

1.与兔痘病的类症鉴别

（1）相似点 皮肤上出现豆疹和鼻内、眼内流出多量分泌物。

（2）不同点 兔痘病兔是以皮肤丘疹、坏死、出血和内脏器官有灰白色的小结节病灶等为特征的一种疾病。而兔黏液瘤病是以眼睑、颜面部、耳朵及其他部位皮下和突然孔周围皮下发生黏液性肿胀为特征。

2.与兔纤维瘤病的类症鉴别

（1）相似点 皮肤上出现瘤样肿胀。

（2）不同点　兔纤维瘤病是一种良性肿瘤性传染病，只引起局部肿瘤病变，皮肤无丘疹、坏死、充血，内脏器官也无灰白色的小结节病灶。

（七）防制方法

1. 预防措施

（1）兔黏液瘤病是一种毁灭性的家兔传染病　我国尚无该病流行，因此，应严禁从有兔黏液瘤病发生和流行的国家或地区进口种兔和未经消毒的兔皮、兔毛以及其他产品，严防本病传入。

（2）引进兔种及兔的产品时，应严格口岸检疫，隔离观察1个月以上；新引进兔必须在防昆虫的动物房内隔离饲养14天，检疫合格者方可混群饲养；毗邻国家发生本病流行时，应封锁国境。

（3）发现疑似本病发生时，应立即向有关业务单位报告疫情，并迅速做出确诊，及时采取扑杀病兔、销毁尸体、用2%～5%福尔马林液彻底消毒污染场所、紧急接种疫苗等综合性防制措施。

（4）平时严防野兔进入饲养场，杀灭吸血昆虫。

2. 治疗方法

本病目前无特效的治疗方法，疫区主要依靠疫苗预防接种。英国使用的疫苗有Shope（肖扑）纤维瘤病毒（兔纤维瘤病毒）疫苗，或美国及法国生产的弱毒疫苗，预防注射3周龄以上的兔，接种后4～7天产生免疫力，免疫保护期1年，免疫保护率达90%以上。近年来推荐使用经过兔的肾细胞人工致弱的MSD/S株病毒制成活毒疫苗，对兔只健康安全可靠，并有较强的免疫性。此外，也可应用黏液瘤病毒鸡胚或细胞毒株制成灭活苗，对兔只健康安全而有效。

二、创伤

家兔创伤是指兔只受到外力作用与打击，使局部皮肤、皮下组织或深层肌肉及器官完整性受到破坏的一种开放性损伤。兔创伤是兔经常发生的一种外科常见病。

（一）发病原因

多因兔笼、兔箱、产仔箱上的尖锐物体（如金属丝、铁皮、圆钉、竹刺、木刺等）刺（或划）伤，或剪毛不慎造成的剪伤，或互相咬斗的咬伤、抓伤等。另外，还有被犬、猫、老鼠等动物的咬伤等。还有的是哺乳母兔由于无乳或缺乳被仔兔咬伤或母兔咬伤奶仔兔。

（二）临诊症状

受伤部位因致伤原因和程度而呈现不同程度的被毛缺损、肿胀、疼痛、皮肤破裂及深部组织损伤，并有不同程度的出血（图9-2-1）与渗出。轻者，可见皮肤裂口（图9-2-2）或缺损（图9-2-3）。重者可见皮开肉绽（图9-2-4），大量出血。如被犬、猫、鼠咬伤，局部出现红肿、溃烂（图9-2-5）。有时兔的耳朵被咬伤（图9-2-6）或撕裂，臀部损伤严重。有的睾丸下垂流血，如果损伤导致大动脉出血，可引起兔的死亡。

图9-2-1　家兔后肢皮肤破裂造成少量的出血

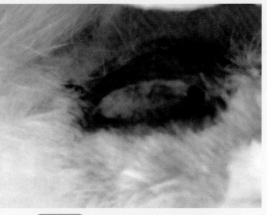

图9-2-2　家兔创伤造成皮肤的裂口

（三）防制方法

1.预防措施

（1）兔笼、兔箱、产仔箱及用具等要避免有尖锐物体，紧固铁丝尖端要隐藏，新的竹片底网要磨光，以防毛刺扎伤。

（2）兔笼内养兔密度不宜过大，青年兔、成年兔分开饲养，防止咬斗，互相咬斗的兔子要及时分开，剪毛时一定要小心防止剪伤。

（3）防止犬、猫、鼠等动物的骚扰。

（4）母兔产仔后给予充足饮水，保持兔笼舍周围安静，防止母兔咬伤奶仔兔；根据母兔的泌乳能力适当调整仔兔的数量，防止因母兔无乳或缺乳而被仔兔咬伤。

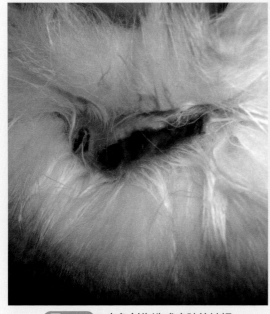

图9-2-3　家兔创伤造成皮肤的缺损

图9-2-4　家兔创伤造成的皮开肉绽

图9-2-5　家兔创伤造成皮肤的溃烂　　　　图9-2-6　家兔耳朵被咬伤

2.治疗方法

必须立即排除造成创伤的原因。

（1）一般轻度创伤，可不治自愈，或涂擦2%～3%碘酊、5%龙胆紫液。

（2）重度较大而深的创伤，充分止血后用3%双氧水，或无菌生理盐水，或0.1%高锰酸钾溶液，或0.1%新洁尔灭溶液，或0.1%雷佛奴尔溶液清洗创腔，而后涂布磺胺粉或其他消炎药物，必要时要进行肌肉组织及皮肤的缝合。

（3）较深的刺伤、破裂伤等，应皮下注射1000单位破伤风抗毒素，以防发生破伤风。治疗破裂伤期间，笼舍内及创伤部位都应保持清洁、干燥。

（4）对已感染化脓的创口，要用3%双氧水，或0.1%高锰酸钾溶液将脓汁洗净，而后涂布2%～3%的碘酊，或用雷佛奴尔溶液引流。

（5）严重者，可肌内注射青霉素等抗生素或磺胺类药物来预防全身性感染。

三、脓肿

兔脓肿是在兔只的组织或器官内形的外有脓肿膜包囊，内有脓汁潴留的局限性脓腔。

（一）发病原因

由各种化脓菌（葡萄球菌、化脓性链球菌、大肠杆菌、铜绿假单胞菌和腐败性细菌）通过家兔损伤的皮肤或黏膜进入体内而发病。常见的原因是肌内注射或皮下注射时没有遵守无菌操作规程，各种局限性损伤（如刺创、咬创、蜂窝织炎等）以及各种外伤处理不及时或消毒不严，尖锐物体的刺伤或手术时局部污染所致。某些传染病也可以引起家兔发病。

（二）临诊症状

脓肿有深浅之分。浅在性热性脓肿常发生于皮下结缔组织、筋膜下及表层肌肉组织内。初期，局部肿胀无明显的界限而稍高出于皮肤表面，大小不一，有的如黄豆大小（图9-3-1），有的如鹌鹑蛋大小（图9-3-2），还有的如鸡蛋大小（图9-3-3）。触诊时局部温度增高，坚实，有剧烈的疼痛反应。以后肿胀的界限逐渐清晰，中间开始转化并出现波动。有时可自溃排脓（图9-3-4～图9-3-6）。但常因皮肤溃口过小，脓液不易排尽。浅在性冷性脓肿一般发生缓慢，即虽有明显的肿胀和波动感，但缺乏温热和疼痛反应或非常轻微。深在性脓肿常发生于深层肌肉、肌间及内脏器官（图9-3-7），局部肿胀增温的症状常常见不到，但常出现皮肤及皮下结缔组织的炎性水肿。触诊时有疼痛反应并常有指压痕。如脓肿在内脏，破溃后会引起全身症状，如脓毒症、脓毒败血症等。小的脓肿，脓液可被吸收、钙化而自愈。大的脓肿破溃后会使脓汁浸入表层组织，甚至引起新的脓肿和蜂窝织炎（图9-3-8）。

图9-3-1 　家兔黄豆大小的浅在性脓肿

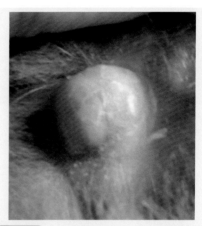

图9-3-2 　家兔鹌鹑蛋大小的浅在性脓肿

图9-3-3 　家兔鸡蛋大小的浅在性脓肿

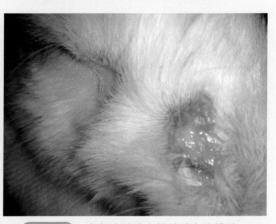

图9-3-4 　家兔皮肤浅在性脓肿自溃排脓

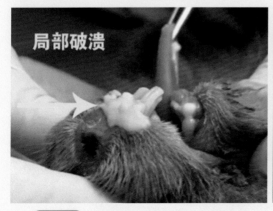

图9-3-5 　家兔牙龈浅在性脓肿自溃排脓

图9-3-6 　家兔后肢浅在性脓肿多处自溃排脓

图9-3-7 家兔眼球后部的深在性脓肿

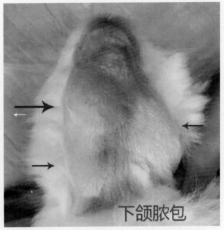

下颌脓包

图9-3-8 兔口腔内脓肿破溃后，使脓汁浸入表层组织，引起三个新脓肿

（三）诊断

根据上述症状对浅在性脓肿比较容易确诊，深在性脓肿可进行诊断性穿刺和超声波检查后确诊。当脓汁稀薄时可从针孔直接排出脓汁（图9-3-9），脓腔内脓汁过于黏稠时常不能排出脓汁，但可见到针孔内常有干涸黏稠的脓汁或脓块附着。

（四）类似病症鉴别

1.与血肿的类症鉴别

（1）相似点 局部增温，肿胀，有波动。

（2）不同点 血肿一般撞击后迅速肿胀，针刺有血液流出。

2.与蜂窝织炎的类症鉴别

（1）相似点 局部肿胀，有热痛。

（2）不同点 蜂窝织炎局部肿胀迅速大面积扩散，增温，疼痛剧烈和机能障碍，并有全身症状。

图9-3-9 深在性脓肿穿刺诊断从针孔排出的脓汁

（五）防制方法

1.预防措施

（1）经常观察兔群，发现兔的皮肤和黏膜有外伤时，应及时处理。

（2）对兔笼、兔箱、产仔箱及用具等易造成兔皮肤损伤的因素均应除去，可防止本病发生。

（3）给兔打针时，对注射针头、皮肤均应进行彻底消毒，才能防止感染。

2.治疗方法

本病如能及时治疗，一般愈后良好。

（1）脓肿早期的治疗方法　对硬固性的肿胀，可应用冷疗法（如用复方醋酸铅溶液、鱼石脂酒精、栀子酒精冷敷）或局部涂擦樟脑软膏等，以促进炎症的消散，并配合全身的抗菌药物治疗。

（2）脓肿中期的治疗方法　可用10%鱼石脂软膏、5%碘软膏或5%碘酊，涂抹患部，每日1次，连用2～3天，或用温热疗法（如热敷、红外线等），以促进脓肿成熟，同时配合全身的抗菌药物治疗。

（3）脓肿后期的治疗方法　当出现波动感时，即表明脓肿已成熟，应及时在脓肿波动最明显的部位切开（图9-3-10），彻底排除脓液，再用3%双氧水溶液或0.1%高锰酸钾溶液冲洗干净，然后安放纱布引流条或进行开放疗法，必要时配合抗生素全身治疗。对于关节部脓肿膜形成良好的小脓肿，可采取脓液抽出法，即利用消毒注射器将脓肿腔内的脓液抽出，然后用生理盐水反复冲洗脓腔。抽净腔中的液体，最后灌注混有青霉素的溶液（每毫升液体中含青霉素10万～20万单位）。

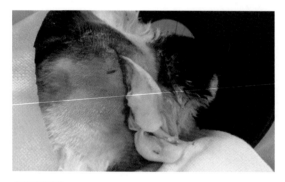

图9-3-10　在成熟脓肿波动最明显的部位切开排脓

四、直肠脱垂和脱肛

直肠脱垂是直肠后段全部由肛门脱出体外；脱肛是直肠后段部分的黏膜脱出肛门外。家兔偶尔发生。

（一）发病原因

家兔直肠脱垂的主要原因是由于肛门及直肠韧带松弛，当慢性便秘、慢性炎症引起长期腹泻、直肠有炎症时，腹内压增高和过度努责。高产母兔妊娠后期腹腔压力大，加之分娩时子宫过分努责，及过多的体能消耗，也可导致本病的发生。另外，营养不良、年老体弱、长期患慢性消耗性疾病以及某些维生素缺乏等也是本病发生的诱因。

（二）临诊症状

发病初期，仅在排便后见少量直肠黏膜外翻出肛门外（脱肛），呈粉红色（图9-4-1）或鲜红色（图9-4-2），但仍能恢复。如进一步发展，直肠脱出的部分不能自行恢复，使直肠一侧部分肠壁或者部分肠管，甚至大部分肠管脱出肛门外，肠壁黏膜向外，初期外露正常的肠管壁（图9-4-3），随着时间的延长，肠壁血管淤血、水肿，颜色发暗，甚至出现坏死，呈紫褐色（图9-4-4）或青紫色。外露的肠管黏膜黏附兔毛、粪便和草屑。严重者，排粪困难，体温、食欲等有明显变化，救治不及时也可引起病兔死亡。

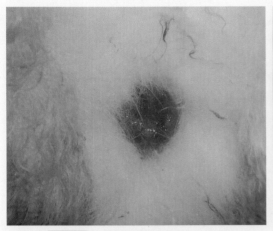
图9-4-1　发病初期的脱肛呈粉红色

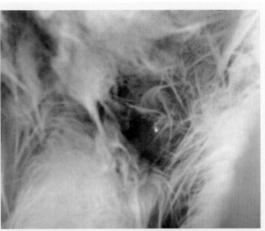
图9-4-2　发病初期脱肛呈鲜红色

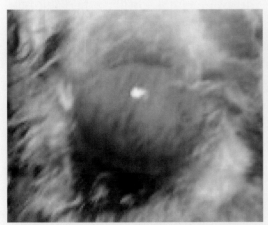
图9-4-3　家兔直肠脱垂初期肠管壁正常

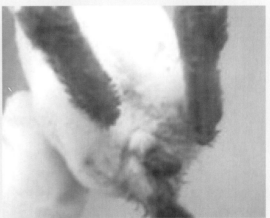
图9-4-4　家兔直肠脱垂后期肠壁呈紫褐色

（三）防制方法

1.预防措施

加强饲养管理，尤其是妊娠母兔的饲养管理，适当增加光照和运动。维持家兔正常的营养水平及体质，及时治疗腹泻等疾病。

2.治疗方法

发现家兔直肠脱垂时，应及时整复与固定。

（1）脱出时间短、肠管淤血和水肿轻者　先用温热的0.25%高锰酸钾溶液或1%盐水或1%明矾溶液或花椒水清洗脱出的肠壁，除去污物或坏死黏膜，然后提起兔的两后肢，使其头朝下，用手指谨慎地将脱出的肠管还纳肛门即可。

（2）对脱出时间较长、肠管水肿和淤血较重者，用0.1%温高锰酸钾溶液清洗后，用小宽针或9＃针头多点穿刺水肿的直肠黏膜，挤压出部分水肿液，涂上青霉素粉或碘甘油等，然后用手指慢慢挤压推送会肛门。送回后不再脱出时可不用固定处理，如送回后有再脱出可疑时，要用荷包缝合法缝合肛门，但要留有适当空隙，使能排出粪便而又不再脱出为宜，如此维持3～5天即可拆除缝线。也可用95%酒精在肛门周围分3～4点注射，每点0.2毫升，使局部组织肿胀，能有效地防止直肠再度脱出。

（3）对脱出时间长、肠管坏死糜烂严重者，无法整复时，淘汰。

五、肿瘤

肿瘤是动物机体中某一部分正常组织细胞，在某些内外因素的长期作用下，形成的一种异常的增生肿块。动物肿瘤的发生有一定的普遍性，涉及各种家畜、家禽和野生动物，几乎遍布于与人类关系密切的各种动物。

（一）发病原因

主要分为内因和外因两大类。内因主要是受免疫状态、神经系统、内分泌系统、遗传因素、胚胎残存组织、品种、年龄、性别以及营养因素等影响。例如，老龄、雌性、免疫缺陷的兔容易发生肿瘤。外因主要有物理因素、化学因素和生物因素。例如，机械性的长期刺激，紫外线、电离辐射；3，4-苯并芘，1，2，5，6-二苯蒽，偶氮化合物，亚硝胺类的二甲基亚硝胺、二乙基亚硝胺等均有致癌作用；病毒、霉菌及其毒素、寄生虫的寄生等均可引起肿瘤发生。

（二）临诊症状

临诊上根据肿瘤对动物的危害程度不同，通常分为良性肿瘤和恶性肿瘤。

（1）良性肿瘤　多呈膨胀性缓慢生长，有时可停止生长，形成包膜；肿瘤呈球形（图9-5-1）、椭圆形、结节（图9-5-2）或乳头状，表面光滑整齐，界限明显，一般不破溃；无痛，不易出血，质地软硬，均匀一致，有弹性和压缩性；不转移，不复发；除局部的压迫作用外，一般无全身反应。但位于重要器官的良性肿瘤也可威胁生命；少数肿瘤也可发生恶变。

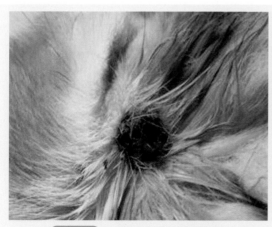
图9-5-1　家兔皮下的肿瘤呈球形

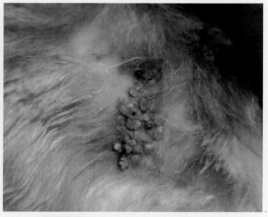
图9-5-2　家兔皮肤上的肿瘤呈结节

（2）恶性肿瘤　多呈侵袭性或浸润性迅速生长，很少停止生长，不形成包膜；呈多种形态，表面不整齐，界限不明显，常形成溃疡；有痛，易出血，质地软硬不均，无弹性和压缩性；易转移复发；浸润性生长的恶性肿瘤可从其原发部位通过血管、淋巴管或浆膜腔转移到其他部位继续生长，形成新的肿瘤。

良性和早期恶性肿瘤，一般无明显全身症状，或有贫血、低热、消瘦、无力等非特异性的全身症状。如肿瘤影响营养摄入或并发出血与感染时，可出现明显的全身症状。恶病质是恶性肿瘤晚期全身衰竭的主要表现，肿瘤发生部位不同则恶病质出现迟早各异。有些部位的肿瘤可能出现相应的功能亢进或低下，继发全身性改变。

家兔的肿瘤常见于腹腔内部器官，肾脏、子宫多发。家兔常见的肿瘤有肾母细胞瘤、子宫腺癌、消化道及生殖道的平滑肌瘤和平滑肌肉瘤、阴道鳞状细胞癌、乳头状瘤病（图9-5-3）、肝脏肿瘤、乳腺肿瘤（图9-5-4）、淋巴肉瘤病。

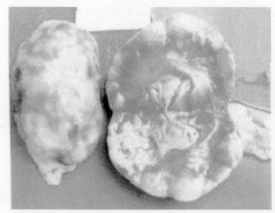

图9-5-3　家兔的乳头状瘤

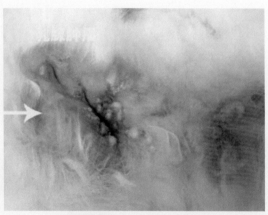

图9-5-4　家兔的乳腺肿瘤

（三）诊断

肿瘤的现代诊断方法包括病史调查、患部检查、全身检查、病理检查（活检与尸体剖检）、X线检查、超声检查、放射性同位素标记及免疫诊断等。一般肿瘤特别是表在性肿瘤，通过上述某些诊断方法，可以确诊。恶性肿瘤的早期诊断难度较大，必须进行系统全面检查。

（四）防制方法

对于肿瘤应早期发现，早期诊断，早期治疗。早期可采用手术摘除、切除或结扎。手术时，要注意止血，摘除彻底，防止复发和转移。还可用化学药物进行治疗，皮肤肿瘤可用硝酸银、浓硫酸、氢氧化钠或氢氧化钾等进行烧灼、腐蚀。50%尿素液、鸦胆子油等对乳头状瘤有效。还有烷化剂的氮芥类如马利兰、甘露醇氮芥类如环磷酰胺（癌得星）、噻替哌等药物；植物类抗癌药物如长春新碱和长春碱等；抗代谢药物如氨甲蝶呤、6-硫基嘌呤等均有一定疗效。抗生素药物如平阳霉素、阿霉素、博来霉素等能抑制肿瘤生长。中药如清热解毒药龙葵、半枝莲、山豆根、银花、凤尾草、青黛、草河车、鱼腥草等；活血化瘀药石贝穿、八角莲、莪术、大黄、地鳖虫等；化瘀散结药海藻、夏枯草、猫爪草、黄药子、南星、皂角刺、僵蚕、牡蛎等；扶正补虚药薏苡仁、龟板、天冬、沙参、石斛、女贞、黄芪、党参、山楂、谷芽、麦芽、白术、冬虫夏草、桑寄生等也可选择使用。

六、冻伤

在气候寒冷地区，家兔容易发生冻伤。

（一）发病原因

在冬季，天气寒冷，兔舍、兔笼内无保温取暖设备，产箱内垫草少且质量差从而使保暖不好（图9-6-1），并且湿度较大时，易发生冻伤。有的品种耐寒性差，再加上饥饿、活动量不足、机体衰弱等易导致本病的发生。仔兔、幼兔也易发生。冬季露天喂养的兔更易发生本病。

（二）临诊症状

青年兔、成年兔冻伤常发生于耳朵及足部机体末梢、被毛较少以及皮肤薄嫩处。由于受冻伤程度不同，暴露于外部的皮肤呈现不同症状。一度冻伤表现为局部肿胀、发红（图9-6-2）、稍热、有疼痛；二度冻伤表现为局部出现充满透明液体的水疱，数日后水疱破溃，形成疼痛的经久不愈的溃疡，愈合后留有瘢痕；三度冻伤局部组织表现为坏死、干枯、皱缩，以后组织坏死分离脱落。严重者，全身冻伤可致死。哺乳仔兔在产箱外受冻后全身皮肤发红、发绀，很快死亡（图9-6-3）。

（三）防制方法

1.预防措施

（1）在寒冷季节，注意加强兔笼舍的保温措施，可用草帘、草席或棉帘挡门或遮盖兔

图9-6-1 仔兔产箱内垫草太少且质量差仔兔易冻伤

图9-6-2 一度冻伤仔兔表现为局部肿胀、发红

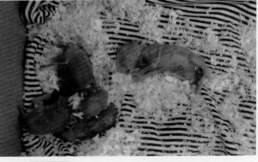

图9-6-3 仔兔受冻后全身皮肤发红、发绀，死亡

笼，兔笼、产箱内多加些干软垫草（图9-6-4），必要时舍内可配备其他取暖设备（如火炉、电炉、暖气等）。

（2）加强饲养管理，增加光照和运动，兔笼舍应保持清洁干燥，及时治疗消化系统疾病，增强机体体质。

2.治疗方法

发现冻伤时，先把冻伤兔转移到温暖的地方。

（1）对轻度冻伤的兔，可不作处理，能自行痊愈，或对冻伤部位进行局部加温，从低温开始。局部干燥时，涂擦油脂。为缓和肿胀，促进消散，可涂擦1%碘酊、碘甘油，或3%樟脑软膏或冻疮软膏。

（2）对二度冻伤的兔，应先排出水疱内的液体，再局部涂擦水杨酸氧化锌软膏、抗生素软膏，预防和消除感染，早期可使用抗生素。

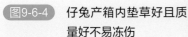
图9-6-4　仔兔产箱内垫草好且质量好不易冻伤

（3）对三度冻伤的兔，先清除坏死组织，然后用2%～3%硼酸溶液或0.1%高锰酸钾溶液进行冲洗，再撒布青霉素粉、或磺胺粉、或碘仿磺胺粉，或涂擦碘甘油或抗生素软膏。全身可静脉注射葡萄糖、维生素C和复合维生素B等，提高机体抵抗力和组织修复能力。无诊疗价值的应尽早淘汰。

（4）对尚未冻死的仔兔，可把冻僵仔兔放在人的怀里，以体温复苏或浸在35～37℃温水中轻晃（口、鼻露出水面），待兔蠕动或发出叫声后，用干软毛巾轻轻擦干被毛，迅速放回产箱的仔兔中间。如果冻伤的仔兔较多，可用250瓦红外线灯照射。将兔放于30～35℃环境中，约1小时左右即可复苏。切忌用口哈气温暖仔兔，因为寒冷环境中，哈出气体中水分会迅速由仔兔体表散发，进一步带走仔兔体热，促使仔兔体温更快下降，结果适得其反。复温时决不可用火烤，火烤会使局部代谢增加，而血管又不能相应地扩张，反而加重局部损害。

七、结膜炎

结膜炎是眼睑结膜和眼球结膜的表层或深层炎症，临诊上呈急性或慢性经过。是家兔最常见的一种眼病。

（一）发病原因

各种机械性损伤；外界异物（如灰尘、泥沙、谷皮、花粉、被毛等）进入眼内；化学药物、气体的刺激（如石灰、氨水、火碱、烟雾、沼气及某些刺激性消毒药等）；维生素A缺乏或紫外线、放射线等的刺激而引起。也可继发于某些疾病（如感冒、传染性鼻炎等）。寒冷季节，舍内粪尿清理不及时，氨气含量过高，通风不良等，是诱发结膜炎的主要因素。

（二）临诊症状

视频9-7-1

扫码观看：化脓性结膜炎

结膜炎的共同症状是羞明、流泪、结膜充血、浮肿、眼睑痉挛、渗出物及白细胞浸润。根据眼分泌物性质，可分为黏液性结膜炎和化脓性结膜炎。

（1）黏液性结膜炎　结膜轻度潮红（图9-7-1），眼睑稍肿（图9-7-2），分泌物较少为浆液性的（图9-7-3），随病程发展分泌物为黏液性的，眼睑闭合，眼分泌物外流于颊部（图9-7-4）。

（2）化脓性结膜炎　眼睑严重充血、肿胀，疼痛剧烈，结膜囊内蓄积黄色脓性分泌物，并从眼角流出，眼睑闭合（图9-7-5）（视频9-7-1），炎症侵害角膜，则角膜混浊（图9-7-6），形成溃疡

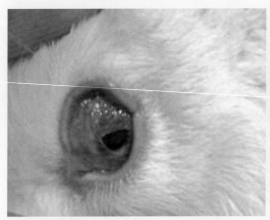

图9-7-1　黏液性结膜炎结膜轻度潮红

图9-7-2　黏液性结膜炎眼睑稍肿

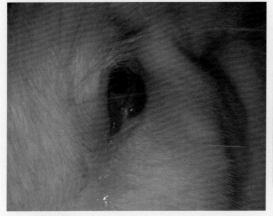

图9-7-3　黏液性结膜炎流出浆液性分泌物

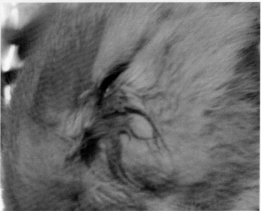

图9-7-4　黏液性结膜炎眼睑闭合，
眼分泌物外流于颊部

（图9-7-7），整个眼球发炎，甚至失明。一病例由于化脓性结膜炎使分泌物干涸结痂，将双眼都覆盖住，不能看东西（视频9-7-2）。

视频9-7-2

扫码观看：兔子双眼被结痂
物覆盖，不能看东西

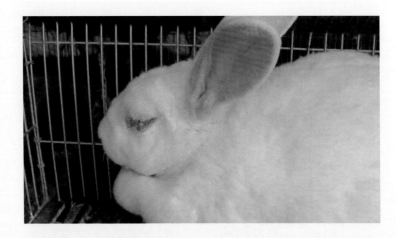

图9-7-5　化脓性结膜炎结膜囊内蓄积黄色脓性分泌物，并从眼角流出，眼睑闭合

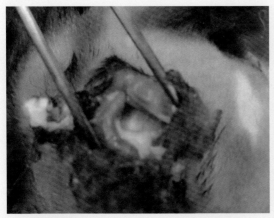

图9-7-6　化脓性结膜炎造成的角膜混浊

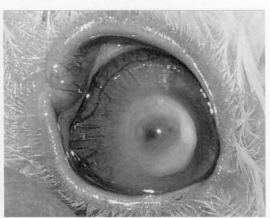

图9-7-7　化脓性结膜炎造成的角膜溃疡

（三）防制方法

1.预防措施

（1）加强饲养管理，保持笼舍清洁卫生，加强通风，防止尘埃、污物、异物侵入兔眼。

（2）夏季防止日光的强烈照射，消毒时应注意消毒药的浓度和消毒时间，日龄中经常配合富含维生素A的饲料，如胡萝卜、南瓜、黄玉米和青草等。

（3）及时防治可引起结膜炎的某些传染病、内科病和寄生虫病，避免机械损伤。

2.治疗方法

除去病因，消炎镇痛，防止光线刺激。以局部用药为主，必要时可辅助全身用药。

（1）除去病因　确定原发疾病，以治疗原发疾病为主。

（2）清洗患眼　用2%～3%硼酸水，或0.9%氯化钠注射液、0.01%新洁尔灭液、0.1%雷佛奴尔溶液等彻底洗眼，每天1～2次，洗除异物和分泌物（视频9-7-3～视频9-7-6）。蒲公英50克水煎，头煎内服，二煎洗眼。

（3）消炎镇痛　选用青霉素、四环素、金霉素、黄连素、环丙沙星、氧氟沙星等抗生素眼药水点眼（视频9-7-7）或眼药膏涂抹（视频9-7-8，视频9-7-9），每日2～4次，镇痛用1%～3%盐酸普鲁卡因液点眼。分泌物过多可用0.3%硫酸锌液、1%～2%明矾溶液或1%

视频9-7-3

扫码观看：右眼化脓性
结膜炎的清理

视频9-7-4

扫码观看：左眼周围
结痂物的清理（1）

视频9-7-5

扫码观看：左眼周围
结痂物的清理（2）

视频9-7-6

扫码观看：眼睛周围
结痂物清理后的眼睛

视频9-7-7

扫码观看：眼药水点眼

视频9-7-8

扫码观看：睁眼兔子涂红霉素眼膏

视频9-7-9

扫码观看：眼睑闭合的兔子涂红霉素眼膏

硫酸铜溶液洗眼。慢性结膜炎可用0.5% ～ 1%硝酸银溶液点眼，而后用生理盐水冲洗，再行温敷。

（4）全身药物治疗　严重感染者，可根据情况全身使用抗生素，或磺胺类药物进行治疗。

八、睾丸炎

睾丸炎是睾丸实质的炎症，各种家畜均可发生。由于睾丸和附睾紧密相连，易引起附睾炎，两者常同时发生或互相继发。根据病程和病性，临诊上可分为急性与慢性、非化脓性与化脓性。

（一）发病原因

睾丸炎常因直接损伤或由泌尿生殖道的化脓性感染蔓延而引起。直接损伤如打击、挤压，尖锐硬物的刺创，或撕裂创和咬伤等，发病以一侧性为多。化脓性感染可由睾丸或附睾附近组织或鞘膜的炎症蔓延而来，病原菌常为葡萄球菌、链球菌、化脓棒状杆菌、大肠杆菌等。某些传染病，如布氏杆菌病、结核病、沙门氏杆菌病、密螺旋体病等，亦可继发睾丸炎和附睾炎，以两侧性为多。

（二）临诊症状

（1）急性睾丸炎　患兔的一侧或两侧睾丸呈现不同程度的肿大、疼痛（图9-8-1 ～图9-8-3）。站立时拱背，拒绝配种。有时肿胀很大，以致同侧的后肢外展。运步时两后肢开张前进，步态强拘，以避免碰触病睾。触诊睾丸体积增大、发热，疼痛明显。外伤性睾丸炎，常并发睾丸周围炎，引起睾丸与总鞘膜或阴囊的粘连，睾丸失去可动性（图9-8-4 ～图9-8-6）。由结核病引起的，睾丸呈现硬固、隆起，通常以附睾最常患病，继而发展到睾丸形成冷性脓肿；布氏杆菌和沙门氏杆菌引起的睾丸炎，睾丸和附睾常肿得很大，触诊硬固，鞘膜腔内有大量的炎性渗出液，其后，部分或全部睾丸实质坏死、化脓，并破溃形成瘘管或转变为慢性。由传染病引起的睾丸炎，除上述局部症状外，尚有其原发病所特有的临诊症状。

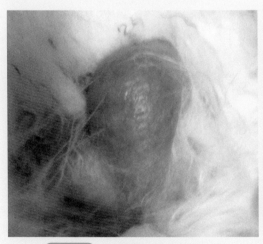

图9-8-1　急性睾丸炎患兔的一侧睾丸肿大

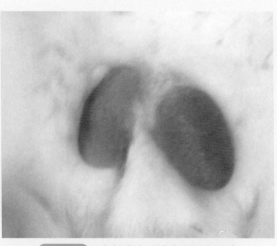

图9-8-2　急性睾丸炎患兔的两侧睾丸肿大、色泽发红

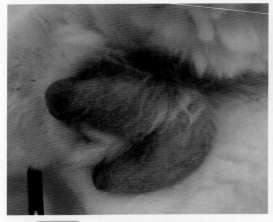

图9-8-3　急性睾丸炎患兔的两侧睾丸
　　　　　肿大、色泽发暗

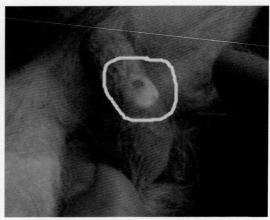

图9-8-4　外伤性睾丸炎，受伤部位发生
　　　　　肿胀，有化脓性感染

图9-8-5　外伤性睾丸炎，受伤部位的睾丸
　　　　　周围发炎有炎性渗出、结痂，睾丸与
　　　　　阴囊粘连并失去可动性

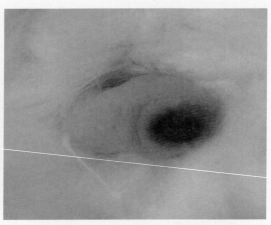

图9-8-6　外伤性睾丸炎，受伤部位阴囊
　　　　　皮肤颜色发暗，睾丸与总鞘膜及阴囊
　　　　　粘连，睾丸失去可动性

（2）慢性睾丸炎　病兔的睾丸萎缩，发生纤维变性，坚实而缺乏弹性，无热痛症状。阴囊与睾丸组织粘连，不育。

（三）防制方法

1.预防措施

加强饲养管理，兔笼结构要合理，避免直接损伤，搞好卫生与消毒，可防止本病的发生。

2.治疗方法

对急性睾丸炎，应局部冷敷配合全身应用广谱抗生素和消炎止痛药。无使用价值的，可在抗菌消炎的同时，或炎症有所缓解后摘除发炎的睾丸（视频9-8-1）。对慢性睾丸炎，最有效的方法是将发炎的睾丸摘除。由传染病引起的睾丸炎应先治疗原发病，再

视频9-8-1

扫码观看：兔的阉割技术

进行上述治疗，可收到预期效果。

九、坏死杆菌病

见第二章"十一、坏死杆菌病"。

十、巴氏杆菌病

见第一章"二、巴氏杆菌病"。

十一、葡萄球菌病

见第三章"十、葡萄球菌病"。

第十章 以排尿异常为特征的类症鉴别及诊治

一、肾炎

肾炎是指肾小球、肾小管或肾间质组织发生炎症性病理变化的统称。主要临诊特征是肾区敏感和疼痛、尿少、尿液含有病理产物等综合症状。以急性肾炎、慢性肾炎及间质肾炎多发。

（一）发病原因

（1）细菌性或病毒性感染　继发于某些传染病（如兔瘟、巴氏杆菌病、大肠杆菌病和沙门氏菌病等）或是由于变态反应所致。

（2）中毒　内源性中毒，如胃肠炎、代谢疾病、大面积烧伤或烫伤时所产生的毒素、代谢产物或组织分解产物；外源性中毒，如摄入有毒植物、大量霉败饲料，或是人为地错误应用具有强烈刺激性的药物或化学物质。有毒物质经肾排出时产生剧烈的刺激而发病。

（3）邻近器官的炎症转移蔓延　如膀胱炎、尿路感染等引起肾炎。

（4）环境因素　机体受风、寒、湿的作用，营养不良等均为肾炎的诱因。

（5）其他方面　慢性肾炎的病因与急性肾炎基本相同，只是刺激作用轻微，持续的时间较长。此外，如家兔患急性肾炎治疗不及时或不当，或未彻底治愈，也可转化为慢性肾炎。间质性肾炎主要与某些慢性传染病和慢性中毒有关。

（二）临诊症状

（1）急性肾炎　病兔初期精神沉郁，食欲下降，体温升高，肾区敏感疼痛，患兔不愿活动，常蹲伏，因炎症反应性刺激，常频频排尿，尿量少，甚至无尿，尿相对密度增高，且有血尿（图10-1-1），体重下降，瘦弱。

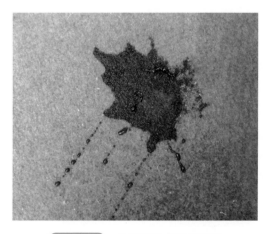

图10-1-1　急性肾炎病兔的血尿

（2）慢性肾炎　多由急性肾炎转化而来，患兔全身无力，食欲不定，消瘦，后期可见眼睑、胸腹下或四周末端出现水肿，严重时出现水肿和体腔积水，尿量不定，相对密度增高，出现管型尿且有少量红细胞和白细胞，严重病例可引起尿毒症，与此同时，心血管系统机能障碍。

（3）间质性肾炎　初期尿量增多，后期减少，尿沉渣中有少量红细胞、白细胞、肾上皮细胞以及少量蛋白。按压肾区病兔无疼痛表现，心脏肥大，皮下水肿，最后因肾功能障碍导致尿毒症而死。

（三）病理变化

肾有炎症病变，实验室检查可见尿中蛋白含量增加，尿沉渣检查可发现红、白细胞，肾上皮细胞和各种管型。

（四）防制方法

1.预防措施

供给家兔富含维生素A和蛋白质的饲料，充分饮水，防止家兔受寒受潮，及时治疗某些原发性疾病，禁止饲喂霉败变质饲料，保持安静，兔笼舍保持干燥、温暖。

2.治疗方法

（1）首先应去除各致病因素，治疗原发性疾病，并对尿路进行利尿消炎等。消除炎症感染，可用青霉素［肌内注射青霉素G钾（钠），每千克体重2万～4万单位，每天2次，连用5～7天］、链霉素（肌内注射，每千克体重10～20毫克，每天2次，连用5～7天）、卡那霉素（肌内注射，每千克体重10～20毫克，每天2次，连用5～7天）或环丙沙星（肌内注射，每千克体重1毫升，每天2次，连用5～7天）等。

（2）脱敏治疗　肌内注射强的松龙，每千克体重2毫克，每天2次，连用5～7天。或肌内注射地塞米松，每千克体重0.125～0.5毫克，每天2次，连用5～7天。

（3）对症治疗　为消除水肿，可用利尿剂，如肌内注射速尿，每千克体重2～4毫克。双氢克尿噻0.01克，口服，每天1～2次；乌洛托品1克，口服，每天1次。病兔应限制食盐供应。有尿毒症症状时，静脉注射5%碳酸氢钠注射液5～10毫升；尿血严重时，应用止血药，如肌内注射安络血1～2毫升，每天2次，连用5～7天。

（4）无诊疗价值的病兔应尽早淘汰。

二、尿道炎

尿道炎指尿道黏膜的炎症。

（一）发病原因

本病多因尿道细菌感染引起。如各种尿道损伤、尿结石的机械刺激及化学药物刺激损伤尿道黏膜，均可发生细菌感染。另外，邻近器官炎症如膀胱炎、阴道炎及子宫内膜炎时，炎症蔓延而发病。人工输精器械消毒不严、造成损伤也可引发。

（二）临诊症状

病兔频频排尿，排尿时，由于炎性疼痛导致尿液呈断续状流出。公兔阴茎频频勃起，母兔阴唇不断开张，严重时可见到黏性、脓性分泌物从尿道口流出。尿液混浊，其中含有黏液、血液（图10-2-1）或脓液，甚至混有坏死、脱落的尿道黏膜。最严重的病兔由于炎性肿胀而尿闭，频作排尿姿势而无尿

图10-2-1　阴道炎病兔含血的尿液

液排出，此时腹围增大，腹部触诊，可触到积尿的膀胱，久者可造成膀胱破裂。触诊尿道时病兔疼痛不安，并抗拒或躲避检查。

（三）. 防制方法

1. 预防措施

消除致病因素，及时治疗原发病。人工采精或人工输精时，应严格遵守操作规程和无菌原则。

2. 治疗方法

可用青霉素5万～10万单位，肌内注射，每天2～3次；也可用磺胺类药物治疗；乌洛托品1克，口服，每天1次；膀胱积尿者，可用按摩法促使膀胱排空；无法排空时，可用膀胱穿刺法排出积尿，防止膀胱破裂。对病兔加强饲养管理，饲喂无刺激性且营养丰富易消化的优质饲料，给予清洁饮水。限制高蛋白及酸性饲料。

三、附红细胞体病

附红细胞体病是由附红细胞体引起的人兽共患的一种传染病。其特征是发热、贫血、黄疸、消瘦和脾脏、胆囊肿大。我国于1981年首次在家兔中发现附红细胞体病后，目前已分布于全国各地。

（一）病原

附红细胞体是一种多形态微生物，多数为环形、球形和卵圆形，少数为顿号形和杆状。常寄生于红细胞和血浆中（图10-3-1）。本病对干燥和化学药品比较敏感，常用浓度的消毒液可在几分钟内将其杀死。

（二）流行特点

本病可经直接接触传播。如通过注射、打耳标、剪毛及人工授精等经血源传播，或经子宫感染垂直传播。吸血昆虫如扁虱、刺蝇、蚊、蜱等以及小型啮齿动物是本病的传播媒介。各种年龄、各种品种的家兔都有易感性。本病一年四季均可发生，但以吸血昆虫大量繁殖的夏、秋季节多见。兔舍与环境严重污染、兔体表患寄生虫病、存在吸血昆虫滋生的条件等，可促使本病的发生与流行。据甘肃省1997年对家兔调查证实，兔附红细胞体平均感染率高达81.5%。

（三）临诊症状

病兔表现精神不振，食欲减退，体温升高，结膜淡黄，贫血，消瘦，全身无力，不愿活动，喜卧。呼吸加快，心力衰竭，尿黄（图10-3-2），粪便时干时稀。有的病兔出现神经症状。

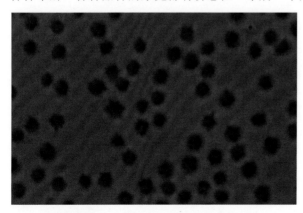

图10-3-1 附红细胞体附着于红细胞表面

（四）病理变化

病死兔的血液稀薄，黏膜苍白，腹膜黄白色，腹腔积液，脾脏肿大，胆囊胀满（图10-3-3），胸膜脂肪和肝脏黄染（图10-3-4）。

图10-3-2 附红细胞体病兔排的黄尿

图10-3-3 附红细胞体病病兔的胆囊胀满

图10-3-4 附红细胞体病病兔的胸膜脂肪和肝脏黄染

（五）诊断

根据流行特点、贫血和消瘦等临诊症状和病理变化而做出初步诊断。确诊则需做实验室检查。方法是：采集兔的耳外静脉血1滴，滴于载玻片上，加等量生理盐水稀释，盖上盖玻片，在高倍镜和油镜下观察。或用血液1滴滴于载玻片上，用另一个玻片轻推或拉而制成涂片，用瑞特斯或姬姆萨染色，油镜下检查可见附红细胞体呈环形、蛇形、顿点形或杆状等。多数聚集在红细胞周围或膜上，被感染的红细胞失去球形形态，边缘不整而呈齿轮状、星芒状、不规则多边形。此外，还可应用补体结合试验、间接血凝试验、酶联免疫吸附试验与DNA技术进行确诊。

（六）防制方法

1.预防措施

（1）加强饲养管理，搞好环境卫生，定期消毒，消除污水、污物及杂草，使吸血昆虫无滋生之地。

（2）消除各种应激因素对兔只的影响，夏、秋季节可对兔只喷洒药物，防止昆虫叮咬。未发病兔群，喂服混有四环素的饲料，并饮用含有0.003%百毒杀的水，进行药物预防。

（3）饲养管理人员接触病兔时，注意自身防护，以免感染本病。

（4）用3%过氧乙酸溶液或2%火碱溶液进行全面消毒。

（5）发生疫情时，隔离病兔进行治疗，无治疗价值的一律淘汰。

2.治疗方法

（1）新胂凡纳明（914），每千克体重40～60毫克，以5%葡萄糖溶液溶解成10%注射液，静脉缓慢注射，每日1次，隔3～6天重复用药1次。

（2）四环素，肌内注射，每千克体重40毫克，每日2次，连用7天。

（3）土霉素，肌内注射，每千克体重40毫克，每日2次，连用7天。

（4）血虫净（贝尼尔）、黄色素及氯苯胍等，也可用于本病的治疗。

（5）贝尼尔＋强力霉素或贝尼尔＋土霉素，按说明用药，具有良好的效果。

四、棉籽与棉籽饼粕中毒

见第八章"十一、棉籽与棉籽饼粕中毒"。

五、菜籽饼粕中毒

见第五章"十、菜籽饼粕中毒"。

主要参考文献

[1] 顾宪锐. 兔常见病诊治彩色图谱 [M]. 北京：化学工业出版社，2017.

[2] 顾宪锐. 家庭农场肉兔兽医手册 [M]. 北京：化学工业出版社，2015

[3] 赵朴，魏刚才，倪俊娟. 兔类症鉴别诊断及防治 [M]. 北京：化学工业出版社，2018

[4] 丁轲，薛帮群. 兔场卫生防疫 [M]. 郑州：河南科学技术出版社，2013

[5] 肖冠华，肖羿同. 投资养兔你准备好了吗 [M]. 北京：化学工业出版社，2014

[6] 张玉. 獭兔养殖大全 [M]. 2 版. 北京：中国农业出版社，2010

[7] 王海荣. 兔常见病诊断与防治 [M]. 北京：金盾出版社，2014

[8] 谷子林，任克良. 中国家兔产业化 [M]. 北京：金盾出版社，2010

[9] 任文社，董仲生. 家兔生产与疾病防治 [M]. 北京：中国农业出版社，2010

[10] 陈溥言. 兽医传染病学 [M]. 6 版. 北京：中国农业出版社. 2016

[11] 周建强. 宠物传染病 [M]. 2 版. 北京：中国农业出版社. 2015

[12] 姜金庆，魏刚才. 规模化兔场兽医手册 [M]. 北京：化学工业出版社，2013

[13] 谷子林，孙惠军. 肉兔日程管理及应急技巧 [M]. 北京：中国农业出版社，2011

[14] 单永利，张宝庆，王双同. 现代养兔新技术 [M]. 北京：中国农业出版社，2004

[15] 陶岳荣，陈立新，张妙仙，等. 长毛兔日程管理及应急技巧 [M]. 北京：中国农业出版社. 2011

[16] 刘汉中. 獭兔日程管理及应急技巧 [M]. 北京：中国农业出版社，2011

[17] 程相朝，薛帮群. 兔病类症鉴别诊断彩色图谱 [M]. 北京：中国农业出版社，2009

[18] 李家瑞. 特种经济动物养殖 [M]. 北京：中国农业出版社，2002